新工科背景下
软件开发类课程教学模式创新
研究与实践

贾松浩　杨彩　著

化学工业出版社

·北京·

内 容 简 介

本书针对新工科背景下软件开发类课程教学模式进行研究与实践，系统阐述了新工科背景下软件开发类课程教学模式研究的新举措和新成果。本书研究内容丰富，重视产教融合，积极引入新工具、新思想，确保所提教学模式改革具有一定的前瞻性。实践表明，新的教学构思能够显著提高学生的软件开发能力和软件开发类课程的教学质量，具有较高的推广价值，可以为计算机专业的其他应用型课程教学改革提供参考。

本书可供从事高校软件开发类课程教学改革的教师、教育类专业研究生、教育类专业本科生等参考使用。

图书在版编目（CIP）数据

新工科背景下软件开发类课程教学模式创新研究与实践 / 贾松浩，杨彩著. -- 北京：化学工业出版社，2025.9. -- ISBN 978-7-122-48544-1

Ⅰ. TP311.52

中国国家版本馆 CIP 数据核字第 2025C6X565 号

责任编辑：李旺鹏
责任校对：边　涛　　　　　　装帧设计：韩　飞

出版发行：化学工业出版社
　　　　　（北京市东城区青年湖南街 13 号　邮政编码 100011）
印　　装：北京天宇星印刷厂
710mm×1000mm　1/16　印张 16½　字数 300 千字
2025 年 9 月北京第 1 版第 1 次印刷

购书咨询：010-64518888　　　　　售后服务：010-64518899
网　　址：http://www.cip.com.cn
凡购买本书，如有缺损质量问题，本社销售中心负责调换。

定　　价：98.00 元

前 言

习近平总书记指出，我们要建设教育强国，努力成为世界主要科学中心和创新高地。这为教育改革发展提出了明确要求，指明了方向。为应对科技快速发展，支撑创新驱动国家战略，教育部对工科人才的培养提出了全新的要求，强化"新工科"建设人才培养崭新的内涵。软件开发类课程在高校中普遍开设，是培养跨界整合能力的复合型软件人才的重要抓手。软件开发类课程改革和对人才的培养创新，对新工科、新产业、新经济的形成和发展具有举足轻重的作用，这对高校软件人才培养模式提出了更高要求。软件开发类课程旨在培养学生构建数学模型、提高软件项目质量、利用计算机工具解决问题的能力。新工科背景下，地方应用型高校软件开发类课程教学模式改革非常必要。通过重构课程体系、优化课程设置和教学内容，有效地弥补"重理论，轻实践"的不足，缩小学生专业能力与实际工作岗位需求之间的差距，可以提升学生的就业竞争力与就业质量，助推软件行业高质量发展。

本书阐述了软件开发类课程教学改革的探索与取得的成果。在新工科重塑升级背景下，软件人才培养模式和企业的实际岗位需求存在一定的距离。作为转型背景下的地方应用型高校，在软件开发人才培养方面存在理论教学和实践教学结合不紧密、实践性不强等问题。为了提高软件人才的培养水平，笔者借鉴已有的研究成果，结合课程学习内容与地方应用型高校学生的特点，探索研究符合新工科背景下高校软件开发类课程教学模式的改革。在教学方法的选取上，根据实际的教学内容，采用灵活的教学方法，比如任务驱动法、案例演示法、角色扮演法和问题探究法等。在最终的评价机制方面，把自评、互评和他评进行有效结合，实现评价多元化和科学化，把定量和定性评价进行结合，实现评价方式多样化。同时，加强过程性的评价，实现最终评价的有效性和可信性。在地方应用型高校转型发展的新形势下，软件测试课程的教学如何有效开展一直是研究的热点，本书从课程开设、企业实践与学生综合培养方面进行展开，提出新的教学模式，其效果得到了学生和教师的认可。根据人才强国战略和"应用创新型"人才培养定位，兼顾软件开发类课程特色，结合授课内容和学生特点，教学团队在教学改革过程中，秉持"突出立德树人，以学生为中心，服务社会为导向"的教育理念，针对课程存在的"真实问题"，形成了强化思政引领，赋能价值塑造提升，整合教学资源，重塑知识体系，创新教学活动，赋能应用能力养成的协同育人模式的课程改革思路。该教学模式也为计算机专业的其他应用型课程教学改革提供参考。

相较于同类书，本书具有显著的特色。首先，教学模式改革与课程思政紧密结合，将思政元素与课程知识点有机结合，提高教学效果。其次，本书强化了产教融合，引入企业真实案例，与企业深入融合。最后，本书提供了可复制、可推广的课程教学模式改革实施方案，具有较强的指导性和实用性。

特别感谢河南省本科高校 2023 年度产教融合研究项目（产教融合背景下软件开发类课程教学模式创新研究与实践）、2023 年度河南省本科高校智慧教学专项研究项目（基于 OBE 自主学习型"软件测试"在线开放课程资源平台的建设与研究）、2023 年度河南省教育科学规划一般课题（2023YB0174）、2023 年度河南省高等教育教学改革研究与实践项目（研究生教育）（2023SJGL X300Y）和教育部产学合作协同育人项目（231100751224740）的支持，这些项目的资助为本书的研究和撰写提供了坚实的理论基础及实践平台。

尽管在撰写过程中力求内容的准确性和完整性，但由于水平的限制，本书难免存在不足之处，真诚欢迎广大读者提出宝贵的意见和建议，以便我们在后续的研究和工作中不断改进与完善。

目　录

第1章
程序设计类课程复合教学模式的研究与应用

在计算机类专业中，程序设计类课程是核心组成部分，对于培养学生的逻辑思维、问题解决能力和实践操作技能至关重要。然而，传统的教学模式往往侧重于理论讲授和代码演示，学生被动接受知识，缺乏主动探索和实践的机会，这在一定程度上限制了学生创新能力和解决实际问题能力的培养。针对这些问题，引入"翻转课堂"等现代教学方法，并结合项目驱动的实践环节，成为改革程序设计类课程教学模式的有效途径。

1.1 程序设计类课程教学改革的必要性和思路

伴随着社会的快速发展，社会对于高水平软件人才的需求量越来越大，要求也越来越高。计算机类专业与科技的发展进步息息相关，面对竞争激烈的人才需求形势。高校在计算机专业人才培养方面，既要求学生掌握扎实的计算机专业的理论知识，更要关注学生编程实践能力的培养。近年来，高校的计算机专业人才培养模式在进行深入改革，比如积极与软件企业进行协同育人，旨在培养更多的具备扎实稳固的专业理论基础知识，同时拥有较强实践动手能力的复合型软件人才。

对于计算机类专业，高校普遍开设了一系列的程序设计类课程，比如"Python语言""Java语言程序设计"和"AI编程"等，旨在培养学生代码编写和程序设计的能力。程序设计类课程具有内容丰富和实践性强等特点，而目前的教学模式更偏重理论知识的讲解，实践环节有待加强，无法更好地把学生吸引到课堂教学中，也无法充分发挥学生的主观能动性，造成了学生的学习兴趣不高，影响了教学活动的开展，课程的教学效果也不如预期。

面对快速变化的软件行业需求，高校计算机专业教育必须适应这一趋势，确保所培养的软件人才不仅具备深厚的理论基础，还具备强大的实践能力和创新思维。将"翻转课堂"教学法与项目驱动式教学法相结合的复合教学模式，为解决这些问题提供了一个可行的方案，旨在增加学生的主观能动性，着力提升学生的编程能力、实践能力与探索创新能力。

1.2　程序设计类课程教学存在的不足

程序设计类课程教学过程中存在一些普遍的问题和不足，教学痛点主要表现在三个方面，如图 1-1 所示。

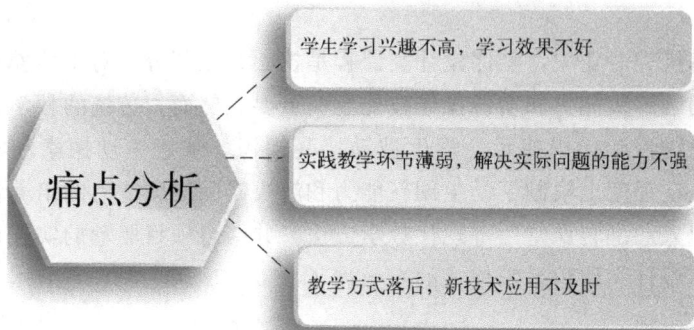

图 1-1　教学痛点

1.2.1　学生学习兴趣不高，学习效果不好

传统课堂教学通常是单向的知识传递，由教师主导课堂，学生被动接受知识，缺乏互动和参与。在实际授课过程中，程序设计类课程的课堂教学采用的仍是教师讲、学生听，教师在课堂上讲解知识，学生被动地接受知识传授。另外，传统的教学模式未能体现"以学生为中心"的教育理念，学生的主动性和创造性得不到充分发挥。同时，学生习惯于被动听讲，缺乏主动思考和提问的机会，导致课堂参与度不高。由于缺乏互动和实践，学生难以感受到学习的成就感和乐趣，学习动力逐渐减弱。学生习惯于依赖教师的讲解和指导，缺乏独立思考和解决问题的机会。学生被动接受知识的学习方式不利于培养学生的创新思维和解决实际问题的能力。

　　传统课堂教学最大的问题就是无法充分发挥学生的主观能动性，不能突出"以学生为主"的教学理念，带来的后果就是学生的学习积极性不高，无法有效调动学生参与课程教学。学生习惯于接受教师传授的知识，无法有效培养独立思考能力与解决问题的能力，不利于培养学生的创新思维。

　　传统课堂教学以理论讲解为主，学生缺乏动手实践的机会，难以感受到学习的成就感。由于缺乏互动和实践，学生难以感受到学习的乐趣，学习主动性逐渐消退，甚至产生厌学情绪。传统的教学模式难以培养学生的实际问题解决能力，学生往往只掌握了理论知识，而缺乏将知识应用于实际问题的能力。

　　为了提升学生的学习兴趣，程序设计类课程的教学模式需要进行改进，如图 1-2 所示。

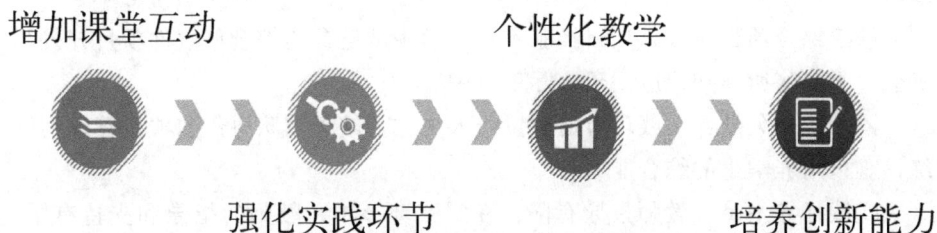

图 1-2　教学模式改进

　　（1）增加课堂互动

　　采用讨论式、问答式等互动教学模式，鼓励学生主动参与课堂互动，提高课堂参与度。

　　（2）强化实践环节

　　增加编程实践和项目驱动的教学内容，让学生在实践中掌握知识，提升学习成就感。

　　（3）个性化教学

　　根据学生的个体差异，提供个性化的学习支持和指导，满足不同学生的学习需求。

　　（4）培养创新能力

　　通过设计开放性问题和项目，鼓励学生独立思考和探索，培养创新思维和解决实际问题的能力。

　　通过以上改进措施，可以有效提升学生的学习兴趣，激发学生的学习动力，从而更好地培养符合时代需求的创新型人才。

1.2.2 实践教学环节薄弱，解决实际问题的能力不强

程序设计类课程包含的理论内容较为丰富，由于课时安排等原因，实践环节开展效果不好。教师先在课堂上讲授理论知识，再让学生到机房进行编程实践。在理论知识还没有完全消化吸收的情况下，学生的编程实践环节更多的是对教师讲解内容的照搬和模仿，致使实践环节的教学效果不如预期。

理论与实践脱节，学生缺乏独立思考和创新能力。

实践时间不足：实践环节的时间安排通常较短，学生无法深入理解和应用所学知识。

实践内容单一：实践内容往往局限于简单的编程练习，缺乏综合性和挑战性。

缺乏综合项目实践，项目经验不足：学生缺乏参与综合型软件项目开发的机会，无法将所学知识应用于实际项目中。

团队协作欠缺：实践环节通常以个人为主，缺乏团队协作和项目管理的训练，难以培养学生的综合能力。

实践指导不足，教师指导有限：在实践环节中，教师的指导和支持有限，学生遇到问题时难以及时获得帮助。

反馈机制不完善：学生难以及时获得有效的反馈，无法根据反馈调整学习策略，导致实践效果不佳。

为了加强实践教学环节，提升学生的编程能力和综合素质，可以采取的改进措施如图 1-3 所示。

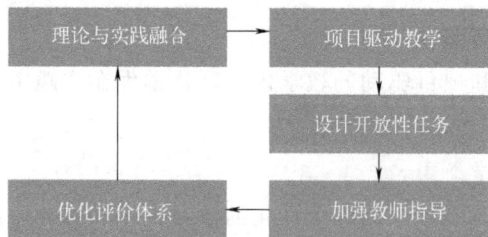

图 1-3　改进措施

(1) 理论与实践融合

采用"边学边练"的教学模式，将理论讲解与实践操作紧密结合，帮助学生在实践中理解和掌握知识。

（2）项目驱动教学

引入真实的软件项目开发任务，让学生从需求分析、设计、编码到测试完整参与，培养综合实践能力。

（3）设计开放性任务

在实践环节中增加开放性任务，鼓励学生自主探索和创新，提升解决问题的能力。

（4）加强教师指导

在实践环节中，教师应提供更多的个性化指导，帮助学生解决实际问题，提升实践效果。

（5）优化评价体系

建立多元化的实践评价体系，不仅关注代码的正确性，还要重视学生的创新能力、团队协作能力和学习过程的表现。

通过以上改进措施，可以有效提升实践教学环节的质量，帮助学生将理论知识转化为实际编程能力，培养出符合行业需求的创新型人才。

1.2.3　教学方式落后，新技术应用不及时

课程的教学依旧采用较为传统的教学方法，没有采取有效措施来借助人工智能（AI）、微课、慕课（MOOC）和网上学习平台等形式。随着人工智能、微课、慕课以及各类网上学习平台的快速发展，教育领域正经历着前所未有的变革。这些新兴的教学方式为传统教育模式带来了改变的机会，提供了更加多元化、个性化和高效的学习途径。将这些技术融入程序设计类课程的教学过程中，不仅能吸引学生的注意力，提高学习参与度，还能促进深度学习和创新能力的培养。

针对这些问题，需要积极探索新的教学方法，改进传统的课堂教学方式，充分发挥学生的主体地位，创造优良的自主学习环境和条件，着力提升教学效果，培养理论知识和实践能力兼备的综合型程序设计人才。为了提升程序设计类课程的教学效果，可以借助现代技术手段对教学方式进行改革，具体措施如图 1-4 所示。

（1）引入 AI 技术

利用 AI 技术开发智能答疑系统，为学生提供实时的问题解答和学习支持。

（2）个性化学习推荐

通过 AI 分析学生的学习行为和数据，为学生推荐适合的学习资源和学习路径。利用 AI 技术对学生的学习行为进行分析，帮助教师了解学生的学习状

图 1-4　教学方式改革

态并提供针对性指导。

（3）发布多样化教学资源

将课程中的重点和难点内容制作成微课视频，方便学生随时随地进行学习。与慕课平台合作，引入高质量的在线课程资源，丰富学生的学习内容。采用混合式教学模式，将线上学习与线下课堂相结合，提高教学效率。

（4）在线学习平台

充分利用在线学习平台，丰富平台功能。在线学习平台提供多样化的功能，如视频学习、在线实验、编程练习和技术讨论模块等，满足学生的不同学习需求。及时更新平台上的学习资源，确保内容与课程进度和行业需求同步。加强互动与反馈，通过在线平台加强师生互动，为学生提供及时的学习反馈和指导。

（5）培养学生自主学习能力

为学生提供多样化的学习资源（如视频教程、编程题库、开源项目等），支持学生进行自主学习。设计多样化的任务，通过设计开放性的编程题目和实践项目，鼓励学生自主探索和创新，提升解决问题的能力。通过在线平台或社交媒体建立学习社区，促进学生之间的交流与合作，营造良好的学习氛围。

（6）多样化科学评价

优化教学评价方式，建立多元化的评价体系，将笔试成绩、实践能力、项目表现、学习过程等纳入评价范围。采用过程性评价，通过在线平台跟踪学生的学习过程，及时提供反馈和指导，帮助学生调整学习策略。注重创新能力评价，在评价中注重学生的创新能力和解决实际问题的能力，鼓励学生进行创造性思考。

通过以上改进措施，可以有效提升程序设计类课程的教学效果，激发学生的学习兴趣，培养出符合时代需求的创新型人才。

1.3　复合教学模式的设计与构思

翻转课堂（flipped classroom）模式颠倒了传统教学中的讲授与内化知识的过程。教师在课前通过视频、阅读材料等形式提供学习资源，让学生在课外自主学习理论知识；课堂时间则主要用于讨论、协作解决问题和实践操作，教师成为学习的引导者和促进者。学生可以根据自己的节奏学习新知识，遇到难题时可以随时暂停、回放或查阅课外资料。课堂时间则专注于应用知识解决问题，鼓励学生深入思考和实践，加深对基本概念的理解。教师不再独占课堂时间来讲授知识，从而有更多的时间与学生进行交流。小组讨论和合作项目增加了学生之间的交流与合作，有助于构建积极的学习氛围。翻转课堂重新调整课堂内外的时间，把学习的决定权从教师转移到学生。

项目驱动式教学是一种以完成具体项目为目标的教学方法，强调"做中学"。在程序设计类课程中，项目可以是开发一个小型应用程序、解决特定领域的问题或实现某个算法等。通过项目设计与开发，学生能够将所学知识应用于实际情境中，提高编程技能和项目管理能力。项目设计应注重与课程内容紧密相关，确保项目涵盖课程的核心概念和技能点。项目分层次设置，根据学生的学习能力和兴趣，设计不同难度级别的项目，满足不同水平学生的需求。同时，强化团队合作，鼓励学生以小组为单位进行合作，模拟真实工作环境，培养团队协作和沟通能力。项目驱动式教学，可以把理论和实践更有效地进行结合。以项目开发的完整过程为教学内容，展示项目开发的所有流程。该方法的目的在于鞭策和激发学生的学习兴趣，项目开发的压力又可以充分激发学生的学习动力和主动性，使他们变被动为主动，培养学生的分析问题和解决实际问题的综合能力。

将翻转课堂教学方法与项目驱动式方法进行结合，形成程序设计类课程的复合教学模式。该复合教学模式把翻转课堂教学和项目驱动教学方法引入课程日常教学过程中，对课程讲授内容进行再次重构，对教学的过程进行全新的调整。复合教学模式可以构造一个更加适合自主学习的优越环境，发挥学生的主观能动性，复合教学模式设计如图 1-5 所示。

课前准备：教师发布需要预习的材料，包括视频讲解、PPT、阅读文献等，要求学生完成自学并记录遇到的问题。

课堂互动：利用课堂时间进行小组讨论，解答学生疑问，引导学生对课程

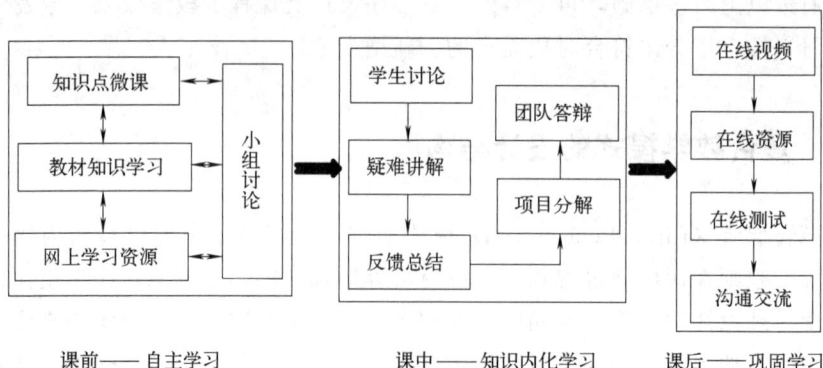

课前——自主学习　　　　课中——知识内化学习　　　课后——巩固学习

图 1-5　复合教学模式设计

进行深入探讨。介绍实践项目的背景和要求，激发学生学习兴趣。

项目实施：学生分组进行项目规划、设计、编码和测试，教师在过程中提供宏观指导和反馈意见。

成果展示与评估：各小组展示项目成果，通过报告、软件演示或代码审查等形式进行。采用多元化评价体系，包括自我评价、同伴评价和教师评价等环节。

反思与总结：项目结束后，组织学生举行反思会议，讨论学习过程中的收获、挑战及改进的方向。

复合教学模式可以让学生的学习更加灵活、主动，让学生的参与度更强。学生可以自主规划学习内容和学习节奏，教师采用讲授法和协作法来满足学生学习的需要，以促成他们的个性化学习，其目标就是让学生通过实践从而获得更多的知识。

程序设计类复合教学模式围绕软件项目来开展日常教学，把项目功能分解到日常知识点的讲授过程中，教学内容采用"线上"和"线下"相结合的方式进行，鼓励学生参与到课堂的教学活动中。课堂教学则侧重于疑难知识的探讨，该模式可以更好地培养学生的自主学习能力和实践编程能力。

这种复合教学模式可以有效提高学生的参与度和学习的积极性，促进理论与实践的深度融合。学生不仅可以掌握扎实的编程技能，还将学会如何进行团队合作、解决实际问题和创新思考，为培养具有综合素质的计算机专业人才提供有力支撑。未来，应持续优化教学资源、强化项目实践的真实性和挑战性，以及利用信息技术手段（如在线协作平台、智能评估系统）进一步提升教学效率和质量。

1.4　复合教学模式的实施

以"Java EE 程序设计与开发"课程为例对复合教学模式的方案进行实施，主要包括的环节如图 1-6 所示。

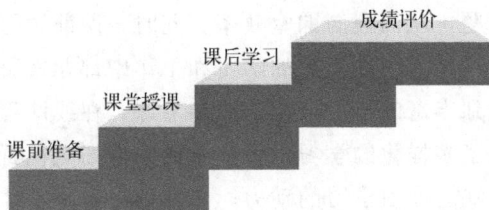

图 1-6　教学模式实施环节

1.4.1　课前准备

翻转课堂实施的前提是学生在课前做好了充分的准备，这样才能保障后续教学活动的效果。课前预习和平台学习是该模式的重要环节，学生的课前学习效果将会直接影响到课堂的授课质量。对于课前学习，学生可以通过微课、在线学习平台等方式进行，为课堂内容讲授做好准备。

课前学习的内容与形式，教师可以将课程的核心知识点制作成简短的微课视频（通常 5～10 分钟），方便学生利用碎片化时间进行学习。微课内容应突出重点，清晰易懂，帮助学生快速掌握基础知识。教师可以在在线学习平台上发布课程资料，包括教学视频、PPT、阅读材料、练习题等。学生可以根据自己的学习进度和需求，自主选择学习内容。教师可以为学生布置具体的课前任务，例如阅读某篇文章、完成某个编程练习或思考某个问题。任务驱动的学习方式可以增强学生的学习目标感，提高学习效率。

教师应根据课程的教学目标，概括每节课的知识点和需要思考的问题，并将其发布到在线学习平台上，帮助学生明确学习方向。教师可以将学生分成小组，并为每个小组分配不同的任务。例如，某个小组负责研究某个算法的实现，另一个小组负责分析某个案例。任务的设计应具有挑战性和趣味性，激发学生的学习兴趣。教师可以为学生推荐优质的学习资源，例如慕课网、学堂在线、爱课程等平台上的相关课程。这些资源通常由知名高校或行业专家制作，具有较高的实战指导意义，可以为学生提供多样化的学习机会。

学生需要根据教师提供的学习资源和任务，自主完成课前学习。自主学习能力的培养是翻转课堂的重要目标之一。学生可以与小组成员共同完成课前任务，通过讨论和协作加深对知识的理解。小组协作还可以培养学生的团队合作能力。在课前学习过程中，学生应记录自己遇到的问题，并在课堂上与教师和同学讨论。问题的提出和解决是翻转课堂的重要环节。

通过课前学习，学生已经掌握了基础知识，课堂时间可以更多地用于讨论、实践和解决问题，从而提高课堂效率。同时，课前学习要求学生具备较强的自主学习能力，这种能力在未来的学习和工作中都非常重要。另外，学生可以通过互联网接触到丰富的学习资源，例如慕课、在线课程、开源项目等。这些资源为学生提供了多样化的学习机会，帮助他们拓宽视野。

部分学生可能缺乏课前学习的动力，导致预习效果不佳。解决方案是设计有趣且具有挑战性的学习任务，激发学生的学习兴趣。

互联网上的学习资源质量不一，学生可能难以找到适合自己的资源。教师可以为学生筛选和推荐优质资源，避免学生浪费时间。

学生在课前学习过程中可能遇到问题，但无法及时获得反馈。教师可以通过在线学习平台提供答疑服务，或设置讨论区供学生交流。

课前准备是翻转课堂成功实施的关键环节，教师在这个过程中需要发挥引导作用，设计合理的学习任务并提供优质的学习资源。同时，学生需要培养自主学习能力，积极参与课前学习，为课堂学习打下坚实的基础。通过有效的课前准备，翻转课堂可以显著提升教学效果，培养学生的综合能力。

1.4.2 课堂授课

课堂教学围绕课前的准备情况，组织学生进行讲解，在讲解以后，鼓励其他组的学生通过提问题的方式，组织学生进行知识的探讨。教师此时更多的是对疑难问题的讲解和共性问题的探讨，可以更好地从基础知识讲解中摆脱出来，可以有更多的精力进行答疑，从而提高授课效率。

按照程序开发的流程进行授课的设计，也就是说围绕需求分析、设计、编程实现和测试等环节展开教学方案的实施。按照课程的教学大纲来制定恰当的课时目标。教学的内容包含 Spring 框架、MyBatis、Spring MVC 和 SSM 框架整合等内容。

教学开展过程中，教师根据学生课前学习情况和遇到的问题进行讲解，能够更加有针对性地进行教学，并据此来分配不同小组的学习任务，鼓励学生通过小组这个团队的形式进行协同式学习，共同完成学习任务。这个过程不但激励学生自主化学习,同时,也可以培养学生的团队精神和协作意识。

在翻转课堂模式下,课堂教学的设计与实施是核心环节。课堂活动应围绕学生的课前准备情况展开,通过学生讲解、讨论和教师答疑等方式,深化学生对知识的理解,并培养他们的批判性思维和解决问题的能力。

课堂活动设计,学生根据课前布置的任务,以小组为单位进行讲解和展示。例如,某个小组可以讲解某个算法的实现过程,另一个小组可以分享某个案例的分析结果。通过这种方式,学生可以巩固课前所学知识,并锻炼表达能力。在学生讲解后,鼓励其他小组的学生通过提问、质疑或补充的方式参与讨论。例如,可以提问"这个算法的时间复杂度如何优化?"或"这个案例的分析是否有其他可能性?"通过互动讨论,激发学生的批判性思维和创新能力。教师在课堂上的角色从知识传授者转变为引导者和答疑者。教师应重点关注学生的疑难问题和共性问题,并进行深入讲解。例如,如果多个小组在某个知识点上存在困惑,教师可以集中讲解并举例说明。

课堂实施步骤如图 1-7 所示。

图 1-7　课堂实施步骤

回顾课前学习:教师简要回顾课前学习的内容,帮助学生梳理知识框架,明确课堂讨论的重点。

学生讲解与展示:各小组依次进行讲解和展示,其他学生认真倾听并记录问题。

提问与讨论:在学生讲解后,其他小组成员和教师可以提出问题或发表看法,组织全班进行讨论。讨论过程中,教师应鼓励学生积极发言,营造开放的课堂氛围。

教师答疑与总结:教师针对学生的疑难问题和共性问题进行解答,并对课堂讨论的内容进行总结,帮助学生形成系统的知识体系。

实践与巩固:在讨论和答疑结束后,教师可以设计一些实践任务或练习题,让学生当场完成,以巩固所学知识。

教师通过设计问题和任务,引导学生深入思考和分析问题。例如,可以提出"这个算法的应用场景有哪些?"或"如何优化这段代码的性能?"等问题。教师重点关注学生的疑难问题,并提供清晰的解答。如果学生对某个概念理解不清，教师可以通过举例或类比的方式进行解释。

部分学生可能不擅长公开讲解，导致讲解效果不佳。解决方案是提前为学生提供讲解技巧的培训，并在课堂上给予鼓励和支持。

课堂讨论可能偏离主题，影响教学进度。教师应适时引导，确保讨论围绕核心知识点展开。

课堂活动可能因时间不足而无法完成。教师应合理设计课堂环节，并为每个环节分配明确的时间。

翻转课堂的课堂授课设计与实施应以学生为中心，通过学生讲解、提问讨论和教师答疑等方式，深化学生对知识的理解，并培养他们的综合能力。教师在课堂上扮演引导者、答疑者和总结者的角色，帮助学生解决疑难问题并梳理知识体系。通过有效的课堂设计，翻转课堂可以显著提升教学效果，激发学生的学习兴趣，培养出符合时代需求的创新型人才。

1.4.3 课后学习

课程教学的全过程不仅包括课前准备和课堂授课，课后学习也是至关重要的一环。课后学习为学生提供了巩固知识、拓展能力和解决疑问的机会。随着科技的进步，微课、慕课、在线学习平台等新兴学习方式蓬勃发展，为程序设计类课程的课后学习提供了丰富的资源和便利条件，对于和科技结合非常紧密的程序设计类课程，更要赶上这股 AI 发展的潮流。

"Java EE 程序设计与开发"课程在授课以后，要求学生进行在线学习，学生可以借助网上的资源，包括微课和慕课。对于微课学习，教师可以将课程中的重点、难点或拓展内容制作成简短的微课视频（通常 5～10 分钟），供学生在课后复习或深入学习。微课内容应聚焦具体问题，便于学生快速理解和掌握。例如，针对某个复杂算法，教师可以制作微课视频，详细讲解其实现步骤和优化方法。对于慕课学习，教师可以推荐学生参与国内外知名慕课平台（如Coursera、edX、学堂在线、慕课网等）上的相关课程。这些课程通常由名校或行业专家授课，内容丰富且具有实战指导意义。例如，学生可以通过慕课学习 MyBatis 优化、B/S 分布式部署、算法设计等课程的知识。

"Java EE 程序设计与开发"课程提供了一个在线学习平台，学生可以在平台上找到课件、程序源代码和程序分析等资源，同时可以在线进行讨论和探讨，遇到解决不了的问题，也可以及时和教师沟通，均能得到迅速的回复。教师可以在在线学习平台上发布课后学习资源，包括教学视频、PPT、阅读材料、编程练习题等，学生可以根据自己的学习进度和需求，自主选择学习内容。例如，教师可以发布一些拓展阅读材料或编程挑战题，供学有余力的学生深入学习。

在线学习平台可以设置讨论区或答疑区，学生可以在课后提出问题，与教师和同学进行互动交流。教师也可以通过平台发布学习任务或作业，并及时提供反馈。例如，学生在编程练习中遇到问题时，可以在平台上提问，教师或其他学生可以提供解答。这种多样化的学习形式，可以吸引学生更好地学习，同时可以巩固前期的学习效果，对编程能力的提升起着非常重要的作用。

① 教师可以设计一些编程练习题，供学生在课后完成。练习题应涵盖课程的核心知识点，并具有一定的难度梯度，以满足不同学生的学习需求。例如，教师可以布置一些算法设计题或代码优化题，帮助学生巩固课堂所学知识。

② 教师也可以设计一些综合性项目，供学生在课后完成。项目应模拟真实的软件开发场景，要求学生从需求分析、设计、编码到测试完整参与。例如，教师可以设计一个简单的 Web 应用开发项目，要求学生使用所学编程语言和技术栈完成开发。

③ 教师可以组织学生建立学习社区（如微信群、QQ 群、在线论坛等），方便学生在课后进行交流和协作。学习社区可以定期组织学习活动，例如代码评审、技术分享等。例如，学生可以在学习社区中分享自己的学习心得或编程技巧，其他学生可以从中受益。

④ 教师可以设计一些协作学习任务，要求学生在课后以小组形式完成。例如，可以设计一个团队编程项目，要求小组成员分工合作，共同完成开发任务。例如，学生可以分组完成一个开源项目的贡献，或合作开发一个小型应用程序。

⑤ AI 辅助学习，利用 AI 技术开发智能答疑系统，学生在课后遇到问题时，可以通过系统获得实时解答。系统可以根据学生的学习数据，推荐适合的学习资源或练习题。例如，学生在编程练习中遇到语法错误时，智能答疑系统可以自动识别错误并提供修正建议。

⑥ 利用 AI 技术分析学生的学习行为和数据，为学生推荐个性化的学习资源和学习路径。例如，系统可以根据学生的学习进度和兴趣，推荐适合的慕课课程或编程练习题。又例如，系统可以为学习进度较快的学生推荐一些高阶课程，而为学习进度较慢的学生推荐一些基础练习题。

课后学习是程序设计类课程教学的重要组成部分。通过微课、慕课、在线学习平台、编程练习、项目实践、学习社区和 AI 辅助学习等多种方式，学生可以在课后巩固知识、拓展能力并解决疑问。教师应根据学生的需求和学习特点，设计多样化的课后学习任务，并提供丰富的学习资源和支持。通过有效的课后学习，学生可以进一步提升编程能力和综合素质，为未来的学习和职业发展奠定坚实基础。

1.4.4　成绩评价

传统的教学中，学生的最终成绩是由试卷成绩组成，即使有平时表现的分数，针对性也不强。为了更好地激励学生进行自主化的学习，复合教学模式对成绩评价机制进行了改进，建立了更加科学、多元化的评价体系。

成绩评价不再过度依赖试卷成绩，引入了多元化的评价机制。该机制包括三个部分：第一个是课前预习阶段成绩，包括课前预习情况、预习的效果和小组的准备情况；第二个是理论授课过程中的表现，包括学生讨论情况、小组协作情况；第三个是学生的课后学习情况，包括在线资源的利用、与其他同学的交流沟通和微课、慕课的学习情况；第四个是学生团队的软件项目的完成情况，包括需求分析、设计、编码和测试等全流程的情况。

新的成绩评价机制涵盖多个维度，全面反映学生的学习过程、实践能力和综合素质。评价方式改革如图 1-8 所示。

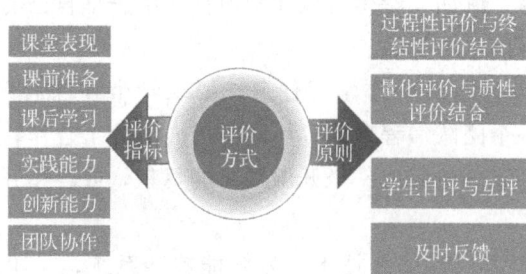

图 1-8　评价方式改革

具体评价指标包括以下几个方面。

课堂表现：包括课堂参与度、提问与回答问题的积极性、小组讨论的贡献等。

课前准备：包括课前学习任务的完成情况、微课和慕课的学习进度、在线学习平台的活跃度等。

课后学习：包括课后作业的完成质量、编程练习的正确率、项目实践的成果等。

实践能力：包括编程能力、问题解决能力、项目开发能力等。

创新能力：包括在项目实践中的创新点、对问题的独特见解、对算法的优化等。

团队协作：包括在小组项目中的合作态度、沟通能力、任务完成情况等。

具体评价原则包括以下方面。

① 过程性评价与终结性评价结合：过程性评价关注学生在整个学习过程中的表现，包括课前准备、课堂参与、课后学习等。通过过程性评价，教师可以及时了解学生的学习状态，并提供针对性的指导。例如，教师可以通过在线学习平台跟踪学生的学习进度，记录学生的课堂表现，定期评估学生的作业和练习完成情况。终结性评价关注学生在课程结束时的综合能力，通常通过期末考试或项目答辩等形式进行。例如，教师可以设计一个综合性项目，要求学生在课程结束时完成，并通过答辩展示项目成果。

② 量化评价与质性评价结合：量化评价通过具体的分数或等级来反映学生的学习表现，例如作业得分、练习正确率、考试成绩等。教师可以为每次作业和练习设定具体的评分标准，并根据学生的完成情况给出分数。质性评价通过文字描述或反馈来反映学生的学习表现，例如教师对学生的课堂表现、项目成果的评价和建议。教师可以在学生的项目报告中写下详细的评语，指出优点和不足，并提出改进建议。

③ 学生自评与互评：学生自评是指学生对自己的学习过程和学习成果进行反思和评价。通过自评，学生可以更好地了解自己的学习状态，并制订改进计划。教师可以设计自评表，要求学生在课程结束时填写，内容包括学习态度、学习方法、学习成果等。学生互评是指学生之间相互评价，通常用于小组项目或团队任务。通过互评，学生可以了解自己在团队中的表现，并学习他人的优点。教师可以设计互评表，要求小组成员在项目结束后相互评价，内容包括合作态度、任务完成情况、沟通能力等。

④ 及时反馈：教师应及时将评价结果反馈给学生，帮助学生了解自己的学习情况，并制订改进计划。教师可以通过在线学习平台或课堂讨论，定期向学生反馈评价结果，并提供具体的改进建议。评价结果不仅用于评定学生的最终成绩，还可以用于指导教学改进。教师可以根据评价结果调整教学内容和方法，以满足学生的学习需求。

这样的考核方式要求学生在学习的全流程都需要全身心投入，并积极参与到各个环节中，可以更好地提升学生对面向对象程序设计、B/S 架构程序的开发等综合能力。

新的成绩评价机制注重多元化、过程性和综合性，通过量化评价与质性评价结合、学生自评与互评结合，全面反映学生的学习过程和实践能力。通过及时反馈和评价结果的应用，帮助学生提高学习效果，同时为教师提供教学改进的依据。通过建立科学、合理的成绩评价机制，可以更好地激励学生进行自主化学习，培养出符合时代需求的创新型人才。

1.5 改革效果与未来工作

教学模式研究取得的主要改革成果和创新点如下。

① 以培养学生的职业能力为导向，实现产教融合的订单式培养。

坚持立德树人，注重课程思政的润物细无声。以培养职业能力为导向，校企双方共同完善教学大纲。基于职业能力目标，制订订单式培养计划，满足企业人才需求。

② 建设综合案例库，以项目驱动校企产教融合。

引入完整项目开发，包括设计、编码和测试等流程，选取企业实际项目建立案例库，利用企业实训资源，加强教、学、做的有机结合，让学生置身于真实的工作场景。

③ 建立多维度、多元化评价机制，构建新型实践教学体系。

建立多维度的评价体系：实践成绩、实习报告、项目成果、创新成果等。建立反馈体系，将评价结果及时反馈给学生、教师和企业导师，持续改进教学效果。

④ 改革课程模式，整合知识点，实现融会贯通。

以项目驱动来加强实践，推动理论与实践教学交叉进行，实现对学生的综合培养。项目组从课程的开设、校企合作和学生综合素质培养方面着手，提出的产教融合教学模式，可以推广到工科专业其他应用型课程的教学过程中。

⑤ 采用多元化的教学方式，提升创新能力。

采用探究式教学方法，提高学生的积极性。立足社会的需求，注重学生团队协作、沟通技巧和创新思维的提升，构建"学习能力-工程实践能力-交流合作能力-创新竞争能力"四位一体的能力培养模式。

下一步，将再接再厉，继续对研究成果进行总结和推广，对教学模式继续推进研究与探讨。

① 整合校内外教学资源，包括课程设计、企业实习，围绕需求分析、设计、编程和测试等环节，建立多层次、综合性的教学体系。

② 根据行业需求变化，实时调整和完善教学体系。以企业的需求为导向，引入工程教育理念，反向设计教学内容，强化产教融合效果。

③ 加强企业导师和教师融合，提升实践教学效果。引入企业项目，建设

实践教学案例库。帮助企业解决实际问题的同时，化解教学内容和企业需求脱节的问题，达到订单式培养的效果。

④ 以行业需求为导向，加强校企产教融合。在课程设置和教学内容上，更加注重行业需求，以此来设定教学目标和教学内容，使学生能更好地满足行业的需求。充分借助高校的特色和优势，与软件企业进行深度合作，共同培养高质量软件人才，使学生更能适应软件行业的发展需求。

在课程建设的过程中，与企业共建实践教学资源，立足实践性、开放性和共享性。以职业能力培养为重点，强化技能训练，实现学校与企业的零距离融合，进一步提高学生的实践能力，更好地适应行业需求。

通过企业的用人需求反馈，及时更新教学内容。收集学生毕业前反馈和毕业后反馈信息，及时纠正教学模式实施过程中的问题。对实施效果进行评估，及时进行调整。对实施的经验进行总结，形成可复制的模式。通过学术会议、教育培训等途径，将教学模式推广到其他应用型高校，促进程序设计类教学的整体水平提升。

⑤ 积极引入 MOOC（大规模开放在线课程）和 SPOC（小规模私有在线课程）教学方法，加强校企和校际交流。采用项目驱动教学方法，对课程讲授内容进行重构，对教学的过程进行全新的调整。通过企业实地调查，选择合适的题目进行实践，以项目开发的完整过程为模板，展示项目开发的全流程。软件项目来源于企业的真实项目，按照认知规律转化为课程教学内容，分解成不同的课程模块。

⑥ 组织授课教师参加产业实践培训，提高产业经验和实践能力。引进有经验的软件工程师作为实践导师，指导学生进行实践活动。与合作企业共同投入资源，建设先进的软件开发实验室和实践基地，为学生提供实践场所和设备。建立教学资源共享平台，整合校内外的教学资源，提供丰富的实践教学素材和案例。

1.6　小结

根据计算机类专业中程序设计类课程的教学情况，分析当前采用的教学模式中存在的问题和不足，引入翻转课堂等教学方法应用到实际教学过程中，实践环节以项目驱动的形式进行，旨在吸引学生参与到课程的教学过程中。探讨教学方法与项目驱动相互结合的复合教学模式的构思和实施方案，并在课程中进行应用。

基于翻转课堂的项目驱动式的复合教学模式，把传统课堂中的知识传授进行了优化，更多地吸引学生参与到教学过程中来，发挥学生的主体作用，对于程序设计类课程的教学尤其合适，可以更好地激发学生学习的积极性与主观能动性，也可以更好地实现个性化的教学，提升主动学习能力与实践编程能力。

复合教学模式，更加强调实践的重要性，突出"以应用为重点"的教育思想，让学生从被动学习变为主动学习。通过改进程序设计类课程的教学模式来进一步提升学生的实践编程能力、团队协作能力与创新能力，为社会的发展培养更多的高素质人才。教学效果表明，该复合教学模式可以很好地调动学生学习的积极性，学生学到了更多的知识，为培养学生的综合素质提供了非常好的思路。

第2章

产教融合背景下软件开发类课程教学
模式创新研究与实践

2.1 引言

为了促进教育链、人才链与产业链、创新链的有机衔接，党的二十大报告提出要"深入实施科教兴国战略"，协同推进教育和科技发展，促进产教深入融合。产教融合背景下，软件开发类课程旨在传授学生掌握程序设计的基本知识与技能。目前的软件开发类课程教学存在一些共性问题，比如实践教学效果不佳、培养方案有待完善等，急需对此进行改革。作为计算机类专业的专业核心课，"计算机应用与编程"课程旨在传授学生掌握软件开发的基本知识与技能，培养学生程序设计、代码编写、软件测试与维护的综合能力，为经济社会的发展提供软件人才的保障。本章以此课程作为案例进行软件开发类课程教学模式改革研究。

基于工程教育思想的目标导向教育理念，强调学生的主体作用，授课教师积极关注学生的学习效果。CDIO注重产品研发到产品运行的全过程，让学生主动、全方位地进行学习。通过引入CDIO工程教育思想，提出"计算机应用与编程"课程的教学模式改革方案，旨在提高课程教学效果，培养更多优秀的软件开发人才。

2.2 教学中存在的不足

"计算机应用与编程"作为高校计算机类专业的核心课程，虽然经过一系列的教学模式改革与创新，取得了诸多教学成果，但仍面临一些共性问题，这些问题主要表现在三个方面，如图 2-1 所示。

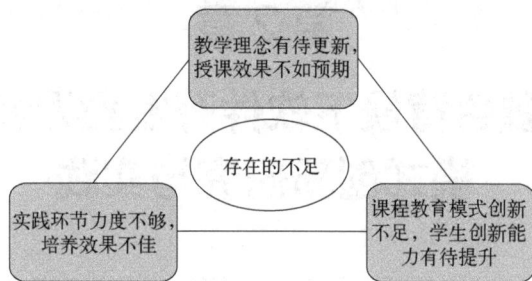

图 2-1 教学中存在的不足

(1) 教学理念有待更新，授课效果不如预期

传统的软件开发教学往往侧重理论知识的传授，而忽视了实践操作的重要性，或者实践操作与理论知识脱节，导致学生难以将所学知识应用于实际项目中。编程技术发展快，开发工具更新迅速，为了课程的顺利开展，需要引入新的教育教学理念。目前，授课教师采用的教学方式与理念更新速度较慢，导致学生学习兴趣不足，学习效果下降，学生在实践中往往只是机械地模仿教师的操作，缺乏独立思考和创新能力。

(2) 实践环节力度不够，培养效果不佳

课程目前的教学偏重学生的专业知识与技能的讲授，实践环节有待进一步加强。部分课程内容过于陈旧，未能及时反映当前行业内的前沿技术和趋势，导致学生毕业后难以适应企业的实际需求。在教学开展过程中，如果实践环节的重视度不足，学生就会只关注理论知识本身，造成对课程的评价过于单一化，不利于学生综合素质的培养和提高。

实践环节的不足导致学生的动手能力和解决实际问题的能力得不到有效培养。缺乏实践机会和挑战性任务，学生的创新思维和创新能力难以得到提升。

(3) 课程教育模式创新不足，学生创新能力有待提升

此课程旨在培养学生的程序设计与开发能力，传统的教学模式强调授课＋解析，对学生的参与度重视不够，学生的学习积极性不高。由于教学模式的局限性，学生可能缺乏足够的动力和兴趣去深入学习，同时缺乏实际项目经验，使得他们在面对真实工作场景时感到力不从心。

为此，应根据学生特点，引入个性化的教学方式，因材施教，根据学生的个体差异，提供个性化的学习资源和指导，满足不同学生的学习需求。分层教学，根据学生的学习水平和兴趣，设计不同难度的任务和项目，激发学生的学习兴趣和动力。

引入互动式教学，让学生在课前通过视频、资料等自主学习理论知识，课堂上进行讨论和实践，提高课堂互动性和学生参与度。组织学生进行小组合作学习，通过讨论、协作完成任务，培养团队合作和沟通能力。

引入真实项目或模拟项目，让学生在实际项目中应用所学知识，提升实践能力和项目经验。与行业企业合作，了解行业需求和技术趋势，将真实项目引入课程教学中。

创新评价体系，采用多样化的评价方式，包括课堂表现、项目实践、团队合作等，全面评估学生的学习效果和能力提升。重视学生在学习过程中的表现和进步，提供及时的反馈和指导，帮助学生调整学习策略。利用现代教育技术，搭建在线学习平台，提供丰富的学习资源和工具，支持学生自主学习和探索。建立虚拟实验室，提供模拟编程环境，帮助学生进行实践操作和项目开发。

2.3　软件开发类课程教学模式创新

引入产教融合，加强"计算机应用与编程"课程的实践教学，并结合 CDIO 工程教育理念优化课程教学目标和教学方式，是提升教学效果、增强学生实践能力和创新能力的有效途径。

2.3.1　优化教学目标，加强导向引领

在课程设置和教学内容上，更加注重行业需求，以此来设定教学目标和教学内容，使学生能更好地满足行业的需求。充分借助高校的特色和优势，与软件企业进行深度合作，共同培养高质量软件人才，使学生更能适应软件行业的发展需求。课程教学目标应围绕专业知识的掌握与能力的提升，秉持"学生中心、成果导向、持续改进"的理念，以学生发展为中心，坚持价值塑造、知识传授和能力培养的有机统一。以培养软件工程师所应具备的系统设计和开发能力为主线，构建产教融合教学体系，"计算机应用与编程"课程的教学模式框架如图 2-2 所示。

培养学生理解面向对象程序设计的概念、思想和方法，以及面向对象理论，具备一个优秀的软件开发人员所应有的能力。培养学生的创新思维和创业意识。通过提升软件开发技能，提高计算机专业综合素质。掌握科学思维、意识、方法，提高分析和解决问题的能力。整合校内外教学资源，建立多层次、

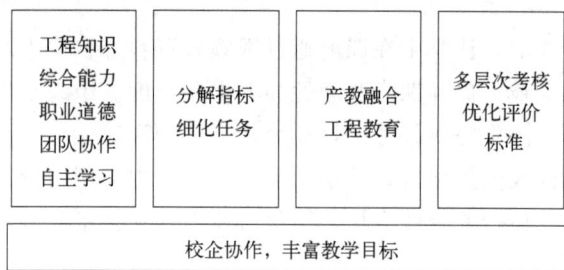

图 2-2　"计算机应用与编程"课程的教学模式框架

综合性的教学体系。根据行业需求变化，及时调整教学方式方法。培养学生能够针对个人成长和职业发展的需要，跟踪专业前沿，不断学习新知识和新技术，树立正确的人生观、价值观和世界观，以适应社会发展的需要。

课程的教学目标应进行多样化的设置，以适应科技强国与软件强国的战略要求，满足社会发展和行业进步的需要，培养具有开阔视野与综合能力的软件开发人才。对于"计算机应用与编程"课程来说，学生需要具备软件设计与开发的能力，具有工匠精神，在软件设计与开发过程中培养团队协作与社会责任感。

2.3.2　丰富教学内容，强化工程教育理念

采用 CDIO 工程教育思想开展课程授课，将知识点融入软件项目开发中，丰富教学内容。软件项目选择企业真实案例，将项目涉及的知识点分散到各个章节的授课过程中，使学生更好地掌握相关的知识点，知晓知识点在项目开发中的具体作用，培养学生进行软件开发的全局观，提升学生的项目开发与管理能力。

明确培养目标，将 CDIO 的理念融入课程目标，旨在培养学生的综合能力，包括创新思维、系统设计、编程实现、团队协作和项目管理等。根据 CDIO 理念，重构课程内容，确保每个学习单元都能体现构思、设计、实现、运作的全过程，使理论与实践紧密结合。CDIO 工程教育思想如图 2-3 所示。

图 2-3　CDIO 工程教育思想

构思（C）：采用探究式的教学方法，鼓励学生积极思考，引导学生从项目开发的需求分析着手，运用科学的方法，

进行软件的规划和总体设计，加强学生软件计划和系统设计的技能。

设计（D）：引入创新课堂模式，激发学生学习的积极性和兴趣。按照总体设计方案，进行软件的详细设计，细化类和模块的功能及实现方法，结合 IO 流、JDBC、多线程等知识，完成详细设计方案的制定。

实现（I）：采用案例教学法和任务驱动法，对代码的书写进行演示，鼓励学生根据详细设计方案编写代码，用面向对象思想实现软件的功能。

运作（O）：采用小组讨论和互相测试的方式，对开发的软件进行执行和测试，鼓励学生积极探索，遇到问题想方设法去解决，着力提升学生的项目实际开发和测试能力。

基础知识点的学习以实践和应用为准则，将知识点进行有效整合，提高学生开发软件项目的技能。选取实践性强的软件项目，科学设计教学环节，解决现实问题，增强学生处理问题的综合能力。

"计算机应用与编程"课程实践环节较多，旨在培养学生的综合能力，为软件项目的开发奠定基础。在进行实践环节教学过程中，引导学生关注细节，毕竟细节决定成败。代码调试过程中，软件小缺陷的积累，会带来程序的无法运行。对程序代码的编写，要求学生秉持严谨的科学精神，从而形成良好的编程习惯，提高程序编写能力。

学生组成不同的软件开发项目组，教师担任项目经理，项目组在项目经理的带领下开展软件开发工作。通过软件全环节的实施，让学生真真实实地体验软件的开发过程，实现和企业的无缝对接，最终把学生的软件实训作品按照行业要求，交付企业验收。项目组成员在开发过程中担任项目设计、程序编写和软件测试等角色，培养学生的团队意识和集体精神。集体的能力远远大于个体，可以更好地做好科技攻关，由此积极培养学生的团队协作能力。

2.3.3　教学模式设计

"计算机应用与编程"课程包括理论授课和实践教学环节，根据社会发展需求实现该课程的多样化、模块化、个性化、丰富化和多元化，完善教学大纲，优化教学方法，探索新的教学模式，强化编程能力和实践技能的考核。积极创造条件，进一步开放软件开发实验室，在时间和空间上为学生提供更大的平台和便利。将课堂教学与微课、慕课相结合，线上线下协同联动，满足学生个性化教育的需要，从而全面提高学生的软件开发综合水平和编程实践技能。

实践教学内容进行模块划分，分为多层次实践教学内容，采用层层递进的方式（图 2-4）。

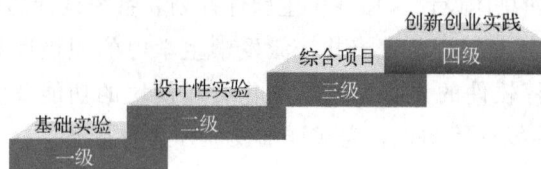

图 2-4　多层次实践教学

基础实验（一级）：主要为语法、代码编写规则的练习，具备程序的简单设计、开发、调试和分析能力，是入门实验，也是适合计算机类各专业的普及性实践教学环节。

设计性实验（二级）：要求掌握数据库编程的原理，提升学生的集体意识、社会责任意识，培养学生勤学苦练的精神和正确的职业操守，培养学生创新思维、综合应用知识和技术的能力。

综合项目（三级）：以软件项目开发为主的综合实践教学环节，引入企业真实案例，要求学生按照企业开发流程完成项目开发与设计。学生在本级实践中将学习软件开发的思想、方法、技术和应用，掌握利用三层架构规范项目代码的方法，能综合利用该课程所学知识完成软件系统的开发。养成良好的程序设计习惯和科学严谨的工作作风，具备项目管理和团队协作能力。

创新创业实践（四级）：组织若干个围绕软件设计与开发的课题，设计软件方案，完成编码和测试。考核办法：学生发布软件、演讲和参加答辩。本级实践教学引导学生综合应用软件设计与开发方法和技术，学习研究性思维和方法，培养创新思维、实践能力和团队协作精神。

对于不同的学生，采用不同的教学模式。如对于软件编程基础不佳的学生，设计预备性实践项目，帮助他们建立起必要的基础知识和技能。建立在线课程学习网站，开设必修实验、选修实验、开放实验和虚拟仿真实验等，提供学生自主学习和师生交流互动平台，将课堂教学与在线课程学习相结合，以满足学生丰富化的学习需求，全面提高学生实践能力。

2.4　教学模式实施

2.4.1　实施方案

根据学生的特点，不同专业学生的学情不一样，应进行个性化设计。按照涉及的知识点，对课程进行科学规划。按照专业侧重点不同，设置不同的实施方案。比如，软件工程专业学生实践较多，设计方案时，多引入实践案例，让学生更好地融入课程教学中。计算机科学与技术专业，偏向专业理论的学习，可以增加课堂教学的案例讲解。

在课堂授课过程中，将新教学模式进行全方位的实施，对教学效果进行实时追踪，根据变化及时进行调整，确保教学效果。在授课过程中，任课教师采用完整的项目案例，对学生创新意识进行抛砖引玉式的培养和提升。针对个体不同情况，在布置作业、实践教学等环节，进行有梯度的设计，以提升教学效果。

采用项目驱动的教学方法，每个项目从构思阶段开始，逐步引导学生进行设计、实现和运作，让学生在项目中学习，在学习中完成项目。加强翻转课堂与在线学习，利用翻转课堂模式，将理论知识的学习放在课前，课堂时间主要用于讨论、实践和解决问题。同时，利用在线学习平台提供丰富的学习资源和互动工具，支持学生的自主学习。注重团队协作与角色扮演，鼓励学生组成团队，模拟企业中的项目团队，每个成员扮演不同的角色（如项目经理、设计师、程序员、测试员等），通过角色扮演增强团队协作能力和项目管理能力。

2.4.2　实施策略

"计算机应用与编程"课程教学中会提供微课视频，微课视频内容积极融合工程教育理念，提供在线学习网站，方便师生在课下和课前进行互动。提供调查问卷，问卷设计原则包括了解参与者对新教学模式的态度和学习策略的应用。实施策略如图 2-5 所示。

实施过程中，首先制定多样化的教学目标，设计教学内容，积极融入工程教育思想；课程考核环节，摒弃以考试成绩单一化评价方式，引入多元化考核，学生编写的代码、课堂表现、小组成绩等均纳入考核环节中；考核后，对学生进行问卷调查，并进行数据收集；对收集到的数据进行分析和总结，研判教学模式实施的

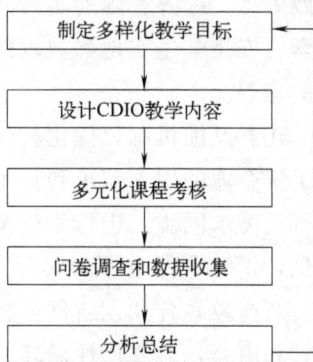

图 2-5　实施策略

效果和不足；最后根据分析的结果，对教学目标进行适当的调整和优化。此循环优化方式可以大大提升教学的效果和质量。

坚持立德树人，注重课程思政的润物细无声的效果。以培养学生职业能力

为导向，校企双方共同完善教学大纲。基于职业能力目标，制订订单式培养计划，满足企业人才需求。

2.4.3 产教融合，推动课程授课与创新创业教育相互促进

产教融合是推动课程教学与创新创业教育相结合的重要途径。通过加强校企合作，将企业的实际需求与课程教学紧密结合，可以有效提升学生的实践能力和创新能力，同时促进教学内容的更新和教学模式的优化。在日常教学中，加强产教融合，让学生与企业零距离进行交互。同时，选派教师到企业进行实践锻炼，着力提升教师的教学能力和水平。利用校外实践教育基地，积极安排学生实地参观软件企业，学习企业开发流程。对于有兴趣和有能力的学生，进行积极引导和培养，选择合适的题目积极参与学科竞赛。开放专门的实验室资源，配备专业教师，指导学生参与学科创新竞赛，丰富教学体系。在参与创新类竞赛过程中，师生的创新思想和创新成果又可以反哺教学，为教学提供新的素材。这有效地实现了校企合作、双创比赛与日常教学互相推动、共同进步的良性循环。通过企业的用人需求反馈，及时更新教学内容。收集学生毕业前反馈和毕业后反馈信息，及时纠正教学模式实施过程中的问题。对实施效果进行评估，及时进行调整。

加强校企合作，促进产教融合。在日常教学中，邀请企业专家参与课程设计、授课或讲座，让学生了解行业前沿动态和技术趋势。选派教师到企业进行实践锻炼，提升教师的实践能力和行业认知，从而更好地将企业需求融入课堂教学。安排学生实地参观软件企业，学习企业开发流程和管理模式，增强对行业的理解。

建立反馈机制，优化教学内容。强化企业需求反馈，通过与企业合作，及时了解企业的用人需求和技术发展趋势，调整和更新课程内容，确保教学内容与行业需求同步。进行学生反馈数据的收集，收集学生毕业前和毕业后的反馈信息，了解课程教学的实际效果和存在的问题，及时进行改进。实施效果评估，对产教融合和创新创业教育的实施效果进行评估，根据评估结果调整教学模式和内容，形成良性循环。

推动创新创业教育，双创比赛与教学结合。将创新创业比赛（如"互联网＋"大赛、挑战杯等）与日常教学相结合，鼓励学生将课程中学到的知识应用于实际项目中。创新项目孵化，为学生提供创新创业项目的孵化支持，包括资金、场地和技术指导，帮助学生将创意转化为实际成果。

通过产教融合和创新创业教育的结合，可以提升学生的实践能力，学生通

过企业实践和竞赛参与，能够将理论知识应用于实际问题，提升实践能力和创新能力。学生毕业后能够更好地适应企业的实际需求，增强就业竞争力。优化教学内容：通过企业反馈和学生反馈，及时更新教学内容，确保课程与行业发展同步。促进教师成长：教师通过企业实践和指导学生竞赛，提升自身的实践能力和教学水平。校企合作、双创比赛与日常教学相互促进，共同推动教学质量的提升和学生综合素质的培养。

建设综合案例库并以项目驱动校企产教融合，是提升"计算机应用与编程"课程教学质量的重要举措。通过引入企业真实项目，结合项目驱动教学方法，可以有效加强理论与实践的结合，提升学生的实践能力和综合素质。

① 引入完整项目开发流程，选取企业实际应用的项目，建立综合案例库，涵盖软件设计、代码编写、测试、部署等完整开发流程。利用企业的生产环境和实训资源，让学生置身于真实的工作场景中，增强对软件开发全流程的理解和实践能力。

② 重构课程内容与教学方法。采用项目驱动教学方法，对课程内容进行重构，将企业真实项目按照认知规律转化为课程教学内容，分解成不同的课程模块。积极引入 MOOC 和 SPOC 教学方法，丰富教学资源，支持学生自主学习和个性化学习。

③ 校企合作平台建设。与软件企业、IT 公司建立长期合作关系，共同开发课程项目，引入企业真实案例作为教学内容。通过校企合作平台，邀请企业专家参与课程设计和教学，确保课程内容与行业需求同步。

④ 强化实习实训基地建设。建立校内外的实习实训基地，提供学生实践机会。让学生亲身体验软件开发的全过程，包括需求分析、设计、编码、测试和部署，增强实践能力和项目经验。

⑤ 项目驱动教学实施。通过企业实地调查，选择合适的题目进行实践，以项目开发的完整过程为模板，展示项目开发的全流程。将企业真实项目分解成不同的课程模块，按照认知规律进行教学，帮助学生逐步掌握项目开发的各个环节。

⑥ 教学效果评估与优化。收集学生在项目实践中的反馈，了解教学效果和存在的问题，及时进行改进。通过企业评价，了解学生在实际项目中的表现和能力，优化课程内容和教学方法。

通过建设综合案例库和项目驱动校企产教融合，提升学生的实践能力。学生通过参与企业真实项目，能够将理论知识应用于实际问题，提升实践能力和解决问题的能力。学生毕业后能够更好地适应企业的实际需求，增强就业竞争力。通过引入企业真实案例，确保课程内容与行业发展同步，提升教学的实用性和前瞻性。通过校企合作平台，加强学校与企业的联系，促进产学研结合，推动教学改革和创新。通过 MOOC 和 SPOC 教学方法，丰富教学资源，支持学生自主学习和个性化学习。

2.4.4 改进考核方法

改进考核方法是提升"计算机应用与编程"课程教学质量的重要环节。通过建立多维度的评价体系（实践成绩、实习报告、项目成果、创新成果等）和有效的反馈机制，可以全面评估学生的学习成效，激发学生的学习兴趣，同时促进教学效果的持续改进。评价指标如图 2-6 所示。

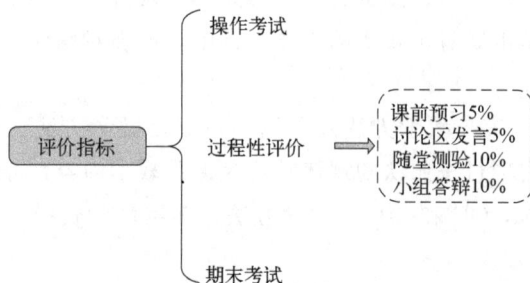

图 2-6　评价指标

在考核评价中，考核元素包括过程性评价 30%、操作考试 30% 和期末考试 40%。其中过程性评价包括课前预习 5%、讨论区发言 5%、随堂测验 10%、小组答辩 10%。使用多层次、过程性考核评价方式，科学评价学生的学习效果，激发学生学习的兴趣。

① 建立有效的学习评估与反馈机制，构建多元化评价体系，采用项目报告、代码审查、团队展示、同行评审等多种评价方式，全面评估学生的学习成效，注重实践能力和创新能力的考察。帮助学生了解自己的学习情况，教师和企业导师可以根据反馈调整教学策略和项目难度。通过课堂讨论和在线问答，收集学生的学习反馈，及时解决学生在学习过程中遇到的问题。在项目进行过程中，开展中期检查，了解学生的项目进展和遇到的问题，提供及时的指导和支持。

② 注重过程性评价，通过课前预习，帮助学生提前了解课程内容，提高课堂学习效果。鼓励学生在讨论区发言，积极参与课堂讨论，提升学习兴趣和参与度。通过随堂测验，及时了解学生对课堂内容的掌握情况，调整教学

进度和内容。通过小组答辩，考核学生的团队合作能力和项目展示能力，提升学生的表达和沟通能力。通过项目报告，考核学生对项目的理解和总结能力。通过代码审查，考核学生的编程能力和代码质量。通过团队展示，考核学生的团队合作和项目展示能力。通过同行评审，考核学生的评价能力和批判性思维。根据学生的学习反馈和评价结果，及时调整教学策略和项目难度，确保教学效果。对教学效果进行评估，了解教学过程中存在的问题，进行持续改进。

通过改进考核方法，可以全面评估学习成效。通过多维度的评价体系，全面评估学生的学习成效，注重实践能力和创新能力的考察。

2.4.5　强化师资队伍建设

师资队伍是课程教学质量的核心保障。通过加强教师的培训与交流，定期组织教师参加专业培训、学术会议和企业实践，可以有效提升教师的工程实践能力和教学创新能力，从而显著提升"计算机应用与编程"课程的教学效果。加强教学团队建设，构建跨学科、跨领域的教学团队，促进知识交叉融合，提升教学质量。

① 鼓励教师参加国内外学术会议，了解行业最新动态和技术趋势，拓宽视野，提升科研能力和教学水平。选派教师到企业进行实践锻炼，参与实际项目开发，提升教师的工程实践能力，并将企业经验融入课堂教学。加强教学团队建设，构建跨学科、跨领域的教学团队，促进计算机科学与软件工程、人工智能、数据科学等领域的知识交叉融合，丰富课程内容。通过教学团队的协作，共同设计课程内容、开发教学资源、改进教学方法，提升教学质量和效果。加强对青年教师的培养，通过导师制、教学研讨等方式，帮助青年教师快速成长，提升教学和科研能力。

② 提升教师的工程实践能力，鼓励教师参与企业合作项目，了解企业实际需求和技术发展趋势，提升工程实践能力。支持教师开展实践教学研究，探索理论与实践相结合的教学方法，提升教学创新能力。促进教师教学创新，鼓励教师申报教学改革项目，探索新的教学模式和方法，提升教学效果。建立教学资源共享平台，分享优秀教学案例、教学设计和教学资源，促进教师之间的交流与合作。

③ 建立多元化的教师评价体系，包括学生评价、同行评价和教学成果评价，全面评估教师的教学效果。通过教学奖励、职称晋升等方式，激励教师积极参与教学改革和创新，提升教学质量和水平。

2.5 改革成效与未来工作

2.5.1 改革成果

① 将产教融合理念应用到软件开发类实践教学模式改革中，形成针对性的教学改革方案，提高学生的实践动手能力，提升学生的软件开发综合素质。课堂教学中，积极引入项目驱动式和翻转课堂等教学方法，与传统的教学理念进行有机结合，充分体现了建构主义"以学生为中心"的思想。

② 基于产教融合性教学模式，构建新的课程体系和教学内容。注重培养学生创新精神和实践能力，构建"学习能力-工程实践能力-交流合作能力-创新竞争能力"四位一体的产教融合性能力培养。

③ 校企合作，共建实践教学平台。在课程建设的过程中，与企业共建实训平台，充分体现职业性、实践性和开放性；以职业能力培养为重点，强化了技能训练，实现学校与企业的零距离融合。

④ 改革课程模式，整合知识点，实现融会贯通。以项目驱动来加强实践，强化理论。推动理论课与实践课交叉进行，使理论知识在实践活动中得以有效运用，使学生具备较高的综合素质，实现对学生的一体化培养。项目组从课程的开设、校企合作和学生综合素质培养方面着手，提出了产教融合性复合教学模式，该教学模式可以推广到计算机专业其他应用型课程的教学过程中。

⑤ 秉承"以学生为中心"的教育理念，制定产教融合背景下的软件开发人才培养方案。培养适应社会需求的工程人才，立足社会发展的实际需求，注重对学生综合素质和创新实践能力的培养，提高软件开发人才培养的质量。

2.5.2 项目亮点

校企合作项目的亮点如下。

(1) 提供教学资源，助力学院发展

项目的开展承担着创新实践性教学任务。项目对学生进行创新能力训练，促进了软件开发类课程教学的深度发展，从而提升学院的声誉。

(2) 培养学生创新能力，提升学生的综合素质

学生在课程学习中，可以较好地掌握专业技能，可以在真实的项目中锻炼，获得项目的实战经验。

（3）为教师发展提供优良的教学资源

在项目开展过程中，专业教师可以在实践性教学中获得一定的实践经验，
丰富教学素材和教学经验。搭建的资源平台如图 2-7 所示。

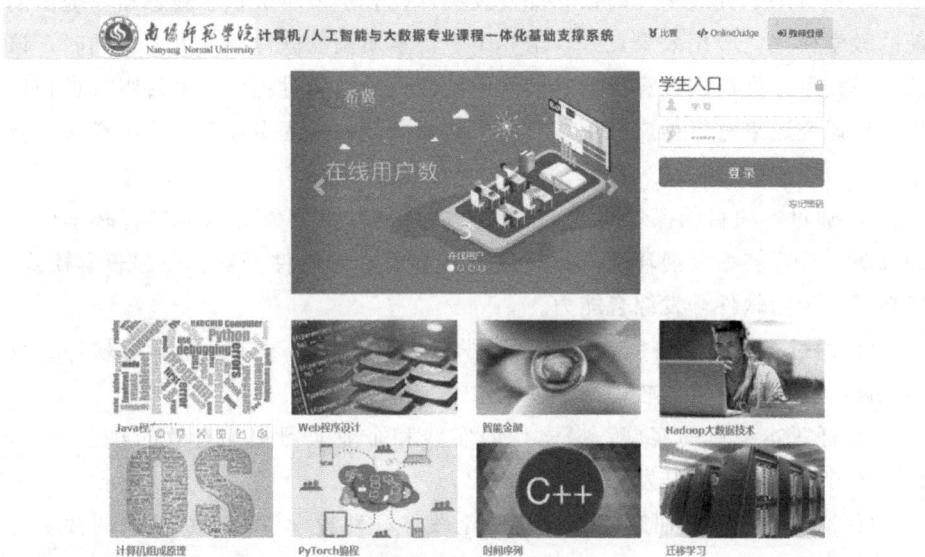

图 2-7　搭建的资源平台

实训环节包括基础训练、技能强化、企业项目实战三个阶段，以企业项目
实战为重点，职业素养、职场外语训练等综合素质训练穿插在项目实战过程之
中进行。根据企业项目中实际应用的技术进行强化，使学生掌握企业实际项目
需要的技术，以适应企业的技术要求，实训任务截图如图 2-8 所示。

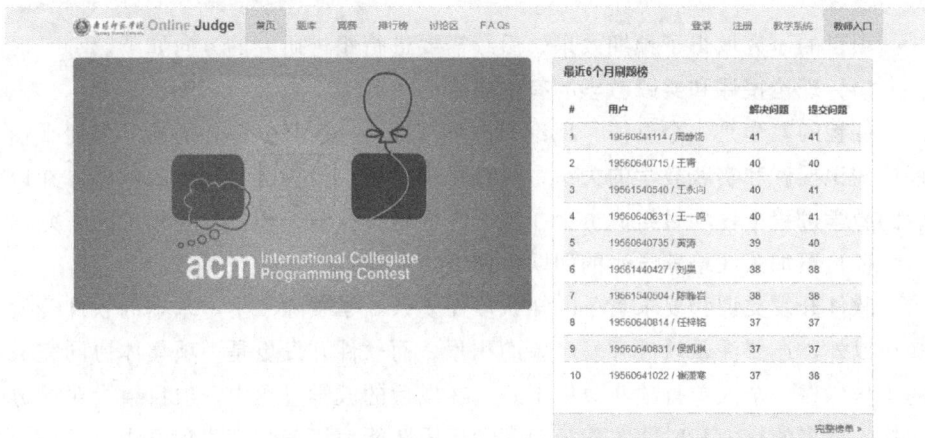

图 2-8　实训任务截图

2.5.3 应用效果

本项目的研究成果对高校软件开发类课程教学改革提供了新思路，提出的新的教学模式，应用效果良好，培养了一批素质高的软件开发人才。同时，该教学模式可以推广到计算机类其他应用型课程的教学过程中。项目组成员积极将课题研究成果进行推广应用，目前主要面向软件工程专业和计算机科学与技术专业。

① 通过本项目的探索实践，对地方高校的软件开发类课程进行教学模式的改革，构建转型发展环境下积极适应社会需求的软件开发类课程教学模式，提高了学生的软件开发综合能力。

② 通过本项目的研究，提高了教学效率，切实培养了学生学习软件开发的兴趣，提升了学生的软件开发理论水平。

③ 通过本项目的实施，探索校内实践和企业实习更加有效的整合方式，切实提升学生的软件开发综合素养。

④ 通过本项目的研究，整合与优化软件开发教学资源，总结新的教学方法和手段。

⑤ 通过本项目的研究，相关研究成果推广到计算机类其他应用型课程的教学中，为计算机专业的本科教学提供新的思路和研究经验。

总之，建设科学完整的软件开发类课程体系是不断探索完善的工作。

2.5.4 未来研究方向

项目的研究取得了预期效果，后续需要进行跟进研究的方向如下。

(1) 理论授课和实践教学的有机结合

课程的教学是一个整体，理论知识是基础，任何时候都要加强。如何平衡理论知识授课和实践教学的关系，一直是项目组成员关注和研究的问题。在以后的教学过程中，项目组成员会在这个方面继续探索，积极开展相关的研究。

(2) 更加关注培养学生的团队协作能力

软件开发类课程要求具备的知识多而复杂，学生除了学习基本的软件开发知识以外，还要注重软件开发经验的积累。而软件开发更是一项集体协同完成的工作，靠一个人单打独斗效果不好。在以后的教学过程中，项目组会对此方向投入更多的精力和时间，积极探索学生团队能力培养的模式和方法。

（3）软件开发工具的选择可以更加多样化

目前，高校中结合教学实验内容的通用实践平台较为缺乏，多数高校停留在泛泛讲授几个热门的开发工具的阶段，缺乏成熟、实用的开发环境来实践完整的测试项目。而开发工具的种类繁多，应结合不同高校和不同专业，选择更有针对性的开发工具，让学生更好地开展软件开发实验。

2.6　小结

以"计算机应用与编程"课程为例，探讨软件开发类课程教学模式改革。新模式中引入 CDIO 工程教育理念，着重关注知识点关联内容的设计，加强产教融合教学力度和广度。教师对课程进行个性化设计，根据专业的不同特点设计适宜的授课方案，选择企业真实案例，着力培养学生的主动自主学习能力，持续引导学生的学习兴趣，提高学生的编程综合技能。选择合适的 CDIO 教学内容，提升学生的实践能力和技能。实践表明，新教学模式提升了课程的教学效果，提高了"计算机应用与编程"课程的教学效果。该教学模式得到了师生的积极评价，可在软件开发类课程中进行推广使用。

第3章

新工科背景下电子信息专业培养
模式创新与探索

⌄

3.1 电子信息专业培养模式探索

2023年3月，在高等教育学科专业设置调整优化改革方案中，教育部要求深化新工科专业建设，"新的工科专业，工科专业的新要求，交叉融合再出新"，加强现有工科专业进行交叉、工科和其他学科进行融合、应用理科向工科进行延伸，培育新的工科应用场景和领域。

新工科专业强调培养学生的创新精神、实践能力、国际竞争力和人文素养，要求学生具备解决未来复杂工程技术问题和引领产业发展的能力。在课程设置方面，新工科关注企业在知识体系构建方面的参与力度，能较快适应现代产业的发展趋势。围绕电子信息、人工智能等领域进行全面重塑升级，全面适应引领新技术、新产业、新业态、新模式。要求高校从产业需求、技术特色和学生认知等方面入手，有针对性地提升人才培养质量，重塑并构建高质量的新工科高等教育体系，全面提升科学研究、人才培养与产业发展需求的契合度。

当前，我国正大力推进创新型国家建设，需要更多的工科人才，特别是电子信息类专业。随着科技的迅猛发展和产业结构的深刻变革，电子信息领域对高层次人才的需求日益旺盛。同时，国家要求深化新工科专业建设，培养学生的创新精神、实践能力、国际竞争力和人文素养，要求学生具备解决未来复杂工程技术问题和引领产业发展的能力。因此，探索电子信息专业培养模式的创新，对于提升人才培养质量和推动电子信息领域的发展具有重要意义。

电子信息专业教育经过快速发展，办学规模逐步扩大，学生质量得到了有效提升。但是，人才培养存在一些问题，如课程设置不够灵活、实践环节不足、创新能力不强等。这些问题制约了培养质量的提升，也影响了电子信息领域的发展。新时代对电子信息专业教育提出了更高的要求，需要进一步审视、规划现有的培养模式，重点提升基于新工科要求的电子信息专业学生的创新能力、实践技能和科研水平。在新工科重塑升级背景下，电子信息专业学生培养的重点由知识的学习转变为能力的培养，着重培养实践应用技能和创新能力。

电子信息专业培养模式的研究现状呈现出多元化、创新化和实践化的趋势。随着电子信息技术的快速发展和广泛应用，电子信息专业的培养模式逐渐多元化。除了传统的课堂教学外，还引入了项目式教学、翻转课堂、在线学习等多种教学模式。这些新模式注重学生的实践能力和创新思维的培养，使学生能够更好地适应市场需求和技术变革。电子信息专业与其他学科的交叉融合成为当前培养模式的重要趋势。例如，与计算机科学、通信工程、自动化等领域的结合，形成了新的研究方向和课程体系。这种跨学科的教育体系有助于培养学生的综合素质和创新能力。产学研结合的培养模式在电子信息专业中得到了广泛应用。通过与企业、科研机构的合作，学生可以获得更多的实践机会和科研项目经验，从而提升自己的实践能力和科研水平。实验教学是电子信息专业培养模式中不可或缺的一部分。通过实验操作，学生可以直观地了解电子电路、信号处理、通信原理等基础知识，并锻炼自己的动手能力和解决问题的能力。为了增强学生的实践能力，许多高校和企业合作建立了实习基地和实训基地。学生可以在这些基地中进行为期数周或数月的实习实训，深入了解企业的工作流程和实际需求，为将来的就业打下坚实的基础。

政府和教育部门对电子信息专业的培养模式给予了高度重视和支持。通过出台一系列政策措施和资金扶持，鼓励高校和企业加强合作，推动产学研结合和人才培养模式的创新。这些政策为电子信息专业的发展提供了有力的保障和推动。

尽管电子信息专业的培养模式取得了显著的进展和成就，但仍面临一些挑战和机遇。例如，如何更好地适应市场需求和技术变革，如何培养学生的创新能力和综合素质，如何加强与国际先进水平的交流与合作等。这些挑战需要高校、企业和政府部门共同努力，不断探索和创新培养模式，以适应电子信息产业的快速发展和变化。

本章通过分析电子信息专业培养现状，深入开展课程思政教学，从理论知识学习、实践训练和创新能力培养等方面进行探索，结合当下新兴产业和社会发展的要求，提出一系列措施，以期为我国电子信息专业培养模式的改革提供参考和借鉴。

3.2 存在的不足与改革思路

随着科学技术的快速发展，新工科背景下，电子信息高端人才的需求越来越多，而培养学生创新能力方面与社会需求仍存在一定差距，更多的是注重学生的研究能力的培养，导致培养的实践应用能力不足，无法满足社会对人才的需求。存在的不足主要表现在四个方面，如图 3-1 所示。

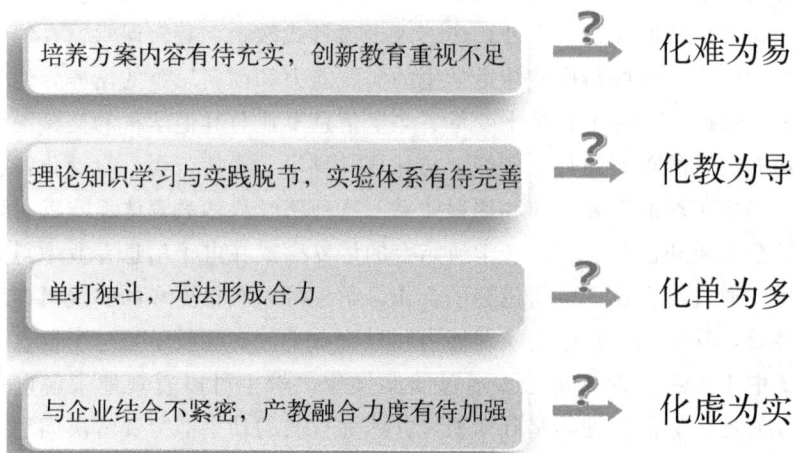

培养方案内容有待充实，创新教育重视不足 **? → 化难为易**

理论知识学习与实践脱节，实验体系有待完善 **? → 化教为导**

单打独斗，无法形成合力 **? → 化单为多**

与企业结合不紧密，产教融合力度有待加强 **? → 化虚为实**

图 3-1　存在的不足

(1) 培养方案内容有待充实，创新教育重视不足

在课程设置上过于偏向理论或实践，导致学生的知识体系不够全面。例如，有的高校重视理论基础，但学生的实践能力较差；而有的高校则过于注重实践，忽视了理论知识的深入教授。随着电子信息技术的快速发展，新技术、新产品层出不穷，但部分高校的课程设置更新滞后，未能及时引入前沿的技术和知识。缺乏鼓励创新的氛围和机制，导致学生的创新意识和创新能力得不到充分激发。在创新资源方面投入不足，如科研资金、实验设备、科研团队等，限制了学生创新能力的培养。

(2) 理论知识学习与实践脱节，实验体系有待完善

理论知识学习与实践脱节是电子信息专业教育中一个普遍存在的问题。学生在课堂上学习的理论知识往往与实际工作中的应用存在较大的差距。这导致学生在实际操作中常常感到无从下手，难以将所学理论知识应用于实际工作中。实验体系是电子信息专业教育中非常重要的一部分，但目前很多高校的实验体系还存在一些问题，如实验设备陈旧、实验内容单一、实验与实际工作脱节等。这些问题限制了学生实践能力的提高和创新能力的培养。

由于资源有限，无法为学生提供足够的实践机会和实验设备，导致学生的实践能力得不到充分锻炼。实践教学环节与市场需求脱节，未能根据行业发展趋势和企业需求来设置实践内容，导致学生的实践能力与市场需求存在差距。

（3）单打独斗，无法形成合力

由于个体之间的差异，有些人善于协调关系，有些人善于编辑文字，有些人动手能力强，有些人理论功底扎实，但单独的个体水平有限，难以独自承担复杂的项目。

电子信息专业培养方面没有提供有效的合作机制，导致各自为政，难以形成合力。相互之间的沟通和交流不足，使得资源和信息无法共享，从而影响了效率和成果质量。在当前评价体系下，学生过于追求短期成果，导致培养方向偏离实际需求，培养质量下降。这种急功近利的心态也加剧了单打独斗的现象，使得学生之间难以形成长期的、稳定的合作关系。

（4）与企业结合不紧密，产教融合力度有待加强

① 合作深度不够：校企合作仅限于表面层次，如实习实训基地的建设、联合项目的开展等，未能实现深度的产教融合。

合作广度有限：校企合作时，未能充分考虑到行业的多样性和地域的广泛性，导致合作广度有限，学生的实践机会和就业渠道受到限制。

② 合作机制不完善：目前，高校与电子信息产业的企业之间缺乏长期、稳定的合作机制，导致产教融合难以深入推进。合作项目往往具有临时性，缺乏持续性和系统性，使得产教融合的效果有限。

资源共享不充分：高校与企业在资源方面存在壁垒，如实验室设备、技术资料、人才资源等难以实现有效共享，这限制了双方在科研、教学、人才培养等方面的深入合作。

课程体系与行业需求脱节：电子信息专业的课程体系往往侧重于理论知识，缺乏与实际行业需求的紧密联系，这导致学生在毕业后难以适应企业的实际需求，需要花费较长时间进行再培训。

实践环节不足：学生在校期间的实践环节往往局限于实验室内的模拟实验，缺乏真实工作环境的实践机会，这限制了学生实践能力的培养和提高，也影响了产教融合的效果。

为加快培养电子信息领域科技人才，对专业培养方案进行优化，主动布局未来战略的必争领域，地方应用型高校应在学科框架、培养模式和人才的评价机制等方面进行改进，这样才能适应国家对创新型人才的需求。南阳师范学院

在教育实践中，融合课程改革、优化科研课题、进行实践能力提升和开展校企合作，形成了电子信息专业学生多维培养新模式。课程体系围绕思政教育，优化培养目标，进行创新能力培养。教学过程中，积极提供丰富的课程资源，采用多样化的教学方法。借助科研平台、工程中心和企业实际需求开展科学研究，通过校企合作和政策支持，加强双师型导师建设，搭建校外实践教育基地。电子信息专业四维驱动培养模式如图 3-2 所示。

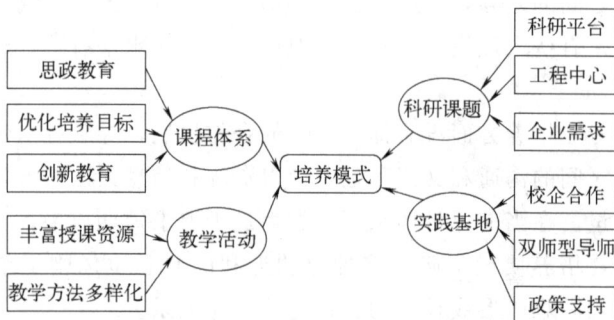

图 3-2 电子信息专业四维驱动培养模式

3.3 多层次电子信息专业培养模式改革

为了满足新时代的需求，对电子信息专业学生培养模式进行优化改革，推动电子信息专业培养模式转型、创新和升级。

基于"学生为本、成果导向、持续改进"的 OBE（outcome based education）教育模式在高校中应用广泛，成果导向教育理念强调以学生为中心，按照预期的培养目标进行反向设置，采取相应教学举措来促进培养目标的实现。电子信息专业实践性强，培养目标可以具体量化，在制定电子信息专业人才培养方案和教学设计时应融入目标导向理念，可以更好地达成培养目标，如图 3-3 所示。

围绕明确三维学习目标、实施学习成果和评价学习成果三个维度开展，坚持以学生为中心，加强资源构建和内容整合，采取任务驱动和网络学习平台支撑，注重评估模型和平台考核环节。

工程教育思想在中国经历了十几年的发展，汇聚各方力量、经验与智慧，与电子信息专业学生培养进行有机结合，可以进一步明确当前电子信息专业教育改革的思路和重点，凝聚优势资源，加快合作互补，创新人才培养模式，提

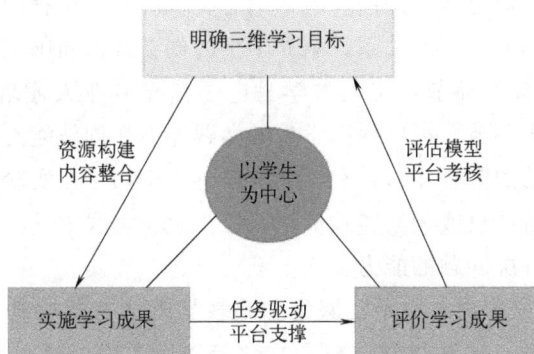

图 3-3　电子信息专业培养的三维目标

高学生培养质量，为满足国家战略发展需要提供强大的新型工程科技人才支撑。

作为地方应用型高校，要科学地制定电子信息专业的人才培养体系，充实教学内容，丰富教学方法，提升教学效果，这是提高电子信息专业人才培养质量的重要举措。响应新时代发展需要，与产业共发展，深度开展新工科专业的建设，提高电子信息专业人才服务社会的能力。根据社会发展的需要和对电子信息专业学生的新需求，探析当前电子信息专业学生培养方面存在的问题和不足，基于新工科的地方应用型高校电子信息专业学生的培养模式研究具有重要的战略意义。

(1) 贯彻课程思政教学改革，培养又红又专电子信息人才

① 推进课程思政建设：使专业课程与思政课程同向同行、形成协同效应的重要举措，使德育与智育相统一，推动实现全员全过程全方位育人。南阳师范学院按照国家对人才素质和能力的要求，将思政元素融入电子信息课程授课和日常科学研究过程中，制订政治通识课程授课计划，将思政内容外化为具体的学习行动，激发学生的爱国热情。通过建设学习共同体和进行科研活动提升团队精神，培养解决复杂问题的思维方式和创新意识。

② 挖掘专业课程中的思政元素：电子信息专业课程中蕴含着丰富的思想政治教育元素，如科学家精神、工匠精神、创新精神等。教师应深入挖掘这些元素，并将其融入专业课程教学中。讲述老一辈科学家艰苦奋斗、矢志报国的事迹，以及我国高新技术在艰难的国际局势中自主创新、砥砺前行的发展历程，激发学生的爱国热情和民族自豪感。

③ 创新课程思政教学方法：采用多样化的教学方法，如案例教学、项目式教学、讨论式教学等，将思政元素与专业知识有机结合，提高学生的学习兴

趣和参与度。可以通过分析国内外电子信息技术的发展历程和现状，引导学生思考技术创新与国家发展的关系，培养学生的创新意识和国家责任感。

④ 加强实践教学环节：实践教学是电子信息专业人才培养的重要环节。通过加强实践教学环节，可以提高学生的实践能力和创新能力，同时融入思政元素，培养学生的团队合作精神和社会责任感。例如，在实验室教学中，可以组织学生参与科研项目或创新实践活动，让学生在实践中学习专业知识，同时培养团队协作和解决问题的能力。

⑤ 构建全方位的育人体系：课程思政教学改革需要构建全方位的育人体系，包括课堂教学、实践教学、校园文化等多个方面。通过全方位的育人体系，可以形成协同育人的良好氛围。例如，可以举办科技讲座、学术论坛等活动，邀请行业专家和企业代表分享经验及心得，拓宽学生的视野和知识面，同时培养学生的职业素养和社会责任感。

(2) 引入 OBE 导向理念，制定培养目标框架

按照学生毕业时所需要具备的能力来设定预期学习的目标，依据电子信息专业教育的独特优势，设计多样化的授课方式。反向制定学生培养的各个环节，寻找教学改革的契合点。电子信息专业学生的培养目标架构如图 3-4 所示。

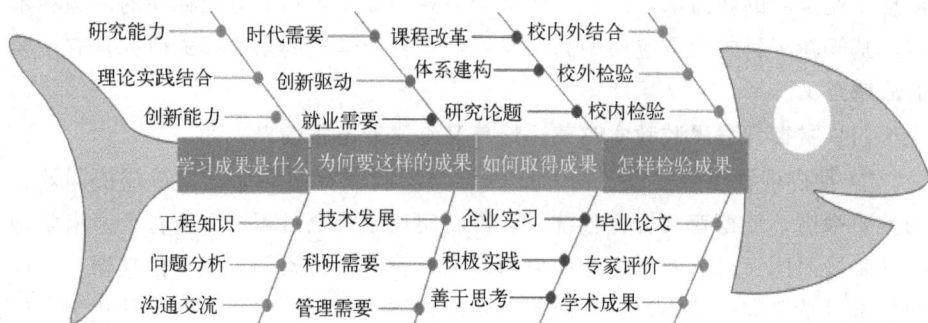

图 3-4　电子信息专业学生的培养目标架构

培养目标的架构包括学习成果是什么、为何要这样的成果、如何取得成果和怎样检验成果四个方面。通过 OBE 成果导向，反向设计学习成果的内容，进而规划取得成果的途径和检验成果的方式方法，提高学生培养质量，满足社会对电子信息人才的需求。

(3) 融合社会发展，提出电子信息专业"4R1G3EC"培养方式

按照学生毕业时所需要具备的能力来设定预期学习的目标，据此反向制定学生培养的各个环节，寻找教学改革的契合点。

依据电子信息专业教育的独特优势，设计多样化的授课方式。对学生所需能力设计特殊的实践环节，让学生掌握更多的知识和技能，与毕业后工作联系更加紧密，满足企业对于电子信息人才的需求。

结合社会对电子信息学生综合能力的要求，南阳师范学院重新审视现有的学生培养模式，提出"四个要求、一个目标、三个评价和三个内容"的"4R1G3EC"（4 requirements，1 goal，3 evaluations，3 contents）个性化培养方式，如图 3-5 所示。

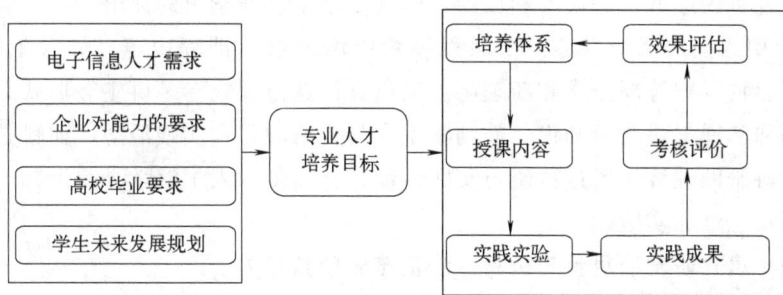

图 3-5 电子信息专业"4R1G3EC"学生培养模式

四个要求包括社会对人才的需求、行业发展对能力的要求、高校对毕业生能力的追求和学生学习方向的探求；三个内容包括培养体系、教学内容和项目实践；三个评价包括预期成果、教学评估和考核机制。根据四个要求来决定培养目标，并对目标及时更新；根据培养目标制定科学的培养体系、教学内容和项目实践，同时对预期成果、学生学习情况和教学开展情况进行评价和考核。将整个过程划分为不同的环节，确定各个环节的预期目标，按照成果导向来分析结果，灵活地设置实施措施。此过程循环进行优化，可以根据具体情况及时调整，以期达到更好的培养效果。根据四个要求来决定培养目标，并对目标及时进行更新；根据培养目标制定科学的培养体系、授课内容和实践实验，同时对实践科研成果进行评价和再评估。

（4）优化授课资源，加强与学科前沿知识接轨

电子信息专业发展较快，根据前沿进展及时更新教学内容，积极借助网络资源，提供线上和线下多样化的教学方式，将学科前沿知识积极融入日常教学和科研指导过程中，引入更多的真实案例，培养新时代的高层次电子信息人才，与社会发展接轨。

① 更新教材与教学内容：电子信息工程专业是一个快速发展的领域，新技术和新理论不断涌现。因此，教材和教学内容必须紧跟时代步伐，及时更

新。引入前沿的科研成果和行业动态，使教学内容更加贴近实际，提高学生的专业素养和创新能力。提升教师素质与能力：教师是授课资源的重要组成部分，提升教师的专业素养和教学能力，是优化授课资源的关键。通过组织教师进行培训、学术交流和研讨活动，提高教师的业务水平和教学能力。鼓励教师参与科研项目和实践活动，增强教师的实践经验和创新能力。完善教学设施与实验条件：教学设施和实验条件是保障教学质量的重要基础，应加大对教学设施和实验条件的投入，提升教学水平和实验效果。建设现代化的实验室和实训基地，配备先进的实验设备和仪器，以满足学生实践学习的需求。

②引入前沿课程内容：在课程设置中增加前沿课程内容，如人工智能、大数据、物联网等新技术和新理论。通过开设选修课或专题讲座等形式，让学生了解和掌握学科前沿知识。鼓励学生参与科研项目和实践活动，如科技创新竞赛、科研助理等。通过科研与实践活动，让学生深入了解学科前沿知识，并培养创新思维和实践能力。

(5) 建立研发项目参与机制，注重培养创新能力

①发挥学生的主体地位，调动学生的主观能动性。通过导师与学生进行会商与讨论，加强思路之间的碰撞，引导学生找出问题的最优解决办法。同时，积极加强与业界的联系并充分挖掘合作前景，让学生参与到具体项目的开发中，了解行业前沿的动态发展，提高科研实践创新能力。

②建立研发项目参与机制，根据电子信息领域的发展趋势和行业需求，选择具有前瞻性和实用性的研发项目。设计项目时，要确保项目内容既涵盖基础理论知识，又涉及前沿技术和实际应用，以全面锻炼学生的能力。鼓励学生积极参与研发项目，为他们提供实践机会和平台。指派具有丰富经验和专业知识的教师或专家作为项目指导，确保学生在项目过程中得到充分的指导和支持。

③在项目中强调团队协作的重要性，培养学生的团队合作精神和沟通能力。定期组织项目进展汇报和讨论会议，以便及时发现问题、解决问题，并促进团队成员之间的交流和合作。建立完善的项目成果评估体系，对学生的项目成果进行客观、公正的评价。对表现优秀的学生给予奖励和激励，以激发他们的创新热情和积极性。

④注重培养创新能力，在教学过程中注重培养学生的创新思维，鼓励他们敢于质疑、勇于探索。通过案例分析、问题引导等方式，激发学生的创新灵感和想象力。加强实践教学环节，让学生在实践中掌握专业技能和方法。提供丰富的实践资源和平台，如实验室、实训基地等，以便学生进行实践操作和实验验证。

⑤ 鼓励学生跨学科学习和融合，将不同领域的知识和技术相结合，产生新的创新点。组织跨学科研讨会和交流活动，促进学生之间的交流与合作。开展创业教育，培养学生的创业意识和能力。提供创业指导和支持，帮助学生将创新成果转化为实际产品或服务。

3.4　培养模式实施策略

新模式既体现在课程设置上，又结合目标导向鼓励学生到相关企业学习，在对电子信息专业学生创新能力培养现状进行分析的基础上，制定培养模式的实施策略，如图 3-6 所示。

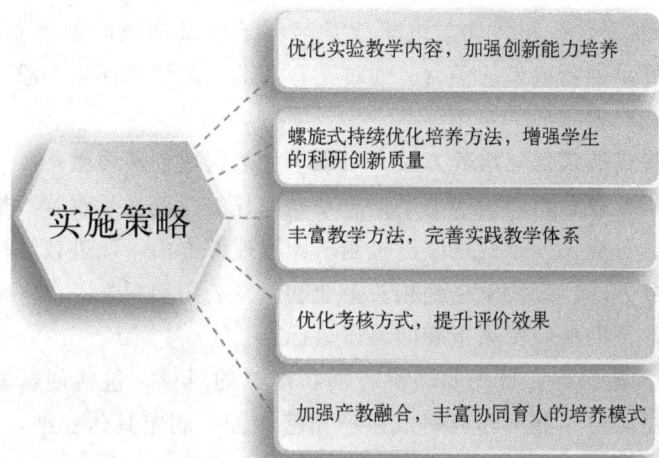

图 3-6　实施策略

(1) 优化实验教学内容，加强创新能力培养

① 采用"项目为驱动、产品为导向、开放式管理"的实践模式，使学生尽早接触到电子信息工程化训练，理论联系实际，在做中学，学中做，做到知行合一。将学生培养过程嵌入实训平台中，学生以小组的方式组成不同的项目组，以任务驱动的方式完成分配的工作，形成团队意识，提高学生的团队协作能力。

② 紧跟电子信息技术的最新发展，定期更新实验项目，确保实验内容的前沿性和实用性。引入基于实际应用的综合性实验项目，让学生在解决实际问题的过程中锻炼创新思维和实践能力。根据学生的学习进度和能力水平，分层次设计实验项目，从基础实验到综合实验，逐步提升学生的实验技能和创新能

力。基础实验注重理论知识的验证和基本技能的培养；综合实验则强调知识的综合运用和创新能力的发挥。加强实验教学内容与理论课程的衔接，确保实验项目能够巩固和深化理论知识的学习。在理论课程中穿插实验案例，使学生在理解理论的同时，对实验内容有更直观的认识。

③ 鼓励学生进行探索性实验，允许他们在实验过程中提出假设、设计实验方案并进行验证。提供必要的实验资源和指导，支持学生的探索精神和创新思维。通过项目式学习，让学生在完成具体项目的过程中综合运用所学知识，培养创新能力和团队合作精神。项目选题应贴近实际应用，具有挑战性和创新性，以激发学生的创新热情。加强实验报告和讨论环节，要求学生撰写详细的实验报告，总结实验过程、结果和心得，培养科学严谨的实验态度和表达能力。组织实验讨论会，让学生分享实践经验和创新点，促进相互学习和启发。

④ 开展创新竞赛和活动，组织或参与电子信息领域的创新竞赛和活动，为学生提供展示创新成果的平台。通过竞赛和活动的激励作用，激发学生的创新动力和实践能力。

(2) 螺旋式持续优化培养方法，增强学生的科研创新质量

借鉴工程教育思想，构建电子信息专业课程的持续教学改革，形成"自评价、自改进、自成长"螺旋式改进机制。课程授课方面，改进教学模式，采用多样化的培养方式。鼓励学生到相关企业和研发公司参观学习，了解前沿的行业发展动态，帮助他们树立正确的科研目标。

① 设定清晰目标：首先明确科研创新培养的目标，包括创新能力、问题解决能力、团队协作能力和科研成果产出等方面。制定具体标准：根据目标，制定可量化的评价标准，如科研项目的创新性、实用性、完成度和论文发表情况等。分阶段实施培养：注重基础知识的学习和技能培养，通过课程实验、基础项目等，奠定科研创新的基础。鼓励学生参与更复杂的科研项目，通过团队合作、导师指导等方式，提升科研能力和创新思维。引导学生独立承担实际项目开发，进行深度研究和创新，培养科研领导力和成果转化能力。

② 螺旋式迭代优化，定期评估与反馈：在每个阶段结束时，通过项目展示、论文评审等方式，对学生的创新成果进行评估，收集反馈意见。分析调整策略：根据评估结果，分析存在的问题和不足，调整培养策略和方法，如增加实验课程、引入新的科研项目、加强导师指导等。实施优化措施：将调整后的策略和方法应用到下一阶段的培养中，形成螺旋式上升的迭代过程。

(3) 丰富教学方法，完善实践教学体系

① 采用项目驱动教学法，以实践应用为根本目标，以学生为主体，以教师为主导，围绕具体的项目构建教学内容体系。通过师生共同参与完成一个具

体的项目，让学生在实践的过程中理解知识、掌握技能，培养分析问题和解决问题的能力。引入真实的工程案例，让学生在分析案例的过程中学习理论知识，并培养解决实际问题的能力。案例应具有代表性和实用性，能够反映电子信息工程领域的前沿技术和挑战。采用翻转课堂教学法，学生在课前通过视频、阅读材料等方式自主学习理论知识。课堂时间主要用于讨论、实践和解决问题，增强师生互动和学生参与度。结合电子信息与其他学科（如计算机科学、物理学、数学等）的知识，开展跨学科融合教学。通过跨学科的项目或课程，拓宽学生的知识视野，培养综合运用多学科知识解决问题的能力。

② 构建多层次实践教学平台，包括课内实验教学、专业实训、课外素质拓展、毕业设计与毕业实习等多个层次。每个层次都应有明确的教学目标、教学内容和教学方法，以满足不同学习阶段和能力水平的学生需求。加强校企合作，与电子信息企业建立紧密的合作关系，共同建设实习实训基地。邀请企业专家参与实践教学，提供行业前沿知识和实践经验。鼓励学生到企业实习，了解行业需求和企业文化，提升实践能力。组织或参与电子信息领域的创新竞赛和活动，如电子设计竞赛、嵌入式系统设计竞赛等。通过竞赛和活动的激励作用，激发学生的创新热情和实践能力。

（4）优化考核方式，提升评价效果

优化考核方式并提升评价效果是教学效果评估中的重要环节，特别是在电子信息等实践性和创新性要求较高的专业中。旨在通过优化考核方式，更准确地评估学生的学习成果，激发学生的学习积极性，并促进教学质量的提升。除日常考核方式外，要细化理论学习的所有环节，包括上交作业、课题设计、小组讨论与课题成果等，还要制定合理的考核方案。在项目方面，从研究项目的选题、开题、中期检查、组内研讨和论文写作等环节设置详细的考核标准，综合评价学生的理解能力、反应能力和表达能力，强化考核效果。

① 多元化考核方式：考核方式应同时涵盖理论知识和实践操作，确保学生能够全面掌握专业知识和技能。理论知识考核可以通过闭卷考试、在线测试、小组讨论等形式进行；实践操作考核则可以通过实验报告、项目展示、现场操作等方式实施。引入项目式考核：鼓励学生参与实际项目或模拟项目，根据项目完成情况和成果质量进行评价。项目式考核可以培养学生的团队协作、问题解决和创新能力，同时更真实地反映学生的实践水平。实施同伴评价和自我反思：鼓励学生之间互相评价作品或表现，促进相互学习和借鉴。引导学生进行自我反思，评估自己的学习进展和不足之处，培养自主学习和自我提升的能力。

② 过程性评价与结果性评价相结合，关注学生在学习过程中的表现和努

力程度，如课堂参与度、作业完成情况、小组讨论贡献等。通过过程性评价，教师可以及时发现问题并给予指导，帮助学生改进学习方法和提升学习效果。强化结果性评价的准确性，确保结果性评价能够客观、准确地反映学生的学习成果。采用多样化的评价标准和手段，如作品集评价、口头报告评价、实践操作能力评价等，以全面评估学生的综合能力。

③ 利用在线考试系统进行理论知识考核，提高考试效率和准确性。在线考试系统可以自动评分、统计分析数据，为教师提供便捷的评价手段。通过收集和分析学生的学习数据，利用大数据和人工智能技术为学生提供个性化的学习建议和反馈，这有助于教师更准确地了解学生的学习情况，制定针对性的教学策略。

④ 教师应及时向学生提供考核结果和反馈意见，帮助学生明确自己的优点和不足。鼓励学生提出疑问和建议，促进师生之间的沟通和互动。根据考核结果和反馈意见，不断调整和优化考核方式。引入新的评价理念和手段，以适应教育改革的需要和学生发展的需求。

(5) 加强产教融合，丰富协同育人的培养模式

"加强产教融合，丰富协同育人的培养模式"是当前教育改革的重要方向，对于提升人才培养质量、促进经济社会发展具有重要意义。加强与企事业单位合作，共同制定专业培养目标和培养方案，共建工程教育共同体。校企联合推进产学深入合作、产教融合与科教协同，共同建设课程资源，共建实验室和实践基地，建立产教研融合的培养模式。着力加强学生研究能力培养，提高学生的实践水平和能力。

产教融合是指产业界与教育界之间的深度合作，旨在通过资源共享、优势互补，实现人才培养与产业发展的深度融合。学校与企业共同制定人才培养方案和教学计划，确保人才培养与产业需求的高度契合。企业为学生提供实习实训基地，使学生在实践中掌握专业技能和工作经验。学校与企业共同开展科研项目和技术攻关，推动产学研用一体化发展。学生在学校学习理论知识的同时，定期到企业进行实践锻炼，实现学习与工作的有机结合。

学校、企业、科研机构等共同参与人才培养和科技创新过程。通过产学研用一体化，可以推动科技成果的转化和应用，促进产业升级和经济发展。学校应主动与企业建立合作关系，共同制定人才培养方案和教学计划。企业应积极参与人才培养过程，提供实习实训基地和师资力量支持。根据产业需求调整课程体系和教学内容，确保人才培养与产业需求的高度契合。引入行业标准和先进技术，提升教学内容的实用性和前瞻性。加强师资队伍建设，提升教师的实践能力和教学水平。鼓励教师到企业挂职锻炼或参与科研项目，增强教师的产业认知和实践经验。建立完善的人才培养质量保障体系，对人才培养过程进行全程监控和评估。

3.5　培养模式实施效果

培养模式的实施有助于提升学生的综合水平和实践能力，助力地方应用型高校的学科建设和师资力量的提升，增强学生的就业竞争力，推动电子信息领域的创新和发展。

（1）开阔了思路，提高了科研效果

通过知识的交叉融合，有利于开阔学生思路，极大地丰富选题和研究领域，并增强工程应用的创新能力。通过与企业合作、参与实际项目等方式，能够更深入地了解行业动态和技术需求，有助于提升学生的综合素质和全球视野，培养具有创造力的人才。

跨学科融合教学和前沿技术的引入，使学生能够从多个角度思考问题，培养他们的创新思维和解决问题的能力。实践环节和科研训练的加强，让学生有机会将理论知识应用于实际情境中，激发他们的学习兴趣和探索精神。

通过参与项目和科研训练，学生掌握了科研方法和技能，提高了科研能力和水平。校企合作机制的建立，为学生提供了更多的科研机会和资源，促进了科研成果的产出和转化。教学模式的改革推动了教学方法和手段的创新，提高了教学效果和质量。学生的积极反馈和科研成果的产出，进一步激发了教师进行教学改革的热情和动力。

（2）加强实践，提升学术水平和实践能力

通过优化课程设置和强化实践环节，学生能够接触到更前沿、更实用的知识和技能，从而增强其研究能力和工程应用能力。同时，多导师制和跨学科教学等模式也有助于学生形成更完整的知识体系，拓宽其学术视野。学生能够更直观地理解电子信息领域的理论知识，将抽象的概念转化为具体的实践应用，从而加深对专业知识的理解和掌握。在实践过程中，学生会遇到各种实际问题和挑战，这促使他们运用所学知识进行独立思考和创造性解决，从而培养问题解决能力和创新思维。

新教学模式激发了学生的研究兴趣，引导他们深入探索电子信息中的未知领域，提供了新的视角和思路。学生能够熟练掌握电子信息领域的基本技能和工具，如电路设计、编程等，为未来的职业发展打下坚实的基础。锻炼了学生的团队协作能力和沟通技巧，使他们能够更好地适应未来的工作环境。面对快速变化的电子信息领域，实践能力强的学生能够更快地适应新技术和新工具，同时展现出更强的创新能力，推动技术的革新和应用。

（3）提升了学科建设质量，推动了电子信息领域的创新和发展

教学模式改革提升了学科建设质量，并推动了电子信息领域的创新和发展。通过与企业合作、开展科研项目等方式，吸引更多的优质师资和资源，提升学科实力。通过实践环节的强化和与产业的结合，电子信息专业学生更好地了解市场需求和行业动态，有针对性地提升自己的职业素养和技能水平，这将在就业市场上更具竞争力。通过培养具有创新精神和实践能力的专业人才，能够为电子信息领域注入更多的新鲜血液和创新动力。

教学模式改革推动了对课程体系的重新审视和优化，确保课程内容的时效性和前沿性。通过引入前沿的科研成果和行业技术，课程内容得以不断更新，使学生能够掌握前沿的电子信息知识和技能。改革后的教学模式注重学生的主体性和创造性，通过讨论式、启发式、项目式等多样化的教学方法，激发学生的学习兴趣和主动性。这些教学方法不仅提高了学生的学习效果，还培养了他们的创新思维和问题解决能力。教学模式改革对教师的专业素养和教学能力提出了更高的要求。教师需要不断更新自己的知识和技能，以适应新的教学模式和课程内容，从而提升了整个教师团队的素质。教学模式改革强调实践教学的重要性，通过实验室建设、校企合作、科研竞赛等途径，加强了学生的实践能力和职业素养。实践教学不仅提高了学生的动手能力，还使他们更好地理解了理论知识，并能够将所学知识应用于实际问题中。

3.6　研究成果

传统培养模式下，电子信息专业学生以学习新知识为主，创新意识的培养重视不够，科研创新能力欠缺，本项目对此进行深入研究，达成以下成果。

（1）丰富研究性教学内容，以新兴技术发展推动课程改革

教学内容是教学改革成败的关键，教学内容在注重基础知识讲解的基础上，加强理论联系实际，同时积极丰富研究性教学内容。要让学生有所思有所想，在实践中总结经验，在实际中锻炼能力。结合当代的新兴产业和新经济要求，基于 OBE 理念，针对学校和学生存在的问题，提出改革措施，提高电子信息专业学生的创新能力，培养优秀人才。

（2）制定多层次的人才培养方案，构建完整的课程模块

通过对电子信息专业课程群的研究，设计出兼顾知识结构与能力培养的教学大纲，注重加强理论教学环节与实践教学模块、核心课程与通识课程、专业基础知识与职业技能之间的协同关系。提高课程授课的质量，推动电子信息专业人才培养目标的实现，适应企业和国家对创新型人才的需求。

(3) 依托团队，建立产教融合的电子信息学生培养机制

结合学生培养目标，成立团队，以平台为依托，专业导师为主导，形成递进式的培养模式，增强综合实践创新能力和科学研究能力。以"基础理论→技术应用→职业发展"为主导模式，让学生不但学习课程的基本理论与技术、电子信息流程和新开发技术，而且培养学生的工程思维。着重加强理论知识和实际项目进行结合的能力，同时更加注重培养学生的项目管理能力和团队协作能力。

(4) 构建分层递进的课程体系，提高工程创新能力

电子信息专业学生的课程体系，既要结合企业的生产实际，又要紧跟电子信息技术发展的前沿，基于新器件、新技术和新应用开展课程体系的改革。对电子信息专业学生的核心课程进行分层次和递进式的设置，包括机器学习、并行处理与体系结构、工程伦理、算法设计与分析等，使学生的创新能力与知识结构符合企业发展的要求，推动社会高质量发展。综合运用任务驱动式和翻转课堂等多种教学方法，使学生将理论与实践密切结合，加深对知识的理解，提高工程创新能力。

(5) 着力建设在线课程和优质课程，与企业共建实训平台

基于目标导向，加强电子信息专业在线开放课程建设，推动优质课程资源共享。建设"算法设计与分析""机器学习"和"并行处理与体系结构"等优质课程，建成丰富的课程网络资源，对校内外开放访问。采用微课、在线教学视频、慕课和在线答疑等形式，有效增强线下课堂的教学内容。和企业建立实训平台，利用企业真实的生产环境和实训资源，以项目为主导，按责任分工，培养学生对电子信息开发的真实感受，并在任务完成过程中进行教、学、做的有机结合。

本项目的研究创新之处体现在以下方面。

(1) 形成以目标为导向的电子信息专业学生培养模式，提高学生学习效果

依据学生特点，设计灵活的授课方式，引入 OBE 理念进行教学模式创新。根据毕业时所需的能力，设定预期的学习目标。然后，根据目标反向探索学生培养的环节，形成以预期成果为导向的培养新模式，并依据最新的反馈信息进行优化和调整。学生不仅在课下可以再学习，教师也能获得学生的及时反馈，做到根据不同的学生和掌握知识的不同程度进行个性化教育，提高学生学习的效果。

(2) 实现评价的多元化，加强学生创新能力的培养

"4R1G3EC"培养模式加强了电子信息专业学生协作性学习能力的培养，

提升了学生知识的综合运用能力、创新能力、协作能力和交流能力。在评价机制上，将自评、互评与他评相结合，实现评价主体的多元化，全面提高学生综合能力。

(3) 丰富教学方式方法，构建能力提升策略模型

项目组通过分析大量的文献数据，结合电子信息专业课程特点，以教师教学能力现状和标准为依据，构建了电子信息专业学生能力提升策略模型。通过丰富教学方式方法，提高了电子信息专业学生的自主学习能力与逻辑思维能力。日常教学采取多样化的方式，通过启发式教学、角色扮演和分组教学，激发学生学习兴趣，提高学生钻研效果。

(4) 构建多元化学生培养方式，促进人人成才

新模式既体现在学生的课程设置上，又结合目标导向鼓励学生到相关企业学习。该模式的开展可以进一步促进学生的个性化发展，拓宽多元化发展路径。通过聘请行业企业专家担任兼职教师，让学生参与企业实际工作，获取行业前沿信息，帮助学生全面了解专业岗位，进行职业生涯规划。

(5) 将工程教育理念应用到教学中，学生的实践能力得到加强

电子信息专业教学模式改革中引入工程教育理念，形成针对性的教学改革方案，提升学生的电子信息设计综合素质，为社会培养高精专人才。打造"学生发展为中心-创建思想引动-课堂推进和企业实践"的模式，校企融合提升培养成效。以学生发展为中心，实现有效的人才培养过程，融入企业合作环节，能够提升教学质量以及学生的创新意识和创新能力。

3.7 小结

分析现有电子信息专业学生培养模式的不足，依据专业教育的特点，设计灵活的授课方式，引入工程教育理念进行培养模式创新。加强校企合作，共同推进产学深入合作、产教融合与科教协同，共同建设课程资源，共建实验室和实习实训基地，建立产教研融合的教学培养模式。着力加强研究能力培养，提高电子信息专业学生的实践水平和能力。今后继续不断探索有效的教学模式，提高电子信息专业学生解决复杂问题的创新能力，并结合产教融合、协同育人的方式，与产业需求和经济社会发展要求紧密结合，助推科研成果的转化和应用，为社会发展贡献力量。

第4章

新工科背景下软件工程专业
实践教学育人模式探索

4.1　软件工程专业实践教学育人模式探索

　　为应对科技快速发展，支撑创新驱动国家战略，教育部对工科人才的培养提出了全新的要求，强化"新工科"建设人才培养崭新的内涵。软件工程专业在高校中普遍开设，是培养跨界整合能力的复合型软件工程人才的重要抓手。软件工程专业改革和对人才的培养创新，对新工科、新产业、新经济的形成和发展，具有举足轻重的作用，这对软件工程人才的培养模式提出了更高的要求。

　　软件工程专业实践教学旨在培养学生构建数学模型、提高软件项目质量、利用计算机工具解决问题的能力。许多高校采用理论教学与实验相结合、实验室授课、建立课程资源网站等教学模式，指导学生通过上机实验、课后自学课程网站资源来加深知识的理解和提高测试能力。新工科背景下，地方应用型高校软件工程专业实践教学模式改革非常必要。通过重构实践课程体系、优化课程设置和教学内容，有效地弥补"重理论，轻实践"的不足，缩小学生专业能力与实际工作岗位需求之间的差距，可以提升学生的就业竞争力与就业质量，助推软件行业高质量发展。

4.2　软件工程专业实践教学存在的问题

　　随着社会的快速发展，软件人才需求旺盛。但是，在软件人才培养上存在

"产教脱节"的问题，学生就业对口率不高，实践技能与企业实际需求匹配度较低，这反映出软件工程专业实践教学存在一些问题，主要表现在以下方面，如图 4-1 所示。

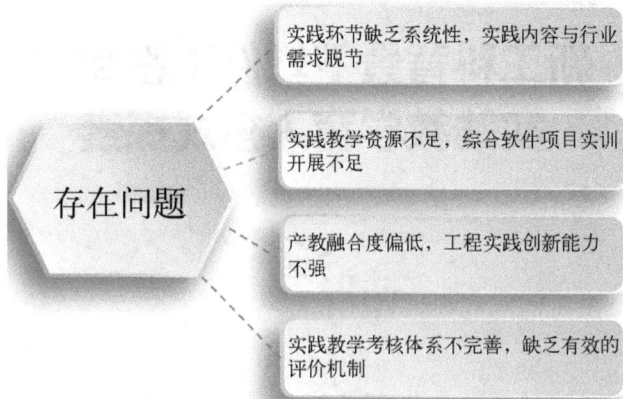

存在问题

- 实践环节缺乏系统性，实践内容与行业需求脱节
- 实践教学资源不足，综合软件项目实训开展不足
- 产教融合度偏低，工程实践创新能力不强
- 实践教学考核体系不完善，缺乏有效的评价机制

图 4-1　存在问题

(1) 实践环节缺乏系统性，实践内容与行业需求脱节

目前的软件工程专业实践课程体系中，实践环节之间往往各自为战，缺乏按照实践能力要求设计的连贯性教学内容。课程间的关联性不强，没有形成良好的前后衔接关系，导致学生在实践学习过程中难以形成系统的知识体系。

实践内容与行业需求脱节，技术滞后：实践教学内容未能及时更新，与行业前沿技术和方法存在差距。学生所学技能与企业实际需求不符，导致毕业生难以满足行业对高素质软件工程人才的要求。

(2) 实践教学资源不足，综合软件项目实训开展不足

软件工程专业具有强烈的行业项目实践需求，但目前实践基地的数量和功能都难以满足这些需求。实践基地的建设和管理存在不足，导致学生在实践过程中的机会有限。

① 实践教学资源不足：实践基地数量有限，功能不完善，难以满足软件工程专业学生的项目实践需求。企业参与实践基地建设和管理的积极性不高，导致学生缺乏真实的行业项目实践机会。

② 综合软件项目实训不足：学生缺乏参与综合性软件项目实训的机会，难以将理论知识应用于实际项目。现有实训项目内容单一，难以覆盖软件工程全流程，学生无法全面掌握项目开发技能。

③ 指导教师能力不足，缺乏企业经验：实践环节的指导教师多为本校专职教师，缺乏企业工作经验和行业背景。教师难以提供与企业实际需求相符的

指导，影响了实践教学的效果。

（3）产教融合度偏低，工程实践创新能力不强

① 实践教学与理论教学脱节：在教学过程中，理论教学与实践教学往往被分割开来，缺乏紧密的衔接。这导致学生在理论学习后难以及时通过实践来巩固和深化所学知识，影响学习效果。校企合作多停留在表面，缺乏深度合作。项目融入不足，实践教学难以真正融入企业实际项目，学生缺乏真实项目经验。

② 实践教学资源与企业需求不匹配：高校实践教学资源有限，无法满足企业实际需求。学生所学技能与企业需求存在较大差距，难以满足企业要求。前沿技术接触少，学生难以接触到行业前沿技术和创新项目。创新实践环境薄弱，限制了学生创新思维和实践能力的发展。

③ 校企合作不深入：尽管许多高校都在积极寻求与企业的合作，但合作层次往往停留在表面，缺乏深度。这导致学生所学与企业所需之间存在较大的鸿沟，难以满足企业的实际需求。高校创新实践环境相对薄弱，导致学生难以接触到前沿技术和创新项目，这限制了学生的创新思维和实践能力的发展。

（4）实践教学考核体系不完善，缺乏有效的评价机制

现有的实践考核方式主要依赖课堂表现、程序演示和实践报告等方面。这种考核方式往往过于表面化，难以准确反映学生的实践能力和水平。在实践过程中缺乏系统的过程考核，导致教师难以精准掌握学生的学习情况和教学效果，影响了实践教学的针对性和有效性。

现有考核体系缺乏多维度的综合评价，无法全面反映学生的实践能力、创新能力和团队协作能力。考核过程中缺乏企业参与，难以从行业角度评估学生的实践能力。

软件工程专业实践教学存在的问题涉及教学体系、教学资源、教学管理和考核体系等多个方面。为了解决这些问题，需要加强对实践教学的重视和投入，完善实践教学体系和管理机制，提高实践教学的质量和效果。

为了响应教育部推进"新工科"的号召以及适应高等教育的发展，通过借鉴卓越工程师教育培养计划和 CDIO 等工程教育人才培养模式，探索和构建适合地方应用型高校的软件工程专业实践教学模式。

4.3　软件工程专业复合式实践教学育人模式

新工科旨在培养适应新技术、新产业和新经济发展的工程科技人才，为适应新工科发展需求，软件工程专业要树立创新型、综合化和全周期工程教育理念，对照社会对实践创新能力的要求，构建软件工程专业实践育人新模式。

在评价体系的目标导向下，根据 OBE 理念的反向设计思想，优选智能技术，设计专业性规范化的教学环境，提升教师教学能力，教学改革方案如图 4-2 所示。

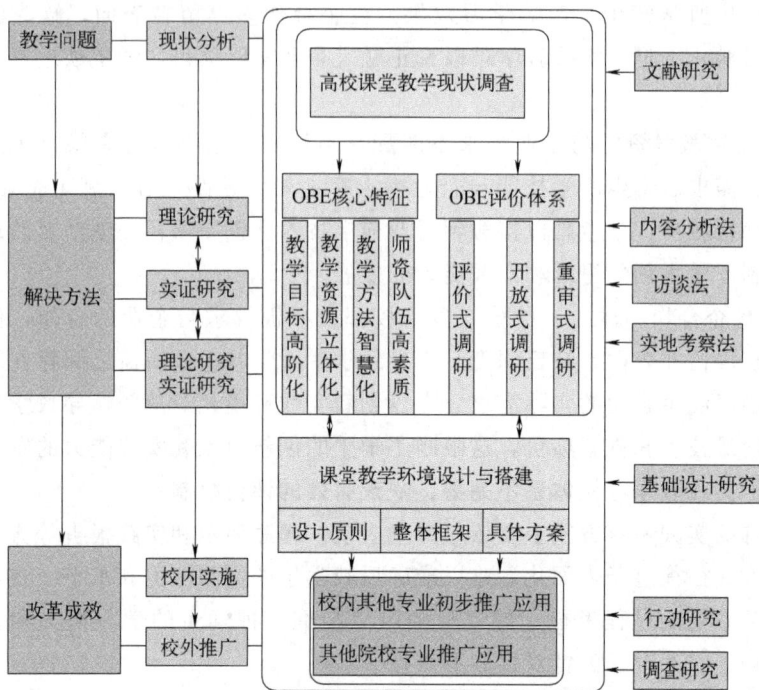

图 4-2　教学改革方案

教学改革方案包括以下内容。

① 通过对已有文献分析和对部分本科院校进行调研，在前期工作的基础上，经过综合分析，提出软件工程专业课程的资源建设方案。

② 修订人才培养方案，强化显隐结合的协同育人专业课程资源平台，构建融合 OBE 的协同育人课程体系。

③ 修订课程教学大纲，明确 OBE 成果导向的教育目标和要求，做好教学设计。构建目标导向为先、全面发展的教学资源内容体系。

④ 提升育人意识，打造教书育人、为人师表的协同育人师资队伍体系。积极参加学校举办的教师工作坊和专题研修班，强化专业课教师间交流合作，做到优势互补、同频共振。

⑤ 制定个性化成果导向的教学方法，并贯穿于课堂授课、实验实训环节。拓展形式多样、行之有效的协同育人新方法。

对此，构建实践教学育人模式，采取以下方式实施。

(1) 结合学生特点，个性化分类培养

根据学生职业规划、兴趣爱好的不同和个性化发展的需要，将实践教学目标细化为研究型、创新创业型和应用型。

① 研究型人才：着重培养学生的科学研究实践技能，讲授更多的算法规划与设计，为行业培养急需的研究型人才，进行科研实践训练。

② 创新创业型人才：侧重创新能力培养，为行业发展提供创新创业型人才，为社会发展注入新活力，开展创新创业实践项目训练。

③ 应用型人才：结合软件工程专业的前沿进展，关注软件企业的新需求，培养适应社会发展的软件应用人才，开展软件综合应用实践训练。

(2) 加强互融共通，搭建多层次实践教学体系

完善软件工程专业实践课程体系，优化实践培养模式，构建"课内实验→课外训练→课程创新"多层次实践教学体系，建立理论学习、动手实践和探究学习的教学链条，把软件设计活动贯穿实践教学的全流程。坚持依托工程基础与专业基础实验，设计综合性实验，积极开拓创新性实验，形成从低到高，从基础到前沿，逐级提升的实践教学体系，探索创新创业教育融入人才培养全过程的教学模式。软件工程专业多层次实践教学体系如图 4-3 所示。

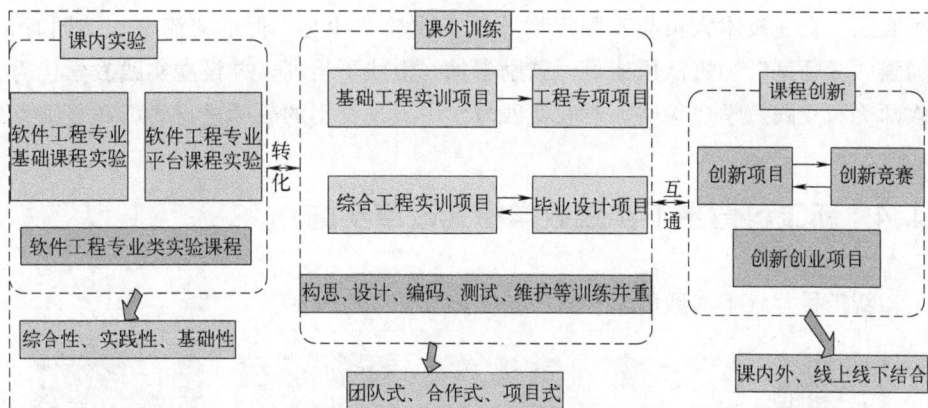

图 4-3 软件工程专业多层次实践教学体系

采取三级实验联动，课内实验开展基础课程实验和平台课程实验，让学生掌握基本的理论和技能，以此基础转化为综合性和设计性项目。通过课外项目训练，把工程知识和综合实训项目结合，联合校外基地，从构思、设计、编码、测试和维护五方面实施。同时，结合学科竞赛与创新活动完成创新创业实践项目，达到理论与实践、课内与课外、线上与线下的互融共通。通过多层次实践教学体系，在整合知识和工程训练的同时，完成应用创新，培养学生的创新思维和实践技能。

(3) 加强校企合作，强化实践教学师资建设

充分利用校外实践教学基地，制定相关合作制度，强化校企合作力度，将实践训练的师资力量汇聚在一起，形成"校内教师与企业专家"团队，融合"产学研"协同发展，把企业的优势与高校的特色进行有效融合，提升教师的综合技能。实践教学师资建设如图 4-4 所示。

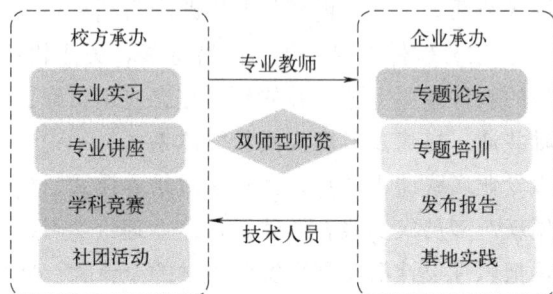

图 4-4　实践教学师资建设

高校定期邀请企业专家来校讲授课程，作为兼职导师指导学生进行软件工程实践。企业技术人员与教师定期开展实践教学沙龙，促进交流合作。同时，加强"双师型"师资队伍建设，鼓励参加线上线下培训，并设立实践教学优秀教师奖和实践教学成果奖，对在实践教学中表现突出的教师进行表彰和奖励。

4.4　新工科背景下实践教学模式改革实施

新工科背景下实践教学模式改革实施如图 4-5 所示。

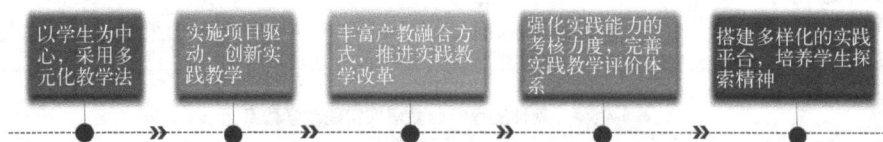

图 4-5　新工科背景下实践教学模式改革实施

(1) 以学生为中心，采用多元化教学法

以学生为中心，采用探究式教学方法，提高学生的积极性。立足社会的需求，注重学生团队协作、沟通技巧和创新思维的提升，构建"学习能力-工程实践能力-交流合作能力-创新竞争能力"四位一体的产教融合能力培养模式。

结合软件工程类专业学生考研率、就业行业等数据，鼓励大二到大四学生根据自己的目标选择不同的实践平台。采取"有序、分层、逐级"的方式，鼓励学生高效完成软件项目开发任务，记录考核成绩，作为团队负责人选拔的依据。表现优异的同学依次向上进阶，从应用型进阶到创新创业型，最后进阶到研究型，从而全方位提升学生的实践能力和水平。

（2）实施项目驱动，创新实践教学

与行业产业强化合作，深入融合，规划软件实践项目，提出软件实训新模式，让学生置身于真实的工作环境，达到"提高能力、产教融合、置身实战、开阔视野和提升就业"的培养目标。

（3）丰富产教融合方式，推进实践教学改革

① 积极引入 MOOC 和 SPOC 方法，加强校企和学校间的交流，重构课程讲授内容，优化教学过程。通过企业实地调查，选择合适的课题进行实践，以项目开发的完整过程为模板，展示软件开发的全流程。加大综合实践课程和实验实训课程开设的数量及学时，增加创新实践课程"人工智能应用开发实验""神经网络实验""机器学习实验"和"深度学习实验"等，让学生与软件行业发展保持同步。

② 积极与产业融合，规划软件实践项目，并提出"5R-5M"软件实训模式，即"真实工作环境、真实软件项目、真实项目经理、真实工作压力、真实工作机会"，让学生置身于真实的工作环境，从而提高能力、强化产教融合、置身实战、开阔视野和提升就业，如图 4-6 所示。

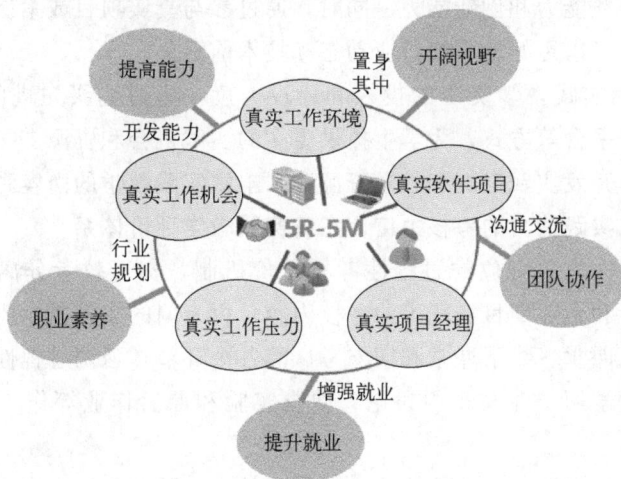

图 4-6　5R-5M 软件实训模式

③ 与软件企业联合培养，把真实项目融合到日常教学过程中。软件项目来源于企业的真实案例，按照认知规律转化为课程教学内容，分解成不同的课程模块。同时引进先进的实践教学设备和平台，增加专业的实践教学实验室和实训中心，提高软件工程专业实践教学资源的利用效率。筛选并培育多家互联网公司，建立实训实习基地，优化工程训练类和工程创新类项目，实现理论教学与实践教学、校内与校外基地的相互促进。

④ 与多家企业建立长期稳定的合作关系，形成校企合作联盟。这种联盟可以为企业提供技术支持和人才培训，同时为学生提供实习实训、项目开发和就业指导等服务。高校和企业可以共同投资建立实训基地，模拟企业真实的工作环境和技术需求。引入企业导师制度，邀请企业专家和技术人员担任学生的导师，为学生提供实践指导和职业规划建议。企业导师的引入可以帮助学生更好地了解行业动态和技术前沿，提高他们的职业素养和创新能力。加强产学研合作，与企业、科研机构等开展产学研合作，共同研发新技术、新产品和新服务。这种合作不仅可以推动科技创新和产业升级，还可以为学生提供更多的实践机会和科研平台。

⑤ 根据软件行业的发展趋势和市场需求，不断优化实践教学体系。通过整合实践教学内容、更新实践教学方法和手段，提高实践教学的针对性和实效性。加强对实践教学师资队伍的培养和引进力度。通过组织教师参加培训、交流和学习活动，提高他们的实践教学能力和职业素养。同时，积极引进具有丰富实践经验和行业背景的教师，充实实践教学师资队伍。推广项目式学习和案例教学等先进的教学方法，这些方法可以帮助学生将理论知识与实践相结合，提高他们的实践能力和创新能力。同时，通过参与真实项目或案例的分析和解决过程，学生可以更好地了解行业动态和技术前沿。

⑥ 加强对实践教学资源的投入和建设力度。通过购买先进的开发工具、建立在线实践平台等方式，为学生提供更多的实践机会和资源支持。同时，积极与企业合作开发实践案例和教学资源库，丰富实践教学的内容和形式。

(4) 强化实践能力的考核力度，完善实践教学评价体系

采用多层次、多方位的过程性考核评价机制，实行教考分离。对课程实验、课程设计和企业项目实践等的考核内容，由专门的实践教学团队对学生实施，涵盖线上课堂、线下课堂和期末考试等各个环节，强调过程性评价，把课前预习、视频学习、参与小组讨论、课堂实验和课后作业等作为成绩评价的依据。

建立完善的实践教学评价体系，对实践教学过程和效果进行全面评估。通过引入企业评价、学生评价等多元化评价方式，提高实践教学的质量和效果。

同时，根据评价结果及时调整实践教学方案和内容，确保实践教学的持续改进和优化。

在考核评价中，过程性评价占评价权重的 60%，期末考试占评价权重的 40%，如表 4-1 所示。

表 4-1　软件工程专业实践课程考核评价方式

平台	考核项目		所占比重/%
线上课堂	课前预习		5
	视频学习		5
	讨论区发言		5
	随堂测验		10
线下课堂	讨论分享		5
	课后作业		5
	专题研讨	研究报告	15
		课堂汇报	10
线下考试	期末考试		40

根据课程目标达成度情况可以看出，这种多样化的考核方式对实践教学的效果良好，可以有效提升学生的学习兴趣和学业成绩，有利于培养学生的自主学习意识和探究创新精神。

（5）搭建多样化的实践平台，培养学生探索精神

① 为提高学生的专业技能，培养探索精神，建立"生生-师生-师师"传、帮、带工作室，搭建学科竞赛的创新创业实践平台，培养个性化发展的软件工程专业人才。

② 积极为学生提供良好的创新实验和科学研究条件，以赛代练，提高解决应用技术问题的能力。针对课外实践，建立大学生创新工作室，通过政策和制度加强校企融合，深化科教融合。指导学生参与学科创新竞赛，丰富教学体系。在参与创新类竞赛的过程中，学生的创新成果可以反哺教学，为教学提供新的素材，这有效地强化了校企合作、双创比赛与日常教学互相推动、共同进步的良性循环。

③ 搭建校内实践平台，结合理论教学，设计同步的实验课程，确保学生在掌握理论知识的同时，能够及时通过实践进行验证和巩固。开展课程设计，在学生完成专业理论课程学习后，通过课程设计环节，将离散的实验内容综合起来，形成完整的项目实践，提升学生的综合应用能力。实施教学实习，通过模拟真实工作环境中的角色扮演，如实践指导老师、网络管理员等，训练学生

的实际应用能力。师生"学研"结合，将教师的科研项目作为学生实践的场地，让学生参与科研项目的基础工作，如编码、测试等，接触软件开发和项目管理的全过程。

④ 共建校外实践平台，与企事业单位深度融合，共同建立实践基地，提供学生在企业中进行应用能力实践的机会。与软件开发企业联合办学，共同制定人才培养目标和方案，确保教学内容与行业需求紧密衔接。

⑤ 收集和总结软件工程案例，将这些案例贯穿于理论知识的讲解中，使学生真正理解理论知识，并激发他们对软件工程的兴趣和探索欲望。通过分析历史上的经典案例，如软件失败的根本原因，引出软件开发的工程化发展方向，培养学生的工程化意识和观念。鼓励学生通过文献查阅、与企业人员交流等方式，了解当前软件工程业界的真实案例和最佳实践。营造活跃、宽松的课堂气氛，鼓励学生结合课程实践中的问题进行专题报告和软件演示，培养他们的表达能力和探索精神。组织学生参加基于软件设计的专业竞赛、大学生"挑战杯"竞赛等，通过竞赛激发学生的创新精神和团队协作能力。开展创新创业计划、大学生创新实验平台等活动，为学生提供更多的实践机会和探索空间。

4.5　改革效果

形成"基于 OBE 理念、产教融合、协同育人"的软件工程专业课程资源，通过对约 3000 名学生进行方案的实施，利用比较、验证、归纳等方法，总结实施效果，得到了师生的认可与肯定。

建设课程资源，制作相关知识点的视频，采用线上自主学习与"线下面授＋翻转课堂"相结合的混合教学模式，进行多维度教学评价，持续改进教学过程，实现师生的教学相长。注重师生的全方位互动交流，完善以质量为导向的课程评价机制，形成多样化的课程体系。

在该实践教学模式实施后，通过课程目标直接达成度和间接达成度反馈情况，结合教师对学生的问卷调查和座谈会，结果显示：课程目标直接达成度为96.28％，间接达成度为97.35％，其中96.52％学生认为能够明确课程重点和学习目标，95.27％的学生认为自主学习能力有明显提高，94.38％的学生拥有良好的学习习惯，95.71％的学生有更高的学习兴趣，这说明该实践教学模式能有效改善学生的自学能力和学习态度。但是也有5.09％的学生希望理论讲授更多些，说明根据不同学习风格、不同侧重点需要更细化教学方法。

4.6　小结

　　本项目结合地方应用型高校特点，对软件工程专业的实践教学模式进行改革。通过重构实践教学内容，丰富教学方法，加强校企合作，建立教师技能提升等机制，构建了多元化的软件工程专业实践教学培养模式。整合理论知识体系，将前沿的软件开发方法和技术融入课程教学中，如敏捷 DevOps 开发方法等。革新实践教学内容，依据完整的软件工程生命周期和敏捷开发方法，设计实践教学内容和流程。通过项目实践，让学生体验从需求分析、设计、开发到测试、部署的全过程。利用线上平台提供实践教学资源和案例实验操作视频，供学生自主学习。线下教师及时进行项目开发过程中阶段性的讨论和总结，解决学生在实践操作中的共性问题。经综合统计、分析数据发现，使用该实践教学模式改革后，学生的学习态度、自主能动性等方面得到整体提高，该研究不仅是对现有领域的有效补充，更为后续的研究提供了宝贵的思路和启示。

第 5 章

基于"TPACK+翻转课堂"的软件
测试教学模式研究与实践

5.1 引言

　　软件测试是计算机科学的一门重要的基础课，在高校中普遍开设。该课程对提高学生的软件测试能力起着至关重要的作用，其目标是培养学生的软件测试理论素养和实践能力。然而，在实际教学过程中，该课程面临着理论与实践脱节、教学模式僵化、学生兴趣低下等挑战。这些问题不仅影响了教学效果，也限制了学生软件测试能力的提升。

　　对于软件测试的课程改革，很多学者进行了各种尝试，新教学方法不断提出。TPACK 理念强调整合技术学科的教学知识，包括学科内容知识、教学方法知识和应用技术知识。这个理念有助于教师将前沿的软件测试技术和工具融入教学内容，同时采用更加灵活多样的教学方法。翻转课堂教学模式则通过课前视频学习、课堂讨论与实践、课后反思与拓展的方式，实现了学习过程的翻转。学生可以在课前通过视频学习基础知识，课堂时间则用于深入讨论、实践操作和问题解决，从而提高了学习效率和学习效果。

　　将 TPACK 理念与翻转课堂教学模式引入软件测试课程改革，成为一种有效的尝试。为了解决软件测试教学过程中存在的问题，本章提出将 TPACK 和翻转课堂教学模式引入软件测试教学过程中。基于 TPACK 和翻转课堂的软件测试复合教学模式，教师录制教学视频上传到课程平台上，这些视频涵盖了软件测试的基础知识、核心技术和实践案例，有助于学生构建系统的知识体系。引导学生利用业余时间参加课程学习，在授课过程中着重讲解重点和难点，对于基础知识部分的讲解交给学生自主学习，同时鼓励学生提出问题和分享学习心得。通过小组讨论、案例分析和实践操作等活动，学生可以深入理解软件测试的原理和方法，提升解决实际问题的能力。此外，该模式还注重教师综合素质和能力的提升。教师需要不断更新自己的学科知识、教学方法和技术应用能力，以适应时代发展的需要。同时，教师还需要积极参与教学研究和改革实践，探索更加高效的教学方法和策略。基于 TPACK 和翻转课堂的软件测试复合教学模式的实施，可以有效提升学生的软件测试综合能力，激发学生的学习兴趣和积极性。同时，该模式还有助于培养学生的自主学习能力和团队协作能力，为其未来的职业发展打下坚实的基础。

5.2　软件测试课程的教学中存在的问题

随着技术的快速发展与市场人才需求的变化，高校软件测试课程在教学实践中的成果与不足均显得尤为突出。按照软件测试课程的特点，很多高校对软件测试课程进行了改革和创新，取得了很多的教学实践成果。同时，也存在一些共性的不足，主要表现在以下方面。

(1) **教学理念陈旧，学生学习兴趣有待提升**

软件测试课程的实践性强，测试技术发展非常快。然而，部分任课教师仍采用传统的教学理念和方法，导致学生学习效果不理想，学习兴趣下降，学习动力不足。为了适应课程发展的需要，任课教师急需引入新的教学理念。

改革方向：引入新的教学理念，如 TPACK 理念，强调技术、教学法和内容的整合。采用翻转课堂、项目驱动教学等新型教学模式，提高学生的学习参与度和兴趣。加强与企业合作，引入实际案例和项目，让学生在实践中学习和成长。

(2) **偏重专业知识讲授，综合素质教育有待加强**

软件测试课程注重传授专业基础知识和技能，对专业知识的人文教育重视度不足，对人才综合素质的提升无法起到积极的正面作用，也无法适应社会发展的需求。

改革方向：在传授专业知识的同时，加强人文教育，培养学生的价值观、道德观和社会责任感。引入跨学科的教学内容，如心理学、社会学等，拓宽学生的知识面和视野。通过小组讨论、团队项目等方式，培养学生的沟通能力、团队协作能力和解决问题的能力。

(3) **教学内容更新不及时，考核方式落后**

软件测试课程是进行软件的测试设计、执行与分析，实践性强。企业实际应用过程中，技术更新换代快，日常的授课内容有待更新。课程的考核依旧采取的是单纯的试卷考核方式，只注重理论知识，对于实践重视不够，忽视了学生的实践能力。课程考核的模式与方式，应积极进行创新与改进，要将专业知识的讲授和实践能力培养进行更好的融合。

改革方向：密切关注软件测试技术的最新发展，及时更新授课内容，确保学生学到前沿的软件测试知识和技术。引入多元化的考核方式，如实践作业、团队项目、口头报告等，全面评估学生的综合能力。加强与企业的合作，让学生参与实际项目的测试工作，将所学知识应用于实践中。

高校软件测试课程的教学改革应围绕教学理念、教学内容和考核方式等方面进行。通过引入新的教学理念和方法、加强人文教育和跨学科教学、及时更新授课内容和引入多元化的考核方式等措施，全面提升学生的综合素质和实践能力，为社会培养更多高素质的软件测试人才。

5.3 基于 TPACK 和翻转课堂的软件测试复合教学模式

5.3.1 TPACK 框架

TPACK 表示整合技术的学科教学知识，TPACK 包含三个核心元素，这些元素相互交织，共同构成了教师专业知识的基础。

① 内容知识（content knowledge，CK）：是指教师对所讲授课程的专业知识和对课程的理解。在软件测试课程中，内容知识包括软件测试的基本原理、方法、技术和工具等。教师需要具备扎实的专业知识，以便能够准确地传授给学生。

② 教学知识（pedagogical knowledge，PK）：是指教师对教学策略、方法和技巧的理解和应用能力。在软件测试教学中，教师需要掌握多种教学策略，如案例教学、项目驱动教学等，以激发学生的学习兴趣和动力，提高教学效果。

③ 技术知识（technological knowledge，TK）：是指教师对各类教育技术和工具的理解、掌握和运用能力。在软件测试领域，技术知识包括各种测试工具的使用、测试环境的搭建、测试脚本的编写等。教师需要不断更新自己的技术知识，以适应测试技术的快速发展。

除了三个核心元素外，TPACK 还包括四个重要的组成部分，这些组成部分进一步丰富了教师的专业知识结构。

① 教学与内容知识（pedagogical content knowledge，PCK）：是指教师将教学内容与教学策略相结合的能力。在软件测试教学中，教师需要了解如何将测试原理、方法和技术与具体的教学策略相结合，以帮助学生更好地理解和掌握测试知识。

② 技术和内容知识（technological content knowledge，TCK）：是指教师如何利用技术来呈现和传授学科知识的能力。在软件测试领域，教师需要掌握如何利用各种测试工具和技术来辅助教学，提高教学效果。

③ 技术和教学知识（technological pedagogical knowledge，TPK）：是指教师如何利用技术来支持教学策略的实施。在软件测试教学中，教师需要了解如何运用技术来改进教学方法，如利用在线平台进行远程教学、利用虚拟现实技术进行模拟测试等。

④ 技术教学知识集成（technological pedagogical and content knowledge，TPACK）：是指教师将技术、教学策略和学科知识三者相结合的能力。在软件测试教学中，教师需要具备将测试技术、教学策略和学科知识有机整合的能力，以创造出高效、有趣且富有挑战性的学习环境。

TPACK 框架及其组成要素如图 5-1 所示。

TPACK 有利于提高授课教师掌握与运用信息技术的能力，授课教师的 TPACK 技能是未来必备的授课能力。TPACK 框架涉及学科内容、教学法与技术三种知识要素，并不是这些知识的简单叠加，而是把技术融入学科内容的讲授中。TPACK 为教育者提供了一个全新的视角来审视和整合技术在教学中的应用。它强调了技术、教学法与学科知识之间的紧密联系和相互作用，为教育者提供了全面、系统的教学知识体系。在软件

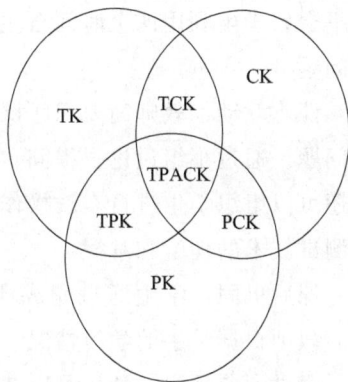

图 5-1　TPACK 框架及其组成要素

测试教学中，引入 TPACK 理念有助于提升教师的教学效果，激发学生的学习兴趣和动力，培养学生的综合素质和实践能力。

5.3.2　翻转课堂教学方法

翻转课堂教学方法是一种创新的教学模式，它重新分配了课堂内外的学习时间，并将学习的主导权从教师转移到学生。顾名思义，翻转课堂教学方式是

指将传统课堂中的"先教后练"模式翻转为"先学后教"。学生利用课余时间通过网络方式自主学习，进行预习并初步掌握课堂内容。在课堂上，教师不再花费大量时间讲解基础知识，而是将主要精力放在解决学生预习过程中遇到的问题上。通过小组讨论、提问、解答等方式，教师可以深入了解学生的学习情况，并提供个性化的指导和帮助（图 5-2）。

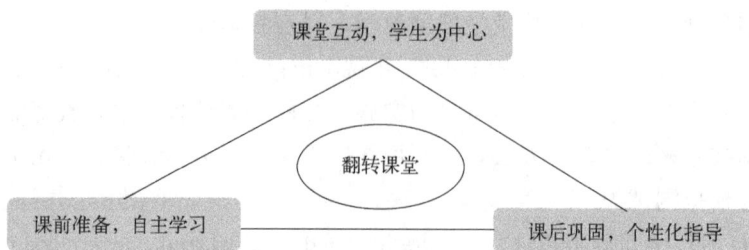

图 5-2 翻转课堂模式

课前准备：教师制作教学视频、PPT、电子案例等学习材料，并上传到学习平台。学生利用课余时间自主学习这些材料，进行预习，并记录下自己不懂的问题。

课堂互动：教师简要回顾课前学习内容，并引导学生提出预习过程中遇到的问题。通过小组讨论、提问、解答等方式，教师帮助学生解决这些问题。教师还可以组织学生进行实践操作，如编写测试脚本、执行测试用例等，以加深对测试技术的理解和掌握。

课后巩固：学生通过完成课后作业、参与在线讨论等方式，巩固所学知识。教师根据学生的学习情况，提供个性化的反馈和指导。

通过课前预习，学生可以初步掌握课堂内容，减少课堂上的讲解时间，提高学习效率。翻转课堂将学习的主导权交给了学生，学生可以根据自己的学习进度和兴趣进行自主学习。在课堂上，教师可以通过小组讨论、提问等方式，与学生进行更多的互动和交流，了解学生的学习情况并提供个性化的指导。翻转课堂注重实践操作和解决问题能力的培养，有助于学生将所学知识应用于实际项目中。

总之，翻转课堂教学方式在软件测试课程中的应用具有显著的优势和效果。它不仅能够提高学生的学习效率和自主性，还能够促进师生互动和培养学生的实践能力。因此，在未来的教学中，可以进一步推广和应用翻转课堂教学方式，以更好地服务于软件测试课程的教学改革和创新。

5.3.3　软件测试复合教学模式

结合 TPACK 和翻转课堂的特点,将两者与软件测试课程教学进行结合,对软件测试教学模式进行改革。在该教学模式中,任课老师的引领作用继续得到重视,同时使用个性化教学方法来调动学生的学习积极性。

该复合教学模式,结合 TPACK 框架的 3 个基本要素和 4 个复合元素,将这种模式融入软件测试教学过程中,并创造性地提出基于 TPACK 的学习理念,从而探讨提升软件测试课程的教学质量的方式方法。作为软件测试课程的教师,他们对课程质量起着关键作用。根据图 5-1,分析软件测试教师的知识结构,如表 5-1 所示。

表 5-1　软件测试教师的知识结构

要求	要素		含义
核心要素	技术知识	TK	传统技术与数字技术相结合的技术知识
	教学知识	PK	对教学、实践或方法的深刻理解
	内容知识	CK	软件测试的基本知识、概念和理论方法
复合元素	教学和内容知识	PCK	软件测试教学理论、教学技能、教学知识和教学环境
	技术和内容知识	TCK	技术与内容交互、基于内容的技术、内容扩展技术
	技术和教学知识	TPK	软件测试教学过程中的策略与措施
	技术、教学和内容知识	TPACK	运用技术手段进行软件测试教学的必要知识

TK、PK、CK 三大核心要素不断变化,教师需要有效地理解这三个要素与教学之间的动态平衡。在 TPACK 集成的框架下,教师可以利用网络系统、智能设备等手段,将技术要素有效地集成到教学设计中。

按照以下方式进行设计。

① 技术知识(TK):教师需要掌握与软件测试相关的技术工具和平台,如自动化测试工具(Selenium、JUnit 等)、缺陷管理工具(JIRA、Bugzilla等)以及在线学习平台(如 Moodle、Coursera 等)。这些技术工具可以用于课前知识传授和课堂实践。

② 教学知识(PK):教师需要设计适合翻转课堂的教学策略,如课前视频讲解、在线测验、课堂小组讨论、项目实践等。翻转课堂的核心在于调动学生的主动性,因此,教师需要设计能够激发学生兴趣和参与度的教学活动。

③ 内容知识(CK):软件测试课程的内容包括测试理论、测试方法、测

试工具的使用等。教师需要根据课程内容设计适合翻转课堂的教学材料，如微视频、案例分析、测试文档模板等。

在软件测试课程中，按照以下步骤设计基于 TPACK 的翻转课堂。

(1) **课前阶段**

① 技术知识（TK）的应用：教师可以使用在线学习平台发布课前学习材料，如软件测试基础知识的微视频、测试工具的安装和使用教程等。学生可以在课前通过观看视频、阅读材料、完成在线测验等方式进行自主学习。

② 教学知识（PK）的应用：教师可以设计课前任务，如要求学生观看视频后完成相关的测试案例设计，或者在在线讨论区中提出问题。通过这些任务，教师可以了解学生的课前学习情况，并为课堂讨论做好准备。

③ 内容知识（CK）的应用：教师需要根据软件测试课程的内容，设计适合课前学习的材料。例如，教师可以录制关于黑盒测试、白盒测试、自动化测试等内容的微视频，并提供相关的测试文档模板供学生参考。

(2) **课中阶段**

① 技术知识（TK）的应用：在课堂上，教师可以使用测试工具进行演示，并引导学生进行实际操作。例如，教师可以演示如何使用 JUnit 进行自动化测试，并让学生分组进行实践。

② 教学知识（PK）的应用：教师可以设计小组讨论、案例分析、项目实践等教学活动。例如，教师可以给出一个实际的软件项目，要求学生分组设计测试用例并进行测试。通过小组合作，学生可以加深对测试理论的理解，并提高实际操作能力。

③ 内容知识（CK）的应用：教师需要根据课程内容设计课堂活动。例如，教师可以设计一个综合性的测试任务，要求学生运用所学的测试方法（如边界值分析、等价类划分等）进行测试设计，并使用测试工具进行实际操作。

(3) **课后阶段**

① 技术知识（TK）的应用：教师可以使用在线学习平台发布课后作业，如要求学生提交测试报告、测试脚本等。学生可以通过平台提交作业，教师可以在线批改并给予反馈。

② 教学知识（PK）的应用：教师可以设计课后反思任务，如要求学生总结课堂学习中的收获和问题，并在在线讨论区中分享。通过反思，学生可以加深对知识的理解，并为下一次课堂学习做好准备。

③ 内容知识（CK）的应用：教师可以根据课程内容设计课后作业，如要求学生完成一个完整的测试项目，并提交测试文档和测试结果。通过课后作业，学生可以巩固所学知识，并提高实际操作能力。

在基于 TPACK 的翻转课堂中，教师的引领作用依然至关重要。教师不仅需要设计教学内容和活动，还需要在课堂中引导学生进行讨论和实践。同时，教师可以通过个性化教学方法来调动学生的学习积极性。例如，教师可以根据学生的学习情况，提供个性化的学习建议和反馈，帮助学生解决学习中的困难。

教师应不断更新技术知识，掌握前沿的软件测试工具和技术，并将其应用于教学中。通过技术整合，教师可以提高教学效率，并增强学生的学习兴趣。教师应不断探索新的教学方法和策略，如翻转课堂、项目式学习、协作学习等。通过教学创新，教师可以激发学生的学习兴趣，并提高教学效果。教师应根据软件测试领域的前沿发展，不断优化课程内容。例如，教师可以引入前沿的测试方法和工具，如持续集成、DevOps 中的测试实践等，帮助学生掌握前沿的测试技术。教师应通过设计多样化的教学活动，增强学生的参与度。例如，教师可以设计小组讨论、案例分析、项目实践等活动，鼓励学生积极参与课堂学习。

通过将 TPACK 框架与翻转课堂相结合，软件测试课程的教学模式可以得到有效改革。教师可以通过整合技术、教学和内容知识，设计适合翻转课堂的教学活动，并通过个性化教学方法调动学生的学习积极性。这种复合教学模式不仅可以提升软件测试课程的教学质量，还可以帮助学生更好地掌握软件测试的理论和实践技能。

5.4 模式实施策略

软件测试复合教学模式将翻转课堂方法与 TPACK 方法引入软件测试课程中，把授课内容进行二次更新，结合业界的前沿发展成果，对教学的内容进行丰富和调整。该教学模式可以根据学生的具体情况，搭建个性化软件测试环境，将学生积极吸引到授课过程中。

5.4.1 授课方式改革

在软件测试课程的教学模式改革中，授课方式的改革是核心环节之一。通过将课堂授课与实践教学相结合，并引入案例教学法和个性化教学方法，可以有效提升学生的学习兴趣和参与感，同时增强学生的自主学习能力和实践能力。该教学模式分为课堂授课和实践教学两个方面，课堂授课引入案例教学法，使得学生主动学习，对授课内容感兴趣，增强学生的参与感。实践教学过程中，在老师的指导下，学生可以有针对性地规划课程学习，掌握学习的主动权，而授课老师采用个性化的教学方法来辅助学生做好软件测试课程的学习。

课堂授课是知识传授的重要环节，传统的讲授方式容易让学生感到枯燥，难以激发学习兴趣。因此，改革后的课堂授课将引入案例教学法，通过实际案例引导学生主动思考和学习。教师根据软件测试课程的内容，选择与实际软件开发项目相关的测试案例。例如，可以选择一个飞机订票网站的测试案例，涵盖功能测试、性能测试、安全性测试等多个方面。在课堂上，教师引导学生对案例进行分析，提出测试需求和测试方案。学生可以分组讨论，提出自己的测试思路和方法，并在课堂上分享讨论结果。

实践教学是软件测试课程的重要组成部分，学生需要通过实际操作掌握测试工具和方法。在改革后的教学模式中，实践教学将更加注重学生的自主学习和团队合作。教师根据学生的学习情况，采用个性化的教学方法。例如，对于基础较弱的学生，教师可以提供更多的辅导和指导；对于基础较好的学生，教师可以设计更具挑战性的实践任务。

软件测试授课教师根据已定的教学任务和目标，总结每次授课的重点和难点，将可以扩展的方面及时上传到学习平台，方便学生主动学习。学生自由组合成不同的小组，由组长负责，类似软件测试项目经理角色。由组长分配任务，学生按照任务来预习课程内容，有的放矢，这样预习的效果会更加显著，上课的效率也会更高。

为了支持课堂授课和实践教学的改革，教师可以利用在线学习平台（如Moodle、Blackboard 等）为学生提供丰富的学习资源和支持。教师根据每次授课的内容，总结重点和难点，并将相关材料上传到学习平台。学生可以在课前或课后查阅这些材料，加深对知识的理解。教师可以将与课程内容相关的扩展材料（如测试工具的使用教程、测试案例的参考文档等）上传到学习平台，方便学生进行自主学习和扩展学习。学生可以在学习平台上提出问题，教师和其他学生可以参与讨论。通过在线讨论，学生可以解决学习中的疑问，并获得及时的反馈。

5.4.2　增强学生参与性

教师授课过程中，积极吸纳学生的课前预习成果，主动邀请学生加入到教学过程中来，组织部分学生进行专题交流。这样也方便各个小组之间进行信息交流和沟通，通过相互提问题和答问题的互动方式，加强学生对软件测试知识的学习和研讨。

学生不再是单纯接受知识，而是积极参与到知识的构建中。这种方式可以增强学生的参与感，激发他们对课程内容的兴趣。在实践教学中，学生可以根据自己的兴趣和需求，有针对性地规划学习内容。例如，学生可以选择深入学习某一测试工具（如 Selenium、JMeter 等），或者专注某一测试方法（如自动化测试、性能测试等）。教师在实践教学中扮演指导者的角色，为学生提供必要的支持和帮助。例如，教师可以为学生提供测试工具的使用教程、测试案例的参考文档等，帮助学生更好地完成实践任务。

根据软件测试流程来进行课程设计，按照测试计划、测试用例设计、测试执行和测试报告等开展教学活动。根据软件测试教学大纲制定合适的教学目标，授课老师按照学生预习情况进行知识的讲授，可以着重提升教学效率。同时，将学习任务分配给小组内的成员，吸引学生以团队的方式进行探究式学习，协作完成完整的软件测试学习的任务。这样的学习流程不但可以提高学生自主学习的能力，而且能够培养团队合作精神与领导能力。

在改革后的教学模式中，学生将自由组合成不同的小组，每个小组由一名组长负责，组长扮演类似软件测试项目经理的角色。组长职责：组长负责分配任务，协调小组成员的工作，并监督任务的完成情况。例如，组长可以根据课程内容，将测试任务分配给不同的组员，确保每个组员都能参与到实践中。学生根据组长分配的任务，有针对性地预习课程内容。例如，如果任务是设计功能测试用例，学生可以在课前学习功能测试的相关知识，并准备好测试用例的设计思路。提高预习效果，通过任务驱动的预习方式，学生的学习目标更加明确，预习的效果也会更加显著。这种方式不仅可以提高课堂效率，还可以增强学生的自主学习能力。

5.4.3 重视课后辅导

软件测试授课过程包括预习、授课和课后辅导。课后辅导是软件测试课程教学过程中不可或缺的重要环节。它不仅是课堂授课的延伸，更是学生巩固知识、深化技能的关键阶段。通过多样化的课后辅导形式，教师可以帮助学生更好地消化课堂内容，解决学习中的疑难问题，并进一步提升学习效果。课后辅导可以借助多样化的形式进行，在完成课堂授课后，督促学生继续学习，深化所学知识和技能，综合利用在线课程资源。在软件测试课程学习平台上，学生能够通过 PPT 温习课堂授课内容，参考测试用例、测试脚本、测试报告等教学资源。

以下是课后辅导的具体实施策略和方法。

课后辅导不应局限于传统的面对面答疑，而是可以通过多种形式进行，充分利用在线资源和平台，为学生提供灵活、高效的学习支持（图5-3）。

图5-3 课后辅导的多样化形式

① 在线课程资源：教师可以将课堂授课的PPT、测试用例、测试脚本、测试报告等教学资源上传到课程学习平台。学生可以通过这些资源温习课堂内容，巩固所学知识。

② 讨论区互动：在课程学习平台上开设讨论区，学生可以发帖提问或参与讨论。其他学生和教师可以对问题进行回答，形成良好的互动氛围。这种互动方式不仅能够帮助学生解决疑问，还能促进学生之间的知识共享和协作学习。

③ 教师专题讲解：对于学生普遍存在的共性问题，教师可以在平台上开辟专题，进行专门的讲解和答疑。例如，教师可以录制短视频，针对某一测试工具的使用方法或某一测试技术的难点进行详细讲解。

④ 在线测验与作业：教师可以设计在线测验和作业，帮助学生检验学习效果。通过在线测验，学生可以及时发现自己的知识盲点，并进行针对性的复习。

通过多样化的课后辅导形式，教师可以帮助学生巩固知识、提升技能，并解决学习中的疑难问题。利用课程学习平台、讨论区互动、在线测验与作业、个性化辅导等方式，教师可以为学生提供灵活、高效的学习支持，显著提升学生的学习效果和质量。这种重视课后辅导的教学模式，不仅有助于学生掌握软件测试的理论和实践技能，还能够培养他们的自主学习能力和问题解决能力。

5.4.4　改进考核方式

为了更有效地激励学生,软件测试课程的考核方式需要进行改革。传统的考核方式往往过于注重期末考试,忽视了学生在学习过程中的表现和实践能力的培养。通过将教学各环节纳入考核范围,并优化考核标准,可以更全面地评价学生的学习效果,同时激发学生的学习积极性和团队合作精神。改进后的考核方式将涵盖学习的各个环节,包括预习、课堂授课、课后学习以及团队协作能力。每个环节都赋予一定的分值,确保考核的全面性和公平性。

5.4.4.1　考核环节设计

考核环节如图 5-4 所示。

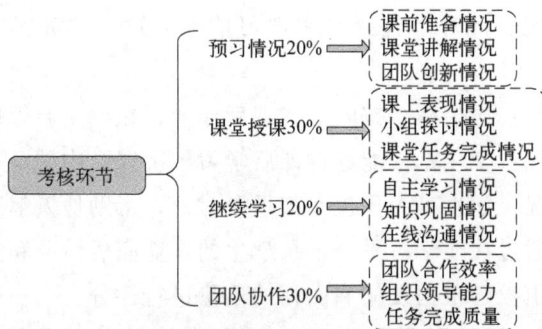

图 5-4　考核环节

(1) 预习情况考核(占比 20%)

预习是学习的重要环节,通过考核预习情况,可以督促学生做好课前准备,并为课堂学习打下基础。此环节包括课前准备情况、课堂讲解情况与团队创新情况。

课前准备情况:学生是否按时完成课前任务(如观看视频、阅读材料、完成在线测验等)。

课堂讲解情况:学生在课堂上是否能积极分享预习成果,提出有价值的问题或见解。

团队创新情况:学生在小组讨论中是否能提出创新的测试思路或解决方案。

考核方式:通过在线学习平台记录学生的预习完成情况。课堂表现由教师根据学生的参与度和贡献度进行评分。小组讨论中的创新表现由组长和组员共同评价。

（2）**课堂授课考核**（占比 30%）

课堂授课是知识传授的核心环节，重点考核学生的课堂表现和参与度。此环节包括课上表现情况、回答问题情况、小组探讨情况。

课上表现情况：学生是否积极参与课堂讨论、回答问题、提出疑问。

小组探讨情况：学生在小组讨论中是否能有效沟通、协作完成任务。

课堂任务完成情况：学生是否能按时完成课堂任务（如测试用例设计、测试脚本编写等）。

考核方式：教师根据学生的课堂表现进行评分。小组任务完成情况由组长和组员共同评价。

（3）**继续学习考核**（占比 20%）

课后学习是巩固知识和提升技能的重要环节，重点考核学生的自主学习能力和知识掌握情况。此环节包括自主学习情况、知识的巩固情况、在线沟通情形。

自主学习情况：学生是否按时完成课后作业、在线测验等任务。

知识巩固情况：学生是否能通过课后学习解决课堂中的疑难问题。

在线沟通情况：学生是否积极参与平台讨论，帮助他人解决问题。

考核方式：通过在线学习平台记录学生的作业完成情况和测验成绩。平台讨论区的参与度由教师根据发帖和回帖的质量进行评分。

（4）**团队协作考核**（占比 30%）

团队协作能力是软件测试工程师的重要素质，重点考核学生在团队中的表现和领导能力。此环节旨在鼓励学生更多地进行团队合作，提升组织领导能力，提高合作效率。此环节包括团队合作效率、组织领导能力、任务完成质量。

团队合作效率：学生是否能与团队成员有效沟通、协作完成任务。

组织领导能力：组长是否能合理分配任务、协调团队工作。

任务完成质量：团队是否能按时高质量地完成测试任务（如测试用例设计、测试报告编写等）。

考核方式：团队任务完成情况由教师根据任务的质量和效率进行评分。团队成员的协作表现由组长和组员共同评价。

综合考核方法对学生的全程学习进行关注，成绩更多地体现在平时的学习过程中。同时，关注实践动手能力和团队协作精神，这是学生未来走得更远的基础。

5.4.4.2　考核结果的反馈与改进

考核结果应及时反馈给学生，帮助学生了解自己的学习情况，并进行改进。

定期反馈：教师可以定期（如每两周）向学生反馈考核结果，指出学生的优点和不足。

个性化建议：根据学生的考核结果，教师可以提供个性化的学习建议。例如，对于实践能力较弱的学生，教师可以推荐更多的实践任务；对于团队协作能力较弱的学生，教师可以设计更多的团队合作任务。

持续改进：根据考核结果，教师可以调整教学策略和考核方式，确保考核的公平性和有效性。

通过改进考核方式，软件测试课程可以更全面地评价学生的学习效果，同时激发学生的学习积极性和团队合作精神。将预习、课堂授课、课后学习和团队协作能力纳入考核范围，不仅可以关注学生的学习过程，还可以培养学生的实践能力和团队协作能力。这种综合考核方法有助于学生在未来的职业发展中走得更远，为他们的成长奠定坚实的基础。

5.4.5　实施效果数据收集

基于 TPACK 和翻转课堂的软件测试复合教学模式的教学设计，使用教学实验法、问卷调查法与访谈法，按照定量和定性相结合的协同评价方式，论证该教学模式在软件测试授课中的应用效果。

根据问卷调查情况、访谈数据进行分析，结合考试成绩与实验过程中学生的实际表现进行对比。调查问卷的数据分析显示：91.2% 的实验班学生对该教学模式持正面积极的态度（非常喜欢或喜欢），并对软件测试考试成绩表示满意。从收集的数据进行分析，实验班 94.3% 的学生赞同继续使用该复合教学模式。参与调查的所有学生均认为，信息化技术与传统讲解方法进行结合，可以很好地减少传统软件测试课堂的枯燥乏味，提升学生学习的兴趣，对于微课等在线资源的提供，给了学生更多的学习机会和条件。

在数据分析过程中，也发现一些不足。问卷调查结果显示，仍有大约 5.3% 的学生对基于 TPACK 和翻转课堂的复合教学模式持否定态度，通过访谈和分析，找到了他们无法适应新模式的原因：①微课内容丰富，术语较多；②受传统的教学模式影响，对任课教师过于依赖，自学能力不足。

5.5 改革成效与未来工作

5.5.1 改革成效

教学模式改革取得了预期效果，教师的综合能力得到了提升，学生对教学模式改革成果非常认可和肯定。取得的成效如下。

(1) 构建教师信息化教学能力提升策略模型

引入软件企业，校企双方共同合作，利用各自优势，结合信息化教学特点，构建教师教学能力提升策略模型。以教学能力培养成功案例为范本，结合教师信息化教学能力现状和教师信息化教学能力标准，融入企业实际要求，切实提升教师的信息化教学能力。

(2) 采用多元化的教学方式，提升产教融合能力

加强教师教学方法改革。利用企业提供的实践资源，丰富教学方式，提供更多的教学资源，提升教师的产教融合能力。采用项目驱动教学法、案例教学法等多种教学方法，加强学生的引导，提高教学效果，为之后的教学实践进程中学生水平特点的认知指明了方向，以便于教学实践更有效、快速地开展。

(3) 以行业需求为导向，加强校企产教融合

以行业需求为导向，将教师信息化教学能力培养与社会需求进行融合。首先将一些与信息化教学技能有关的文本类、视频类、课件类的课程资源上传到在线平台，做好准备工作之后进行实践，共实施两轮，融入所提出的信息化提升策略并不断进行优化调整。结合课程实践过程和教学评价结果，探讨该策略引导教师进行课堂教学效果提升的可行性。

(4) 加强产学协同融合，提升信息化教学技能

教师的信息化教学能力直接影响教学质量，要不断地进行改革和创新。传统的教学重视学科专业知识的掌握而忽略其综合实践能力，在人工智能和大数据的时代，教学机器人、辅助学习机等大批人工智能设备进入教育领域，需加强产学协同合作，有针对性地提升信息化教学技能。

(5) 改变传统的教学方式，引入多样的信息化教学手段

传统教学方式以直接呈现知识点、灌输型为主，教学过程较为单调，课堂缺乏师生间思想对话。而人工智能时代下，智能语音、图像识别、智能考试测评、智能人机交互等层出不穷，这种智能技术能够通过人机交互协同来挑战传统教育，从而智能学习、人机交互也成为新型的学习方式，在一定程度上超越传统的教学方式。这种智能教学方式受到学生的欢迎，提高了学习兴趣。

(6) 利用新兴技术优势，改善教师的培养环境

传统培养环境下，教师应该掌握学科理论、教育学、心理学等方面的知识。智能时代下，利用建成的"云数据"学习资源库以及人工智能知识，教师作为未来基础教育的骨干，需要具备一定人工智能等信息化知识。慕课、在线学习打破了学生学习时间和空间的限制。

(7) 课程群整体推进，提高教师的综合能力

创新教研模式，建立教学工作坊，教师互换角色，模拟学生用智能搜索解决测试难题，暴露知识盲区。每学期末用 K-Means 聚类分析学生能力短板，调整课程群重心。教师从工具使用者升级为测试策略设计师，强化批判思维与跨课程整合能力。通过课程群协同训练，课程可以形成可量化的能力培养链路，解决传统教学中"各课孤立、能力割裂"问题。通过建设软件测试课程群，鼓励教师主动提升综合能力。

5.5.2　未来工作

应对教师的信息化教学能力进行提升，构建策略模型，然后探究此策略在教学中的有效性，这有助于提高教师对信息化教育的认识和重视程度。针对教师普遍觉得他们在教学方面的专业知识的不足，整合 TPACK 框架，探索解决教师具体问题的教学策略成为探索新型教学模式的关键内容。

将提出的提升策略应用于课程教学过程中，完善适用于该课程教学的信息化策略。使用行动研究法结合瀑布模型，具体设施包括计划、行动、观察、反思四个环节，上一阶段的研究结果作为下一阶段的研究起点。

研究提升教师信息化教学能力的具体策略，以教师的身份参与并跟踪其课程设计、实施过程，分析和评价新入职教师信息化教学能力的提升过程。

继续深入开展校企融合，将学校的知识优势与企业的实践优势进行有效结合，积极开展项目实施。通过问卷、观察、访谈等方法以抽样的形式了解调查对象的有关信息，并加以分析来开展研究。

针对教师信息化教学能力提升策略实施前和实施后来设置问卷，对回收的问卷进行数据统计分析，并将前后测得的数据进行对比分析。

制订研究计划，利用教师信息化教学能力的提升策略，以检验构建的策略模型是否科学、有效，经过两轮行动研究，不断观察、反思，调整研究计划，进而完善适用于该课程教学的策略，并将其推广。

5.6　小结

翻转课堂和 TPACK 相结合的教学模式，对于软件测试课程的教学改革提供了很好的思路。不但对知识的讲授环节进行了细化和升级，更能吸引学生主动加入到软件测试教学的过程中。这充分体现以学生为出发点和落脚点的精神，能够有效发挥学生主动学习的热情和主观能动性。对于授课教师来说，可以有更多的时间和精力进行教学方法的改革，更加有利于提升教学的效果和质量。通过角色的转变，学生可以主动学习和积极探索，学习态度与团队合作积极性能够得到充分提高。通过收集数据，对实验班与对照班的测试表明，新教学模式效果比传统教学模式取得了更好的教学效果，学生的软件测试综合素养得到了较大的提升。该教学模式的适用性较强，教学效果好，值得在其他计算机类课程中进行推广应用。

第6章
分阶段迭代式教学在Java课程中的应用

6.1 引言

Java 语言具有跨平台、开源、简洁等优点，已成为业界首选的程序开发语言。但作为应用型软件人才培养的基础课程，Java 课程的教学质量直接影响学生的编程能力和职业发展，本课程的教学改革显得尤为重要。然而，传统的 Java 教学模式往往存在理论与实践脱节、学生动手能力不足、学习积极性不高等问题。

为了解决这些问题，本章提出一种"分阶段迭代式"教学模式，即"理论-实践-再理论-再实践"的循环教学模式。该模式通过案例教学和项目实战的结合，帮助学生从基础知识到编程能力逐步提升，最终实现知识的升华和能力的深化。以案例教学贯穿于课堂教学，让学生熟悉基础知识；以项目实战贯穿于实践，使学生掌握编程能力；再回到理论，让学生重新理解知识，使知识得到升华；最后再实践，使编程能力得到深化。实践证明，新的教学模式应用以后，教学效果良好。

6.2 Java 程序设计教学存在的问题

有些高校的 Java 课程还在沿用传统的授课方法：板书＋讲解，教学效果不甚理想。存在的问题如图 6-1 所示。

(1) 课堂教学内容繁多

Java 课程内容庞杂，涵盖语法、面向对象编程、集合框架、多线程、网络

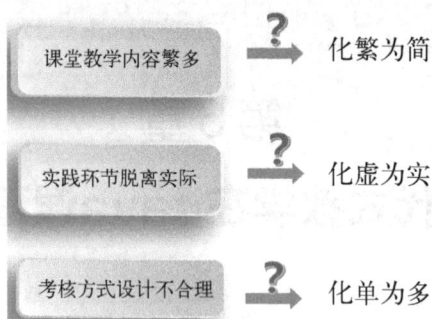

图 6-1　存在的问题

编程等多个方面。传统的教学方法往往试图覆盖所有知识点，导致教学内容重复、重点不突出。学生难以抓住学习重点，容易感到迷茫和疲惫，学习效果不佳。

（2）实践环节脱离实际

Java 课程的实践环节往往课时不足，且内容局限于简单的编程练习，缺乏系统性、综合性的项目训练。学生虽然掌握了理论知识，但缺乏实际编程能力和项目经验，难以应对复杂的实际问题。对 Java 课程安排的实践课课时较少，无法系统训练学生的实践动手能力，尤其缺乏大型系统性项目的训练。

（3）考核方式设计不合理

传统的考核方式以笔试为主，侧重于理论知识的记忆，忽视了对实践能力的考核。学生倾向于死记硬背，忽视实践能力的培养。这样的考核方式，鼓励的是理论的学习，完全忽略了实践环节的考核，培养的只能是纸上谈兵的人才，无法满足企业对应用型人才的需求。

以上问题的根源在于传统的教学模式未能激发学生的学习兴趣和动力。要解决这些问题，通过案例教学和项目实战，让学生在实际问题解决中体会到编程的乐趣和成就感。通过分阶段迭代式学习，帮助学生逐步掌握知识和技能，增强学习信心。将实践能力和项目经验纳入考核范围，全面评价学生的综合能力。让学生自己动手解决实际问题，让其能力得到肯定和承认，体会到成功的快乐，从而增强学习动力。鉴于此，有必要对传统的课程教学模式进行改革，经过不断实践，在教学中提出了分阶段迭代式教学方法。课程讲解的每个阶段都注重理论与实践的结合，帮助学生从理论到实践、再从实践到理论的循环中逐步提升能力。案例教学贯穿始终：通过案例教学，将抽象的理论知识融入实际案例中，帮助学生更好地理解和掌握知识。项目实战提升能力：通过项目实战，培养学生的编程能力、团队协作能力和工程实践能力。迭代式学习深化知识；通过"理论-实践-再理论-再实践"的循环，帮助学生实现知识的升华和能力的深化。

6.3 分阶段迭代式教学与 Java 课程设计的结合

为了提升 Java 课程的教学效果，解决传统教学中存在的问题，对教学的每个环节进行改进，将案例教学贯穿其中；增加 Java 实践课学时，将项目驱动教学法融入实践环节，让学生带着任务去学习，效果会更加理想；对于目前的考核方式进行改进，引入丰富的考核方式，加大实践环节考核的比例，让最终成绩更能反映学生的 Java 编程能力。这些改进措施能够帮助学生更好地掌握 Java 编程技能，可以有效提升 Java 课程的教学效果。

6.3.1 改进理论教学，提高教学效果

6.3.1.1 教材的选择

在 Java 课程教学中，教材的选择是影响教学效果的重要因素之一。由于 Java 教材种类繁多，教师需要根据课程目标、学生水平和实际需求，选择适合的教材。针对 Java 教材较多的特点，选择理论知识讲解扎实、实例较多、更加符合学生实际需求的教材。

（1）选择主教材的标准

主教材是学生学习的主要依据，应具备以下特点。

① 理论知识讲解扎实：教材应系统、全面地讲解 Java 的基础知识和核心概念，包括语法、面向对象编程、集合框架、多线程编程、网络编程等。

② 实例丰富且实用：教材应包含大量实际案例和编程示例，帮助学生将理论知识应用于实际问题。

③ 符合学生实际需求：教材内容应难易适中，既适合初学者学习，又能满足进阶需求。

④ 结构清晰、易于理解：教材的章节结构应清晰，语言通俗易懂，便于学生自学和复习。

（2）指定参考教材

为了满足不同层次学生的学习需求，教师可以指定 1~2 本参考教材，供有更高要求的学生使用。参考教材的选择标准如下。

① 内容深入：参考教材应涵盖 Java 的高级特性和前沿技术，如泛型、反

射、注解、函数式编程等。

② 实践性强：参考教材应包含大量实际项目案例，帮助学生提升实践能力。

③ 适合进阶学习：参考教材应适合已经掌握 Java 基础知识的学生，帮助他们进一步深入学习。

（3）教材的补充资源

除了纸质教材外，教师还可以推荐一些在线资源，帮助学生更好地学习Java。

① 在线教程：如 Oracle 官方 Java 教程、W3Schools Java 教程等。

② 编程练习平台：如 LeetCode、HackerRank 等，提供大量 Java 编程练习题。

③ 开源项目：推荐学生参与开源项目（如 GitHub 上的 Java 项目），提升实践能力。

（4）教材的使用建议

① 主教材为核心：以主教材为主要教学依据，确保学生掌握 Java 的基础知识和核心概念。

② 参考教材为补充：鼓励有更高要求的学生阅读参考教材，深入学习 Java 的高级特性和最佳实践。

③ 结合在线资源：将在线教程、编程练习平台和开源项目作为教材的补充资源，帮助学生拓展知识面并提升实践能力。

在 Java 课程教学中，教材的选择应注重理论知识的扎实性、实例的丰富性和学生的实际需求。通过选择合适的主教材和参考教材，并结合在线资源，可以为学生提供全面的学习支持，帮助他们更好地掌握 Java 编程技能。

6.3.1.2　教学内容的重组

为了提高 Java 课程的教学效果，教学内容需要进行科学的重组和优化。通过对 Java 语言的语法基础部分进行难易区分、详略得当的设计，并结合多样化的教学方法和实践环节，可以有效提升学生的学习兴趣和效率。采用提问、分组教学等方式提高课堂学习的效率，避免学生产生审美疲劳。同时，教学内容分为基础知识和扩展知识，把基础部分讲解透彻，对于扩展知识部分详略有别，满足不同层次学生的需要，能最大限度调动学生的积极性。在课时安排上对实践性强的课程适当增加课时。同时增加一个大项目进行系统训练，并将任务分解到各个章节，具体安排如表 6-1 所示。

表 6-1　Java 课程教学、实践内容

模块	主要知识点	学时	实践内容
Java 语言基础	基本语法、流程控制语句、数组、字符串	4	对系统进行需求分析,逻辑分析及数据库的设计
面向对象开发知识	类的封装、继承和多态接口、内部类、异常处理	8	确定 Admin(管理员)类、Student(学生)类等,映射到表
GUI(图形用户界面)	AWT 组件、Swing 组件、事件	6	建立用户界面,编写各类事件的响应代码
网络编程	Socket 通信、输入/输出流、文件操作	10	完善类的接口、抽象类等,实现 Socket 编程
数据库应用	关系数据库 JDBC	8	实现数据库连接及增、删、改、查等操作

6.3.1.3　教学方法的多样性

在 Java 课程的教学过程中,采用多样化的教学方法是提升学生学习兴趣和效果的关键。通过将"教、学、做"融为一体,并结合项目导向、启发式、交互式、任务驱动、案例分析等教学方法,可以让学生积极参与,增强他们的学习主动性和实践能力。教学方法的多样性如图 6-2 所示。

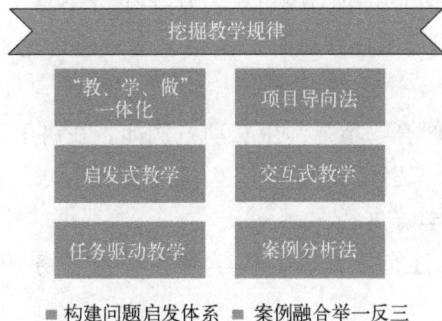

挖掘教学规律

"教、学、做"一体化	项目导向法
启发式教学	交互式教学
任务驱动教学	案例分析法

■ 构建问题启发体系　■ 案例融合举一反三

图 6-2　教学方法的多样性

(1)"教、学、做"一体化

"教、学、做"一体化的教学思路强调理论教学与实践操作的紧密结合,让学生在"做中学、学中做"。

教:教师通过讲解和演示传授知识。

学:学生通过听讲、阅读和思考理解知识。

做:学生通过编程练习和项目开发应用知识。

实施方法:在讲解 Java 语法时,教师先演示代码编写过程,然后让学生

模仿编写并运行代码。在讲解面向对象编程时，教师先讲解概念，然后让学生设计并实现一个简单的类。

(2) 项目导向法

项目导向法以实际项目为主线，将课程内容融入项目中，帮助学生在完成项目的过程中掌握知识和技能。也即设计一个贯穿整个课程的大项目（如在线考试系统、图书管理系统等），将项目任务分解到各个章节，学生每学完一个章节，就完成项目的一个模块。

实施方法：在讲解集合框架时，让学生完成项目中"数据管理"模块的设计和实现。在讲解多线程编程时，让学生完成项目中"并发处理"模块的设计和实现。

(3) 启发式教学

启发式教学通过提问和引导，激发学生的思考，帮助他们主动构建知识。

实施方法：在讲解某个知识点时，先提出问题，引导学生思考。例如，在讲解异常处理时，可以提问："为什么需要异常处理？如果不处理异常会有什么后果？"通过问题引导学生思考，然后逐步讲解知识点。

(4) 交互式教学

交互式教学通过课堂互动，增强学生的参与感和学习兴趣。

实施方法：在课堂上组织小组讨论，让学生分享自己的观点和解决方案。例如，在讲解 GUI 图形用户界面时，组织学生分组讨论如何设计界面、如何布置窗口。

通过课堂提问和回答，增强师生互动。例如，在讲解某个知识点时，随机提问学生，检查他们的理解情况。

(5) 任务驱动教学

任务驱动教学通过布置任务，让学生在完成任务的过程中学习和应用知识。

实施方法：在讲解某个知识点后，布置相关的编程任务。例如，在讲解集合框架后，布置一个"学生成绩管理系统"的任务，要求学生使用集合框架实现数据管理。通过任务驱动，帮助学生将理论知识转化为实际编程能力。

(6) 案例分析法

案例分析法通过实际案例讲解知识点，帮助学生理解知识的实际应用。

实施方法：在讲解某个知识点时，结合实际案例进行讲解。例如，在讲解面向对象编程时，通过"学生信息管理系统"案例讲解类的封装、继承和多态。通过案例分析，帮助学生理解抽象的理论知识，并掌握实际应用技能。

通过采用多样化的教学方法，可以有效提升 Java 课程的教学效果。将

"教、学、做"融为一体，强调理论与实践的结合，帮助学生更好地掌握 Java 编程技能。

6.3.2　加强实践环节教学，培养学生编程能力

实践环节是 Java 课程教学中至关重要的一部分，它直接关系到学生能否将理论知识转化为实际编程能力。对于实践环节，需要重视课本上的例题，先调试例题，有助于学生理解理论知识，对学生的早期编程有着重要的意义。同时，还应该加入实际项目的开发，选择学生熟悉的有典型代表性的项目，比如图书管理系统，学生对于系统的使用比较熟悉，知道目标系统有哪些功能。把系统的细节穿插于 Java 教学中，如表 6-1 中的"实践内容"部分。教师先分析系统的需求，一步一步引导学生实现各个模块，最终开发出完整的系统。

具体的实施方法和策略如图 6-3 所示。

(1) 重视教材例题的训练

教材例题是学生理解理论知识和掌握编程技能的重要工具。通过运行教材例题，学生可以更好地理解代码的运行逻辑和编程技巧。

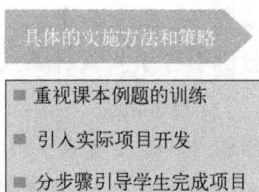

具体的实施方法和策略

■ 重视课本例题的训练

■ 引入实际项目开发

■ 分步骤引导学生完成项目

图 6-3　具体的实施方法和策略

实施方法：在讲解某个知识点后，教师带领学生逐行分析教材上的例题代码，解释每行代码的作用和运行结果。学生通过运行教材案例，理解理论知识在实际代码中的应用。

例如，在讲解面向对象编程时，教师可以带领学生调试一个"学生类"的例题，帮助学生理解类的定义、对象的创建和方法调用。

调试例题可以帮助学生建立对代码的直观理解，减少初学编程时的困惑。通过调试，学生可以掌握基本的编程技巧，如代码调试、错误排查等。

(2) 引入实际项目开发

实际项目开发是培养学生编程能力的有效方式。通过选择学生熟悉且有代表性的项目（如学生信息管理系统），可以帮助学生将理论知识应用于实际问题。

项目选择：选择学生熟悉的项目（如图书管理系统、学生成绩管理系统、在线购物系统等），这些项目的功能明确且易于理解。项目的复杂度应适中，既能涵盖 Java 的核心知识点，又不会让学生感到过于困难。

实施方法：教师先分析项目的需求，明确系统的功能模块（如用户管理、图书管理、借阅管理等）。将项目的开发过程分解为多个阶段，每个阶段对应

一个功能模块。在讲解某个知识点时，引导学生实现对应的功能模块。例如，在讲解集合框架时，引导学生实现图书管理模块。

(3) 分步骤引导学生完成项目

为了帮助学生逐步掌握项目开发的技能，教师可以将项目分解为多个步骤，并引导学生一步一步完成，如图 6-4 所示。

图 6-4　项目开发步骤

步骤 1：需求分析。

教师带领学生分析项目的需求，明确系统的功能模块和业务流程。例如，在图书管理系统中，需求包括用户登录、图书查询、借阅管理等功能。

步骤 2：系统设计。

教师引导学生设计系统的类结构和方法接口。例如，设计"图书类""用户类""借阅管理类"等，并定义每个类的属性和方法。

步骤 3：模块实现。

教师引导学生逐步实现各个功能模块。例如，在实现图书管理模块时，教师先讲解集合框架的使用方法，然后引导学生使用集合框架实现图书的增、删、改、查功能。

步骤 4：系统集成。

教师引导学生将各个模块集成到一个完整的系统中。例如，将用户管理模块、图书管理模块、借阅管理模块集成到图书管理系统中。

步骤 5：测试与优化。

教师引导学生对系统进行测试，发现并修复问题。例如，测试用户登录功能是否正常，图书查询功能是否准确等。

6.3.3　回归理论，深谙知识内涵

在 Java 课程的教学中，实践环节是帮助学生将理论知识转化为实际编程能力的关键步骤。然而，仅仅通过实践并不能完全掌握知识的深层次内涵。因此，在实践之后，回归理论，重新梳理和整合所学知识点，是帮助学生真正理解和掌握理论知识的重要环节。通过课堂中的项目已经覆盖所学的主要知识点，对理论知识已经有了一定的理解。实践以后再重新回顾，串联起各个模块

用到的知识点；整合实践中遇到的复杂算法，理清知识头绪，使学完的知识点在今后的实践中应用，真正理解和掌握理论知识，达到升华理论知识和提高实践能力的目的。

6.3.3.1　实践后回归理论

通过实践，学生对知识点有了初步的理解，但可能还存在一些模糊或片面的认识，回归理论可以帮助学生从更高的层次理解知识的内涵。实践环节通常涉及多个知识点的综合应用，回归理论可以帮助学生将零散的知识点串联起来，形成系统的知识体系。通过理论与实践的结合，学生不仅能够掌握知识，还能提高解决实际问题的能力。

6.3.3.2　回归理论的具体实施方法

(1) 知识点串联与总结

在完成实践项目后，教师应引导学生回顾项目中用到的知识点，并将这些知识点串联起来，形成完整的知识体系。

实施方法：教师带领学生梳理项目中用到的知识点。例如，在图书管理系统中，用到了面向对象编程、集合框架、异常处理、文件 I/O、多线程编程等知识点。通过总结，帮助学生理解各个知识点之间的联系。例如，面向对象编程是项目的基础，集合框架用于数据管理，异常处理用于提高程序的健壮性。

例如，在图书管理系统中，教师可以提问："为什么需要使用集合框架？如果不使用集合框架，数据管理会有什么问题？"通过这些问题，引导学生深入理解集合框架的作用。

(2) 复杂算法的分析与优化

在实践过程中，学生可能会遇到一些复杂的算法或问题。回归理论时，教师应引导学生分析这些算法，并探讨如何优化。

实施方法：教师选择项目中涉及的复杂算法（如排序算法、搜索算法等），带领学生分析算法的原理和实现过程。通过优化算法的讨论，帮助学生理解算法的时间复杂度和空间复杂度，并掌握优化方法。

例如，在图书管理系统中，教师可以提问："如何优化图书查询功能？使用哪种搜索算法效率更高？"通过这些问题，引导学生思考算法的优化方法。

(3) 知识的拓展与延伸

在回归理论时，教师可以适当拓展知识的深度和广度，帮助学生掌握更高级的知识点。

实施方法：教师讲解与项目相关的高级知识点。例如，在讲解多线程编程时，可以拓展到线程池、并发集合等高级特性。通过知识的拓展，帮助学生了解 Java 的前沿技术，并激发他们的学习兴趣。

例如，在图书管理系统中，教师可以提问："如何提高系统的并发处理能力？可以使用哪些并发工具？"通过这些问题，引导学生学习线程池和并发集合的使用方法。

6.3.3.3 回归理论的教学设计

为了帮助学生更好地回归理论，教师可以设计如表 6-2 所示的教学内容，将理论知识与实践项目紧密结合。

表 6-2 回归理论的教学内容设计

实践模块	涉及知识点	回归理论内容
图书管理模块	面向对象编程、集合框架	类的设计原则、集合框架的实现原理
用户管理模块	异常处理、文件 I/O	异常处理的最佳实践、文件读写的底层原理
借阅管理模块	多线程编程	多线程的实现原理、线程同步与通信
用户界面模块	GUI 图形用户界面	GUI 的设计原则、事件处理机制

6.3.3.4 回归理论的教学效果

通过回归理论，学生可以达到很好的学习效果。学生能够从更高的层次理解知识的内涵，掌握知识的本质。学生能够将零散的知识点串联起来，形成系统的知识体系。学生不仅能够掌握知识，还能提高解决实际问题的能力。

在 Java 课程的教学中，实践环节是帮助学生将理论知识转化为实际编程能力的关键步骤。然而，仅仅通过实践并不能完全掌握知识的深层次内涵。因此，在实践之后，回归理论，重新梳理和整合所学知识点，是帮助学生真正理解和掌握理论知识的重要环节。通过知识点串联、复杂算法分析、知识拓展等方法，学生可以深化理解、整合知识、升华能力，从而真正掌握 Java 编程技能。

6.3.4 再实践，提升实践能力

在 Java 课程的教学中，再实践阶段是学生将所学知识和技能应用于实际项目开发的关键环节。通过运用软件工程的思想，选择合适的完整案例或项目，学生可以在团队合作中进一步提升实践能力、问题解决能力和团队协作能力。此阶段，运用软件工程的思想进行开发，选择合适的、完整的案例或项目，让同学自己查找资料、自己规划设计方案。以项目功能模块为单位进行小组划分，组内成员担任不同角色，并选定小组负责人，培养团队精神。在项目进行过程中，主要依靠学生自身的能力和团队的协作，通过查阅资料及网络自主学习，以团队为单位独立解决遇到的困难。教师要定期对完成的较完整的项目进行检查与评价，根据各小组的项目准备、具体设计、测试过程中遇到的各种疑难问题解决的手法、总结团队合作的感受等方面对小组负责的模块的运行效果加以点评，给予评价。"再实践"教学法的操作步骤如图 6-5 所示。

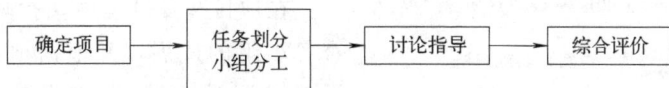

图 6-5　"再实践"教学法的操作步骤

通过实践发现，该方法的实施使学生编写代码的数量和质量有了质的提升，对于一些较为抽象内容也能主动涉及和研究。同时，该过程还培养了团队协作精神和集体荣誉感，锻炼了沟通能力和合作意识。对于设计过程中出现的新问题和新思路，也促使教师加深思考，根据学生的疑问补充新的教学内容，教学相长。

6.3.4.1　再实践阶段的目标

提升实践能力：通过完整的项目开发，学生可以将所学知识应用于实际问题，提升编程能力和工程实践能力。

培养团队精神：通过小组合作，学生可以体验团队开发的流程，培养团队协作和沟通能力。

增强自主学习能力：学生通过查阅资料和网络资源，独立解决项目中的问题，提升自主学习能力。

6.3.4.2　再实践阶段的实施方法

再实践阶段，是在前期理论和实践的基础上深入开展进行的，其实施办法如图 6-6 所示。

（1）选择合适的案例或项目

在再实践阶段，教师应选择一个完整的、具有代表性的案例或项目，确保项目能够涵盖 Java 的核心知识点，并具有一定的复杂度。

（2）小组划分与角色分配

将学生分成若干小组，每组负责一个功能模块的开发。组内成员担任不同的角色，并选定小组负责人。

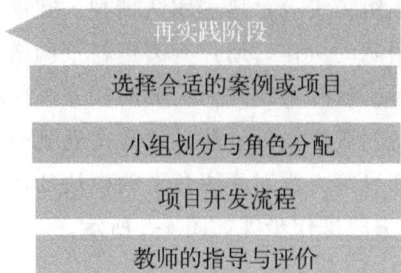

图 6-6 再实践实施方法

（3）项目开发流程

在项目开发过程中，学生应按照软件工程的流程进行开发，包括需求分析、系统设计、编码实现、测试与优化等阶段。

（4）教师的指导与评价

在项目开发过程中，教师应定期检查各小组的进展，并根据项目的准备、设计、测试和团队合作等方面进行评价。

定期检查：教师定期检查各小组的项目进展，了解项目的完成情况和遇到的问题。例如，每周进行一次项目进展汇报，各小组展示已完成的功能模块。

评价标准：小组是否充分理解项目需求，是否制定了详细的设计文档。小组的设计是否合理，代码是否符合规范。小组是否进行了充分的测试，是否能够独立解决问题。小组成员是否分工明确，是否能够有效沟通和协作。

评价方式：教师根据各小组的项目进展和表现，给予评价和反馈。例如，对完成较好的小组给予表扬，对遇到困难的小组提供指导。

6.3.4.3　再实践阶段的教学效果

通过再实践阶段，学生可以达到以下学习效果：提升了实践能力，学生能够将所学知识应用于实际项目开发，提升编程能力和工程实践能力。培养了团队精神，学生能够体验团队开发的流程，培养团队协作和沟通能力。增强了自主学习能力，学生能够通过查阅资料和网络资源，独立解决项目中的问题，提升自主学习能力。

再实践阶段是 Java 课程教学中提升学生实践能力的重要环节。通过选择合适的案例或项目，划分小组并分配角色，学生可以在团队合作中体验软件工程的开发流程，提升编程能力、问题解决能力和团队协作能力。教师的定期检查和评价，可以帮助学生及时发现和解决问题，确保项目的顺利完成。这种再实践的教学模式，可以有效提高 Java 课程的教学效果。

6.4　分阶段迭代式教学中应注意的问题

（1）改善考核环节，提升评价水平

考核方式要提高实践环节成绩在期末考试总成绩中的比重。采用期末笔试成绩占 40%，实践教学平时成绩占 30%，大项目占 30%。对于大项目的验收，采取学生进行答辩的方式进行。首先每个小组选一个代表和教师共同组成评价团队，然后由每一个小组派出一个代表进行第一轮答辩，回答同学们和教师的问题，最后由评价团队共同为这个小组打成绩。小组的每个成员都参加第二轮答辩，阐述自己所做的工作，在小组成绩的基础上，对每个成员进行打成绩，整个小组的平均成绩作为小组的分数。这样，既可以培养学生的团队精神，让他们明白没有团队就没有个人的道理，又能发挥他们的积极性，每个人的最终成绩是和自己的努力息息相关的。

（2）创建网络学习平台，方便师生交流

为了方便师生交流，配合课程教学，创建网络学习平台。开设 Java 精品课程网络平台，学生可以查看授课资料、下载相关资源、在线测试、师生交流，为课余学习提供新的方式。教师可以根据教学情况，在平台上发起相关知识的讨论，学生参与讨论，通过互动交流，教学效果会更好。

此外，QQ、微博、微信、E-mail 等媒体也为师生互动交流提供很好的平台，学生可以通过这些通信软件与教师进行沟通，有问题随时交流，解决学习过程中遇到的问题，同时也可以消除部分学生在大家面前羞于提问的顾虑。

6.5　改革成果

课程改革取得了预期目标，得到了教师和学生的认可与肯定。

（1）提升教师信息化教学水平，深化产学协同发展

在"双师型"教师队伍的培养方面，本项目从教学能力、工程实践能力、课程研发能力和管理服务能力四方面助力教师能力发展。通过教学资源库的建设，打造一体化的企业真实项目开发、教学环境，将企业前沿的技术、项目等知识与技能传授给学生，带领学生进软件企业，体验企业的生产工作过程和环境，实现学生与企业的深度交流。教师与企业员工交流互动，形成伙伴关系，有助于项目经验的传递与成果的应用，有助于提升教师的技能水平和社会服务能力，提升人才培养质量。

（2）加强校企合作，形成教师信息化能力提升方案

在项目进行中，对教学研究过程中出现的问题，形成的有建设性的策略写出总结报告。对教改过程中的每一个关键步骤，制作成简报，分享到全校各个教学单位，通力合作，及时发现教改中出现的问题，并制定相应的措施及策略。实践内容整合的思路、观点，编写相关的报告，可以在相关兄弟院校进行借鉴推广使用。项目完成后形成的这些成果，会对教师信息化教学能力的提升途径提供积极的建设方案和思路。

(3) 课程群整体推进,提高教师的综合能力

教师除了要有扎实的学科理论知识外,还需要较强的信息化综合能力,包括学生应具备的思辨能力、批判能力、知识的迁移和应用能力、信息能力等。课程群包括多个课程的教育教学,整体推进,协同合作,共同提升信息化综合能力。一部智能终端能够解决学生想要解决的众多问题,只要正确使用"智能搜索"就能找到优秀的视频资源和课件内容,以取各家所长,丰富自己的知识,提高学习能力。同时,能够使研究和辩证能力得到锻炼,批判、知识迁移及应用、创新、动手实践等综合能力难以得到有效的培养。

(4) 校企联合培养,学生理论与实践能力有机结合

利用学校和基地交替培养的模式,有效落实工学结合,培养出企业需要的高质量软件工程人才。在产教融合平台和企业工程师的辅助下,教师和学生进行真实项目实战,丰富了教学素材,提高了项目开发经验。

(5) 共享平台建设成果,辐射其他工科专业

积极分享产教融合平台建设成果,推广到校内其他工科专业,如智能科学与技术、数据科学与技术、网络工程等。推广学生在产教融合平台形成的成果和作品,孵化创新项目,校企双方深入进行科研和横向项目合作。

(6) 发挥示范辐射作用,服务社会

随着建设逐步完善,课程改革成果还会向其他高校开放,主动发布平台相关信息,实现资源共享,努力将其建设成为面向大学生及社会青年开放、产学合作互动、培育创新创业高端人才的教育资源平台。

6.6 小结

本章针对 Java 教学中存在的不足和问题,提出了分阶段迭代式教学模式,把优秀的教学理论引入 Java 教学过程,采取多样化的教学方法,提高学生的兴趣度,让他们积极参与到 Java 的教学中。同时引入案例教学法,在老师的指导下,使学生熟悉实际项目开发流程。通过重新回归理论,使学生深谙知识内涵,能串联起各个知识点。经过再实践环节,运用软件工程理论指导,按功能划分不同的小组,各小组合作完成模块功能,让学生有更强的参与感,也能培养团队协作精神和实际解决问题的能力。另外,对考核方式进行改进和完善,考核中要体现出实践能力的重要性。最后,通过多种教学手段进行交流、答疑解惑。实践证明,该方法能培养学生的学习兴趣,提高学生的 Java 编程能力,值得借鉴使用。

第7章
软件测试教学改革与实践

7.1 引言

随着计算机技术的飞速发展，软件开发已成为现代社会不可或缺的一部分。然而，当前的软件开发面临着质量不高、功能复杂等诸多挑战，而软件测试作为保障软件质量的重要手段，正逐渐受到高校和企业的重视。软件测试不仅能够发现和修复软件中的缺陷，还能确保软件的功能、性能和安全性满足用户需求。因此，软件测试课程在高校教育中的地位日益凸显。

软件测试是确保软件质量的关键环节，能够有效减少软件缺陷，提高软件的可靠性和稳定性。随着软件功能的日益复杂，软件测试的重要性愈发突出。通过系统化的测试，可以确保复杂功能的正确实现。早期发现和修复缺陷可以显著降低软件开发的成本，避免后期修复的高昂代价。

而软件测试行业具有人才缺口大、就业前景广、薪资待遇高等特点，这些原因使软件测试课程广受重视。当前的软件测试课程教学面临着实践性不强、学生动手能力不足等问题，针对这些问题，我们对软件测试课程的教学进行一些探索，通过提高课堂教学质量、提高实践环节的效率、与企业零距离沟通等方式来提高教学的效果，使学生掌握更强的实践动手能力。

7.2 软件测试课程教学存在的不足

目前，在有些高校计算机课程中，并没有单独开设软件测试技术课程，只在"软件工程"课程的某一章节进行了介绍。而在"软件工程"课程中，软件测试只是在软件开发以后才开始进行的，这对于学生理解软件测试是极为不利的。软件测试技术方面的教材不是很多，而且质量良莠不齐。有些学校开设的软件测试课程作为选修课，过多注重软件测试理论的讲解和测试方法的介绍，对于实践环节重视不够，缺乏系统的训练，距离软件公司对软件测试人才的要求差距较大。

软件测试课程在高校教学中虽然逐渐受到重视，但在实际教学过程中仍然存在一些问题，影响了学生的学习效果和就业竞争力。软件测试课程教学中存在的问题如图 7-1 所示。

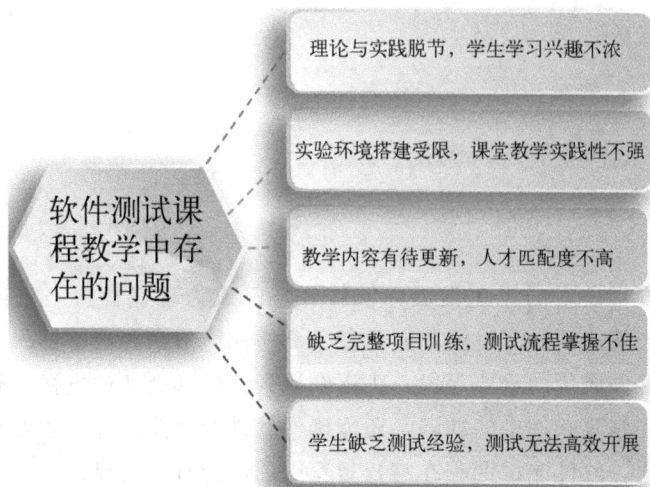

图 7-1　软件测试课程教学中存在的问题

(1) 理论与实践脱节，学生学习兴趣不浓

问题描述：传统的软件测试课程偏重理论讲解，实践环节薄弱，导致学生难以将理论知识应用于实际问题。

具体表现：学生对抽象的理论知识感到枯燥，学习兴趣不高。学生缺乏实际测试经验，难以理解测试理论的实际应用场景。

影响：学生的学习积极性下降，学习效果不佳。

(2) 实验环境搭建受限，课堂教学实践性不强

问题描述：软件测试实验室的环境搭建受到硬件、软件和资源的限制，难以满足实践教学的需求。

具体表现：实验室的测试工具和设备不足，无法支持大规模的实践教学。课堂教学与实践环节脱节，学生难以在课堂上进行实际操作。

影响：学生的动手能力和实践能力得不到有效提升。

（3）**教学内容有待更新，人才匹配度不高**

问题描述：课堂教学内容与企业实际需求存在差距，学生毕业后难以快速适应企业的工作要求。

具体表现：课堂教学偏重基础理论，缺乏对企业实际测试流程和工具的讲解。学生对企业的测试需求和工作流程了解不足。

影响：学生的就业竞争力不足，难以受到用人单位的欢迎。

（4）**缺乏完整项目训练，测试流程掌握不佳**

问题描述：学生在学习过程中缺乏完整项目的测试经验，难以掌握项目测试的流程和步骤。

具体表现：学生只接触过零散的测试任务，缺乏对完整项目测试流程的理解。学生对测试计划、测试用例设计、测试执行、缺陷管理等环节缺乏实际操作经验。

影响：学生的测试能力不全面，难以胜任企业的测试工作。

（5）**学生缺乏测试经验，测试无法高效开展**

问题描述：测试驱动开发（TDD）是一种重要的开发方法，但学生由于开发经验不足，难以理解其原理和应用。

具体表现：学生对开发流程和代码结构了解不足，难以理解测试驱动开发的核心理念。学生在实践中难以将测试驱动开发应用于实际项目。

影响：学生对测试驱动开发的理解和应用能力不足，难以满足企业的需求。

7.3 创新模式的课程改革

针对目前软件测试课程教学存在的问题和不足，对目前高校开设的"软件测试"课程进行了调研、分析和研究。为了使授课内容更接近实践要求，深入企业并与软件测试部门的人员进行沟通交流，从教材内容、教学方法等方面对软件测试课程的教学进行探讨。

为了解决这些问题，可以从以下几个方面进行改进，如图 7-2 所示。

① 加强理论与实践的结合：通过案例教学和项目实践，帮助学生将理论知识应用于实际问题。

② 改善实验室环境：增加测试工具和设备，支持大规模的实践教学。

③ 与企业需求接轨：通过校企合作和企业导师讲座，帮助学生了解企业的实际需求。

④ 提升开发经验：通过开发实践和测试驱动开发的讲解，帮助学生理解测试驱动开发的原理和应用。

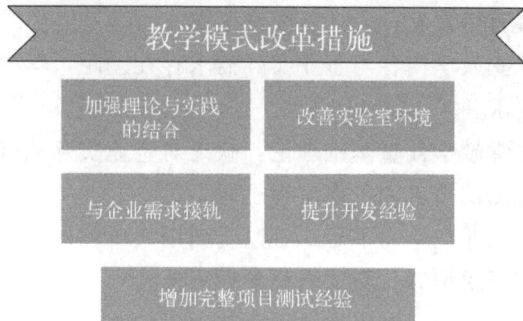

图 7-2　教学模式改革措施

⑤ 增加完整项目测试经验：通过实际项目训练，帮助学生掌握项目测试的流程和步骤。

7.3.1　教材的选择

在软件测试课程的教学中，教材的选择至关重要。由于软件测试实践性强、知识更新快，教材的实用性和时效性直接影响教学效果。软件测试实践性非常强，而且课程开设较晚，更新较快，教材的选择尤为重要性。

(1) 教材选择的原则

教材对于教学的高质量开展起着重要的保障作用，教材选择的原则如图 7-3 所示。

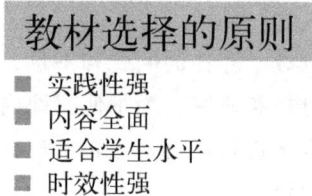

教材选择的原则
- 实践性强
- 内容全面
- 适合学生水平
- 时效性强

图 7-3　教材选择的原则

① 实践性强：教材应包含大量实际案例和测试方法，帮助学生将理论知识应用于实际问题。

② 内容全面：教材应涵盖软件测试的基础知识、测试方法、测试工具、测试管理等内容。

③ 适合学生水平：教材内容应难易适中，既适合初学者学习，又能满足进阶需求。

④ 时效性强：教材应反映软件测试领域的最新发展，避免内容过时。

针对学生接受的实际情况和教材的实用性方面对教材进行选择，经过筛选，选择两本外文教材和一本中文教材：（美）佩腾（R. Patton）著，张小松等译的《软件测试（原书第 2 版）》和（美）梅耶（G. J. Myers）等著，张晓明等译的《软件测试的艺术（原书第 3 版）》；朱少民主编的《软件测试方法和技术（第二版）》。教学过程中把中文教材作为授课教材，外文教材作为参考书，以便更好地扩大学生的视野。

(2) 教材的使用方法

① 授课教材：以朱少民主编的《软件测试方法和技术（第二版）》作为授课教材，用于课堂教学和学生学习。该教材内容全面且通俗易懂，适合初学者学习。

② 参考书：以佩腾所著的《软件测试（原书第 2 版）》和梅耶等著的《软件测试的艺术（原书第 3 版）》作为参考书，用于拓展学生的知识面和深化理解。这两本外文教材内容深入且实用，适合有更高要求的学生。

三本教材均包含大量实际案例和测试方法，帮助学生将理论知识应用于实际问题。三本教材涵盖了软件测试的基础知识、测试方法、测试工具、测试管理等内容，既适合初学者学习，又能满足进阶需求。三本教材均反映了软件测试领域的前沿发展，具有较高的时效性。

通过选择合适的教材，可以有效提升软件测试课程的教学效果。这种教材选择和使用方法，不仅能够提高课堂教学质量，还能为学生的自主学习和职业发展提供有力支持。

7.3.2　课程内容的选择和改进

软件测试课程是一门实践性非常强的课程，课程内容的选择和改进直接影响教学效果和学生的学习体验。为了提升教学效果，在课程内容的选择和改进上进行了深入探索，注重理论与实践的结合，并通过经典案例和以学生为中心的教学方法，帮助学生更好地掌握知识和技能。在选择课程教学的内容上做了很多探索，经过实践发现，上课时在讲解基本知识和概念的同时，如果穿插讲解一些经典案例，教学效果会更好。学生不但能够理解并掌握基本概念，又能结合实际应用，积累一些实践经验，这对于以后从事软件测试工作有着非常大的帮助。

在教学过程中，始终以学生为中心，让他们参与到软件测试的教学过程中来，调动其主观能动性，使他们更容易接受所学知识。

7.3.2.1 课程内容的选择

在课程内容的选择上，注重基础知识和实践应用的结合，确保学生既能掌握理论知识，又能积累实践经验。

① 基础知识：软件测试的基本概念、测试方法、测试流程、测试工具等。例如，黑盒测试、白盒测试、单元测试、集成测试、系统测试等。

② 实践应用：经典案例分析和实际项目测试。例如，电商网站的功能测试、移动应用的性能测试、金融系统的安全性测试等。

7.3.2.2 课程内容的改进

为了提升教学效果，对课程内容进行了改进，如图 7-4 所示。

(1) 穿插经典案例讲解

在讲解基本知识和概念时，穿插讲解一些经典案例，帮助学生理解理论知识在实际测试中的应用。

实施方法：在讲解某个知识点时，结合实际案例进行讲解。例如，在讲解功能测试时，通过飞机订票网站的测试案例讲解测试用例的设计方法。通过案例分析，帮助学生理解抽象的理论知识，并掌握实际应用技能。

经典案例示例如下。

电商网站测试：讲解功能测试、性能测试、安全性测试等。

移动应用测试：讲解兼容性测试、用户体验测试等。

金融系统测试：讲解安全性测试、性能测试等。

(2) 以学生为中心的教学方法

在教学过程中，始终以学生为中心，让他们参与到软件测试的教学过程中来，调动其主观能动性。

实施方法：通过提问和讨论，增强课堂互动。例如，在讲解某个知识点时，提问学生"为什么要进行性能测试？"引导学生思考性能测试的意义。将学生分成小组，通过小组讨论和协作完成任务。例如，在讲解测试用例设计时，让学生分组设计测试用例并分享讨论结果。通过实际项目训练，帮助学生掌握项目测试的流程和步骤。例如，设计一个电商网站的测试任务，要求学生分组完成功能测试、性能测试和安全性测试。

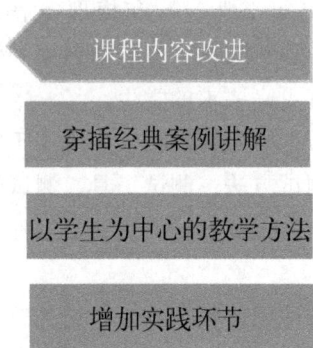

图 7-4 课程内容改进

（3）增加实践环节

为了加强实践环节的教学，增加了实践课学时，并设计了多样化的实践任务。

实践内容设计：设计多样化的实践任务，涵盖功能测试、性能测试、安全性测试等多个方面。例如，设计一个电商网站的测试任务，要求学生完成功能测试、性能测试和安全性测试。

实施方法：在实践课中，教师带领学生完成测试任务。例如，在讲解功能测试时，教师带领学生设计测试用例并执行测试。通过实践任务，帮助学生将理论知识转化为实际测试能力。

7.3.2.3　课程内容改进的效果

通过以上改进措施，课程内容更加贴近实际需求，教学效果得到了显著提升。学生学习兴趣提高：通过经典案例讲解和课堂互动，学生的学习兴趣和积极性得到了显著提升。学生实践能力增强：通过增加实践环节和项目实践，学生的动手能力和问题解决能力得到了显著提升。学生综合能力提升：通过小组讨论和项目实践，学生的团队协作能力和沟通能力得到了全面提升。

7.3.3　测试工具的选择

在课堂教学和实践教学过程中，测试工具的选择很重要。测试工具不仅影响学生的实践能力培养，还直接关系到教学成本和学习效果。如果建一个相当规模的测试实验室，投入是很大的。如何选择既能达到课程要求又能节省费用的测试工具显得尤为重要。

在最大限度接近业界实际使用的前提下，可以选择一些开源的软件。对于业界关注度不够的测试环节，在讲授软件测试时要重点讲解，比如，静态测试在企业中重视度不足，认为无关紧要，实际上该方法能够培养良好的编程风格。在授课时选择 PMD、FindBugs 等工具让学生熟悉，不但能培养学生的测试能力，同时能督促学生养成良好的编程习惯。对于单元测试部分，根据时下软件开发的两大趋势，选择 JUnit 进行讲解，掌握该软件的使用，对于其他工具开发的软件进行单元测试也是非常容易的。

7.3.3.1　测试工具选择的原则

测试工具种类较多，使用领域广泛，因此，选用合适的测试工具，可以使课程授课更加高效。测试工具选择的原则如图 7-5 所示。

测试工具选择的原则

■ 业界广泛使用

■ 功能全面

■ 易于学习和使用

图 7-5　测试工具选择的原则

① 业界广泛使用：选择业界广泛使用的工具，帮助学生掌握实际工作中常用的测试技术。

② 功能全面：工具应涵盖功能测试、性能测试、安全性测试等多个方面，满足课程需求。

③ 易于学习和使用：工具应具有良好的文档和社区支持，便于学生快速上手。

7.3.3.2　选择的测试工具

根据课程需求和业界趋势，选择了以下测试工具，如图 7-6 所示。

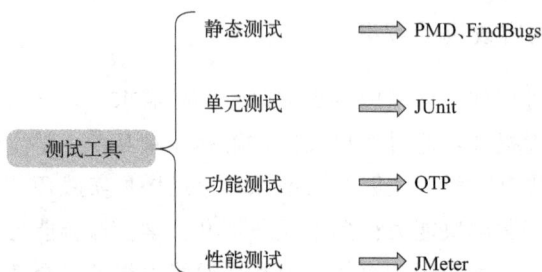

图 7-6　选择的测试工具

(1) 静态测试工具

静态测试是通过分析源代码来发现潜在问题的一种测试方法。虽然业界对静态测试的重视度不足，但它在培养良好编程风格和提高代码质量方面具有重要作用。

① PMD：用于分析 Java 代码中的潜在问题，如未使用的变量、空 catch 块、复杂的表达式等。开源、易于使用，能够帮助学生养成良好的编程习惯。

使用场景：在讲解静态测试时，使用 PMD 分析学生的代码，指出潜在问题并改进代码质量。

② FindBugs：用于检测 Java 代码中的常见缺陷，如空指针引用、资源未关闭等。开源、功能强大，能够帮助学生发现代码中的潜在缺陷。

使用场景：在讲解静态测试时，使用 FindBugs 检测学生的代码，并讨论如何修复发现的问题。

(2) 单元测试工具

单元测试是软件开发中的重要环节，能够确保每个模块的正确性。根据时下软件开发的趋势，选择了 JUnit 作为单元测试工具。

JUnit：用于编写和运行 Java 单元测试，支持测试驱动开发（TDD）。开源、广泛使用，是 Java 开发中非常流行的单元测试框架。

使用场景：在讲解单元测试时，使用 JUnit 编写和运行测试用例，帮助学生掌握单元测试的基本方法和技巧。

（3）功能测试工具

功能测试是确保软件功能正确性的重要环节，选择了 QTP（quick test professional）作为功能测试工具。

QTP：用于自动化应用程序的功能测试，支持多种浏览器和操作系统。功能强大，是业界广泛使用的功能测试工具。

使用场景：在讲解功能测试时，使用 QTP 编写自动化测试脚本，测试 Web 应用程序的功能。

（4）性能测试工具

性能测试是确保软件性能满足需求的重要环节，选择了 JMeter 作为性能测试工具。

JMeter：用于测试 Web 应用程序的性能，支持多种协议（如 HTTP、FTP、JDBC 等）。开源、功能全面，是业界广泛使用的性能测试工具。

使用场景：在讲解性能测试时，使用 JMeter 进行负载测试和性能分析，帮助学生掌握性能测试的基本方法和技巧。

7.3.3.3 测试工具的使用方法

课堂教学：在讲解某个测试方法时，使用相应的测试工具进行演示。例如，在讲解单元测试时，使用 JUnit 编写和运行测试用例。

实践教学：在实践课中，学生使用测试工具完成测试任务。例如，使用 QTP 完成 Web 应用程序的功能测试，使用 JMeter 完成性能测试。

课后练习：学生可以在课后继续使用这些工具进行练习和实践，巩固所学知识。

通过选择合适的测试工具，可以有效提升软件测试课程的教学效果。这些工具不仅能够满足课程需求，还能为学生的职业发展提供有力支持。

7.3.4 实践环节的加强

除了课堂教学以外，实践教学的开展对于软件测试课程来说更重要，包括上机实践和企业实训两部分。

7.3.4.1 上机实践

上机实践环节应抓好以下环节，如图 7-7 所示。

上机实践环节

- 定好计划
- 强化考核
- 培养沟通能力
- 完整项目的实践

图 7-7　上机实践环节

（1）定好计划

每次上机都要明确任务，对于任务的选择要有针对性，要更具有可操作性，要更贴近实际。比如对于 JUnit 的实践，每一次上课做什么都详细制定，对各种断言、套件测试、参数化测试等重要部分要重点关注，这样对于学生掌握这部分知识能起到很好的作用。

（2）强化考核

对于实践环节所做的任务，要认真检查，并对学生完成情况进行总结，这样才能提高学习的效果。

（3）培养沟通能力

加强与学生的沟通，让学生完成任务时，加入不同的小组，通过小组之间的沟通和交流，起到更好的促进作用。

（4）完整项目的实践

除了平时的练习外，整个课程结束后，通过完整项目的带动，让学生参与到整个测试过程中，使理论与实践融合，知识掌握更牢固。

7.3.4.2　企业实训

同时要深化企业实训，加强与企业的合作，让学生有机会深入到企业的软件测试部门，了解软件测试企业实际工作时如何开展的；与软件测试部门人员沟通交流，增强学生学习的自信心，加强学生实践能力的培养。为了使效果更好，可以从以下几个方面抓起。

① 学校拟定一个校外实习大纲，与实习企业一起制定校企实习基地协议、实习安全协议、学生实习规范和学习实习鉴定表等，不断促进校外实习制度化、规范化、完善化。

② 企业要提供良好的实训场地，并配备资深的讲授教师。在实训前，授课教师先了解一下实训的情况，对讲课计划和讲课内容做适当的调整。

③ 在实训期间，学校可以留一些教师监督实训过程，并实时提出建议，保证学生实训有所获。

④ 实训结束后，要对实训做一个项目式的考核，并认真填写实习成绩评定表。

7.3.5　注重软件测试人才的软实力培养

软件测试是一个热门行业，软件企业在招聘人员时，不仅要求应聘人员有一定的理论知识和实践动手能力，同时要求应聘人员有良好的职业素质。而在当前的教学模式下，对职业素质方面的教育还是比较欠缺的。这需要对学生进行培训，增加就业概率。

7.3.5.1　注重培养学生的团队协作与沟通能力

对于软件测试行业来说，测试人员的沟通能力非常重要。一个合格的软件测试人才，应该具有较强的团队协作与沟通能力，这样可以快速融入团队，高效地展开团队式工作，并清晰地表达自己的思想和观点，一个不善于表达自己思想的人几乎不可能成为一名优秀的测试工程师。在实践课开展过程中，重视培养同学的沟通能力和团队协作能力，在学生中树立良好的团队意识。

（1）团队协作能力的培养

团队协作能力是软件测试人员的重要素质之一。通过团队合作，学生可以学会如何与他人协作、分工合作、解决问题。

实施方法：在实践课中，将学生分成小组，每组 4～6 人，确保每个成员都能参与到项目开发中。设计需要团队合作完成的任务，如测试用例设计、测试执行、缺陷管理等，让学生在实践中学会协作。

示例：在讲解功能测试时，设计一个电商网站的测试任务，要求学生分组完成功能测试、性能测试和安全性测试。在项目开发过程中，要求学生定期进行团队会议，讨论项目进展和遇到的问题。

（2）沟通能力的培养

沟通能力是软件测试人员的重要素质之一，通过有效的沟通，测试人员可以清晰地表达自己的思想和观点，并与开发人员、项目经理等保持良好的沟通。

课堂讨论：在课堂上组织小组讨论，让学生分享自己的观点和解决方案。例如，在讲解测试用例设计时，组织学生分组讨论如何设计测试用例。

项目汇报：在项目完成后，要求学生进行项目汇报，展示测试结果和测试报告。通过汇报，学生可以锻炼自己的表达能力和沟通能力。

缺陷讨论：在测试过程中，要求学生记录并讨论发现的缺陷，提出改进建议。通过缺陷讨论，学生可以学会如何清晰地表达问题和解决方案。

示例：在讲解缺陷管理时，设计一个缺陷讨论环节，要求学生分组讨论发现的缺陷，并提出改进建议。在项目完成后，组织学生进行项目答辩，展示测试结果和测试报告。

（3）团队意识的培养

团队意识是团队协作的基础，通过培养团队意识，学生可以学会如何与他人合作、共同完成任务。

在课程开始时，组织团队建设活动，帮助学生建立团队意识和信任感。在项目完成后，组织学生进行团队评价，评价每个成员的表现和贡献。通过评价，学生可以了解自己的优点和不足，并进行改进。

示例：在课程开始时，组织学生进行团队建设活动，如团队游戏、团队讨论等，帮助学生建立团队意识和信任感。在项目完成后，组织学生进行团队评价，评价每个成员的表现和贡献。

通过以上措施，学生的团队协作与沟通能力得到了显著提升。团队协作能力提升，学生能学会如何与他人协作、分工合作、解决问题。沟通能力提升，学生能学会如何清晰地表达自己的思想和观点，并与他人保持良好的沟通。团队意识增强，学生能建立良好的团队意识，学会如何与他人合作、共同完成任务。

7.3.5.2　培养学生的怀疑精神

在软件测试中，怀疑精神是测试人员的重要素质之一。软件测试的目的就是找出软件存在的不足，因此，测试人员需要具备敏锐的观察力和怀疑精神，能够从不同角度思考问题，并通过各种测试方法验证自己的判断。鼓励学生怀疑一切可疑的地方，尽自己最大的努力来验证自己的判断。即使再简单的功能，也要站在用户的角度，多用一些边界值进行测试，验证系统是否有问题。为了培养学生的怀疑精神，在教学中采取了以下措施。

(1) 怀疑精神的培养

怀疑精神是软件测试人员发现问题的基础。通过培养学生的怀疑精神，可以帮助他们更好地发现软件中的潜在问题。怀疑精神培养的方式如图7-8所示。

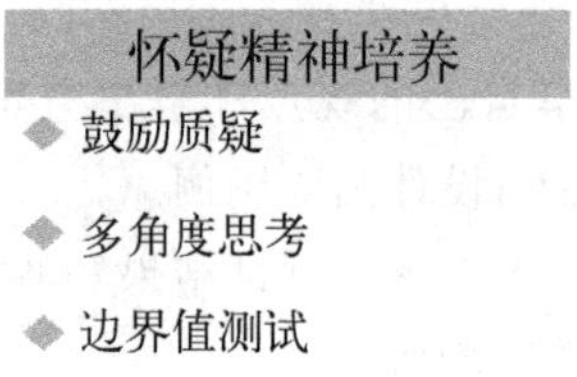

怀疑精神培养

◆ 鼓励质疑

◆ 多角度思考

◆ 边界值测试

图 7-8　怀疑精神培养的方式

鼓励质疑：在课堂上鼓励学生提出疑问，质疑软件的设计和实现。例如，在讲解某个功能时，提问学生"这个功能是否可能存在缺陷？"引导学生思考潜在问题。

多角度思考：引导学生从不同角度思考问题，如用户角度、开发者角度、测试者角度等。例如，在讲解功能测试时，提问学生"如果我是用户，我会如何使用这个功能？可能会遇到什么问题？"

边界值测试：鼓励学生使用边界值测试方法，验证系统的边界情况。例如，在讲解边界值测试时，提问学生"如果输入值为最大值或最小值，系统会如何处理？"

示例：在讲解功能测试时，设计一个简单的登录功能，要求学生从不同角度思考可能存在的问题，并使用边界值测试方法进行验证。在讲解性能测试时，提问学生"如果系统同时有大量用户访问，系统会如何处理?"引导学生思考性能问题。

(2) 验证判断的能力

怀疑精神不仅要求测试人员能够发现问题，还要求他们能够通过各种测试方法验证自己的判断。验证判断的能力如图 7-9 所示。

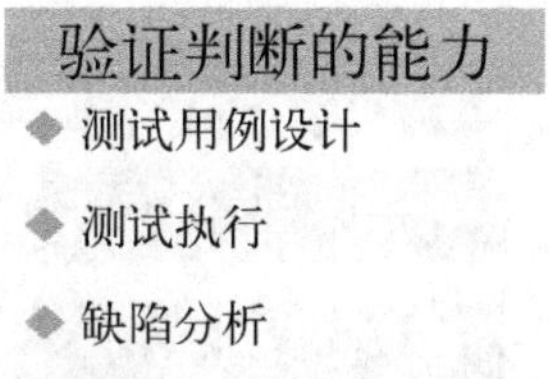

验证判断的能力
- 测试用例设计
- 测试执行
- 缺陷分析

图 7-9　验证判断的能力

测试用例设计：引导学生设计全面的测试用例，覆盖各种可能的情况。例如，在讲解测试用例设计时，提问学生"如何设计测试用例才能覆盖所有可能的情况?"

测试执行：鼓励学生认真执行测试用例，记录测试结果，并分析发现的问题。例如，在讲解测试执行时，提问学生"如果测试结果与预期不符，可能是什么原因?"

缺陷分析：引导学生分析发现的缺陷，提出改进建议。例如，在讲解缺陷分析时，提问学生"如何修复这个缺陷? 修复后是否会影响其他功能?"

示例：在讲解功能测试时，设计一个简单的计算器功能，要求学生设计测试用例并执行测试，验证系统的正确性。在讲解性能测试时，设计一个简单的Web 应用程序，要求学生使用 JMeter 进行负载测试，验证系统的性能。

通过以上措施，学生的怀疑精神和验证判断的能力得到了显著提升。怀疑精神增强：学生学会了从不同角度思考问题，质疑软件的设计和实现。验证判断能力得到了提升：学生学会了通过各种测试方法验证自己的判断，发现软件中的潜在问题。测试能力提升：学生掌握了全面的测试用例设计方法和测试执行技巧，能够有效地发现和修复软件中的缺陷。

7.3.5.3　搜索能力的培养

在信息爆炸的当代社会，软件测试工程师需要具备强大的搜索能力，以快速获取新知识、新工具和新技术。一个好的软件测试工程师，要有很强的搜索发现新知识和技能的能力，这不仅指一般性知识的搜索和查阅，更多是指与本专业相关的测试工具软件、插件、测试学习网站等的搜索与下载。比如51testing 就是国内比较好的测试学习网站，其上就有很多软件测试方面比较成熟的知识和实践技巧。为了培养学生的搜索能力，在教学中采取了以下措施：

(1) 搜索能力的重要性

软件测试领域技术更新快，测试人员需要不断学习新知识，以保持竞争力。测试工具和资源是测试工作的重要支持，测试人员需要能够快速找到并下载所需的工具和资源。在测试过程中，测试人员可能会遇到各种问题，搜索能力可以帮助他们快速找到解决方案。

(2) 搜索能力的培养

为了培养学生的搜索能力，从以下几个方面入手，如图 7-10 所示。

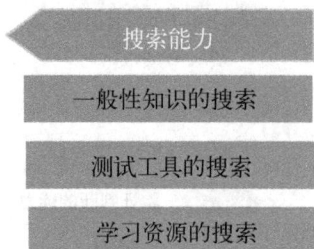

① 一般性知识的搜索。

实施方法：在课堂上讲解如何使用搜索引擎（如 DeepSeek、百度）进行高效搜索。例如，讲解如何使用关键词、布尔运算符、高级搜索功能等。引导学生使用学术搜索引擎（如 CNKI）查找学术论文和技术文档。

示例：在讲解某个知识点时，提问学生"如何查找相关的技术文档?"引导学生使用搜索引擎查找相关资料。在讲解某个测试方法时，提问学生"如何查找相关的学术论文?"引导学生使用学术搜索引擎查找相关论文。

图 7-10 搜索能力

② 测试工具的搜索。

实施方法：在课堂上讲解如何查找和下载测试工具及插件。例如，讲解如何使用 GitHub、SourceForge 等平台查找开源测试工具。引导学生使用测试学习网站查找测试知识和实践技巧。

示例：在讲解功能测试时，提问学生"如何查找和下载 Selenium?"引导学生使用 GitHub 查找和下载 Selenium。在讲解性能测试时，提问学生"如何查找和下载 JMeter?"引导学生使用 Apache 官网查找和下载 JMeter。

③ 学习资源的搜索。

实施方法：在课堂上讲解如何使用测试学习网站查找测试知识和实践技巧。引导学生使用在线课程平台（如 Coursera、Udemy）查找相关的测试课程。

示例：在讲解某个测试方法时，提问学生"如何查找相关的测试知识?"引导学生使用 51testing 查找相关资料。在讲解某个测试工具时，提问学生"如何查找相关的在线课程?"引导学生使用 Coursera 查找相关课程。

通过以上措施，学生学会了如何使用搜索引擎快速获取新知识，学会了如何查找和下载测试工具及插件，学会了如何使用搜索能力快速解决测试过程中遇到的问题。

软件的种类繁多，软件技术的变化日新月异，所以大学生应该掌握软件测试的检索技术，以满足自己学习和工作的需要。这种能力是自己的"充电器"，会使自己终身受益。

此外，一个优秀的测试工程师还应有高度的责任感、耐心、洞察力，在技术层次都相差不大的情况下，这些软实力对于测试工程师的发展有着至关重要的作用。

7.4　考核方式与产教融合

对于软件测试课程的考核，也要适当进行改革。考核一般按照试卷成绩＋平时成绩进行，这种方式对于软件测试专业性的实践关注不够，无法准确体现学生的软件测试实践能力。为了更加有效地激励学生，对课程考核方式进行改革，将教学的各环节都赋予一定的分值，优化考核的标准，如图 7-11 所示。

考核环节包括：① 预习情况考核，此环节包括课前准备情形、课堂讲解情况与团队创新情形；② 课堂授课考核，此环节是重点，要重点考核学生课上表现情况、回答问题情形、小组探讨情况；③ 继续学习环节考核，此环节针对学生的自主学习情况、知识的巩固情况、在线沟通情形等；④ 团队协作能力，此环节旨在鼓励学生更多地进行团队合作，提升组织领导能力，提高合作效率。

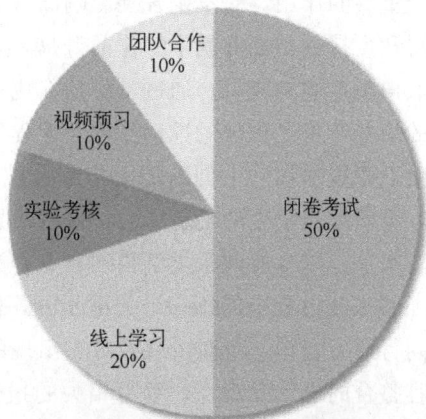

图 7-11　全流程化综合考核方式

综合考核方法对学生的全程学习进行关注，成绩更多地体现在平时的学习过程中。同时，关注实践动手能力和团队协作精神，这是学生未来走得更远的基础。

课程教学过程灵活使用任务驱动、项目式引导和探究式学习等方法，实行"知识指导，任务先行""优化设计，及时训练"的原则，通过精心设计一系列的案例，将软件质量保证与测试的理论知识点融入案例开发中，使学生能够借助测试软件解决实际问题能力的科学发展观，提升综合运用所学知识进行实践的创新能力。

在日常教学中，加强产教融合和校企合作，将企业真实案例引入教学过程中。引进企业有经验的工程师进入课堂，让学生与企业零距离进行交互。同时，选派教师到企业进行实践锻炼，着力提升教师的教学能力和水平。利用校外实践教育基地，积极安排学生实地参观软件企业，学习企业软件测试流程。对于有兴趣和有能力的学生，积极引导和培养，选择合适的题目积极参与学科竞赛。开放专门的实验室资源：配备专业教师，指导学生参与学科创新竞赛，丰富教学体系。在参与创新类竞赛过程中，师生的创新思想和创新成果又可以反哺教学，为教学提供新的素材。这有效地实现了校企合作、双创比赛与日常教学互相推动、共同进步的良性循环。教学团队依托软件质量保证与测试课程，长期指导本科生参与大学生学科竞赛，并且成绩突出。

7.5　小结

以赛促教，以创促学，产教融合，校企协作，开辟多渠道培养学生创新创业能力和实践技能的新课堂。产教融合和创新创业学科竞赛在教学教研体系中承担着重要的作用，对学生发展影响深远。近年来，人工智能与软件工程学院高度重视和支持创新创业教学工作的开展，学科创新竞赛覆盖的学生人数逐年增加，并取得了丰硕的成果。通过学科创新比赛与产教融合，对日常教学和学生综合能力的培养产生了积极的推动作用。课程组将继续重视并强化创新创业教育的支持力度，着重加强学生创新能力与综合技能的培养，积极鼓励学生跨专业组织参赛，不断提高学生的创新能力；鼓励指导教师跨学科指导竞赛，提高授课质量和创新水平；以专业课程类学科创新竞赛为平台，开展软件测试设计与实施。

将教改过程中的每一个关键步骤，制作成简报，分享到全校各个教学单位。与同行通力合作，及时发现教改中出现的问题，并制定相应的措施及策略。实践内容整合的思路和观点，编写相关的报告，可以在相关兄弟院校进行借鉴推广。对本课程的资源建设，制作相关知识点的视频，录制章节视频，供学生提前预习，同时对软件工程等 5 个专业的 20 多个班级开展教学改革，结合线上、线下全方位学习过程数据进行多维度教学评价，持续改进教学过程，实现师生的教学相长。同时，在教学平台和课堂内注重全方位互动交流，夯实基层教学组织形式，提高教师实践教学能力，完善以质量为导向的课程建设激励评价机制，形成多样化、多类型的教学内容与课程体系，侧重培养学生的计算思维、实践创新、团队协作、终身学习等综合能力。让学生学到知识以后，有新的思考，有新的研究发现，培养学生探究性科学精神，为以后更好的发展打下坚实的基础。

通过对"软件测试"课程的教学方法的探索，以及通过系统科学的知识传授，并辅以上机实践和企业实践，学生的实践动手能力有了很大提高，这直接反映到学生的就业和以后的学习中。有一部分学生在毕业后进入企业的软件测试部门并得到用人单位的好评，一部分学生在考取研究生之后选择了软件测试作为自己的研究方向。如何在现有的探索的基础上，更大限度地提高教学的效果，是下一步的研究重点。

第 8 章
软件工程教学改革方法研究与实践

8.1 教改背景

8.1.1 软件人才需求现状

软件人才需求缺口大，随着人工智能、大数据等技术的快速发展，软件行业对人才的需求持续增长。尽管软件人才数量逐年增加，但高质量、具备实践能力的软件人才仍然稀缺。近 10 年来，我国各类高等院校虽然培养 50 多万名计算机软件人才，仍不能满足社会对软件人才需求的巨大缺口；与此同时，软件人才的质量存在很多问题，由于与实践严重脱节，大量拥有完善知识体系的大学生不能很好地胜任软件开发工作。他们往往需要用人单位进行 3～6 个月的岗前培训才能上岗，从而造成软件企业用人成本的增加，严重制约了应届毕业生软件人才的就业。究其原因，软件工程课程的学习与实践脱离是一个非常重要的因素。

软件人才质量问题：许多毕业生虽然具备丰富的理论知识，但由于缺乏实践经验，难以将理论知识应用于实际开发中。例如，许多学生在校期间学习了软件工程的理论知识，但缺乏实际项目的开发经验。实践能力不足：许多毕业生在软件开发工具、测试工具、项目管理工具等方面的使用能力不足，难以快速适应企业的工作要求。团队协作能力欠缺：软件开发是一个团队合作的过程，但许多毕业生缺乏团队协作和沟通能力，难以融入团队并高效工作。

8.1.2　传统教学法存在的问题

软件工程作为计算机科学专业的核心课程，旨在培养学生的软件开发能力和项目管理能力。软件工程的教学效果对学生毕业后从事软件开发和管理有着重要的影响。为了适应经济社会发展的新需要，很多高校都在探索推进软件工程课程的改革，也取得了很多成果。然而，由于受应试教育思想和行为主义学习理论的影响，现在的软件工程教学普遍存在以下问题，如图 8-1 所示。

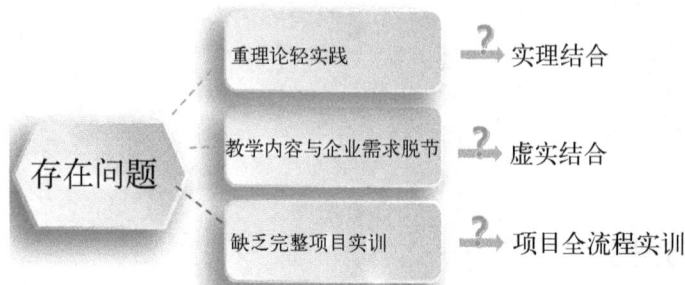

图 8-1　存在的问题及解决办法

(1) 重理论轻实践

许多高校的软件工程课程偏重理论讲解，实践环节薄弱，导致学生缺乏实际项目的开发经验。

理论偏重，实践不足。许多高校的软件工程课程过于注重理论知识的传授，而忽视了实践环节的设计。学生在课堂上学习了大量的软件开发理论、设计模式、项目管理方法等，但由于缺乏实际项目的操作经验，难以将这些理论知识应用到实际开发中。实践环节薄弱导致学生在毕业后面对真实项目时，往往感到无从下手，缺乏解决实际问题的能力。

软件工程本身是一门实践性很强的学科，单纯的理论讲解无法让学生真正理解软件开发的复杂性和团队协作的重要性。教学方法陈旧，不能很好地调动学生学习的积极性。由于教学过程缺乏互动性和趣味性，学生的学习兴趣逐渐下降。软件工程课程涉及的内容较为抽象，如果没有实际项目的支撑，学生很难感受到学习的成就感，进而导致学习动力不足。

改进建议：

① 加强实践教学。引入真实的或模拟的软件开发项目，让学生在项目中应用所学的理论知识。通过项目驱动的方式，学生可以在实践中掌握软件开发的各个环节，如需求分析、系统设计、编码、测试和维护等。与企业合作，引

入企业实际项目或案例，让学生参与到真实的软件开发过程中。这不仅可以提高学生的实践能力，还能让他们了解行业的最新动态和需求。

② 创新教学方法。采用翻转课堂的教学模式，让学生在课前通过在线资源自学理论知识，课堂上则主要进行讨论、实践和问题解决。这种方式可以增加课堂的互动性，提高学生的参与度。通过分析经典的软件工程案例，帮助学生理解理论知识在实际项目中的应用。案例教学可以增强学生的分析和解决问题的能力。

③ 引入现代技术工具。在教学中引入现代软件开发工具和平台（如 Git、Jenkins、Docker 等），让学生熟悉工业界常用的开发环境和工具链。模拟软件项目管理，通过使用项目管理工具（如 Jira、Trello 等），模拟真实的项目管理流程，培养学生的团队协作和项目管理能力。

④ 激发学生兴趣。组织软件设计竞赛或编程马拉松（Hackathon），激发学生的竞争意识和创新精神。通过竞赛，学生可以在短时间内集中精力解决实际问题，提升实践能力。将游戏化元素引入教学，如设置任务关卡、积分奖励等，增加学习的趣味性和挑战性。

⑤ 加强师资培训。教师是教学改革的关键。高校应加强对软件工程教师的培训，提升他们的实践教学能力和行业经验。鼓励教师参与企业项目或科研项目，以便将前沿的行业实践带入课堂。

（2）教学内容与企业需求脱节

许多高校的软件工程课程内容与企业实际需求存在差距，学生毕业后难以快速适应企业的工作要求。教学内容落伍，没有及时增加软件工程发展的新知识、新方向，禁锢了学生视野的拓展。

高校的软件工程课程内容往往停留在传统的理论框架内，未能及时更新以反映行业的最新发展。例如，许多课程仍然侧重于传统的瀑布模型，而企业实际开发中更常用的是敏捷开发、DevOps 等现代开发模式。课程内容缺乏对新兴技术的覆盖，如云计算、微服务架构、容器化技术（Docker、Kubernetes）、人工智能在软件开发中的应用等。这些技术在企业中已经广泛应用，但学生在校期间接触较少，导致毕业后难以快速适应企业的工作要求。

课程更新滞后：软件工程领域的知识和技术更新速度非常快，但高校课程内容的更新往往滞后于行业发展。教材和教学大纲的更新周期较长，导致学生学到的知识可能已经过时。缺乏对行业趋势的敏感性，未能及时引入新的开发工具、框架和方法论，限制了学生的视野和竞争力。由于教学内容未能涵盖行业前沿知识，学生的视野受到限制，难以形成对软件工程领域的全面认识。这不仅影响了他们的职业发展，也限制了他们在创新和解决问题时的思维广度。

改进建议：

① 与企业合作，更新课程内容。校企合作开发课程：与企业合作，邀请行业专家参与课程设计，确保课程内容与行业需求保持一致。企业可以提供实际案例、项目需求和前沿的技术趋势，帮助高校更新教学内容。行业专家讲座：定期邀请企业中的资深工程师、项目经理等来校举办讲座或举办工作坊，分享行业前沿动态和实际项目经验，帮助学生了解企业的工作流程和技术需求。

② 引入新兴技术和工具。增加前沿技术课程，在课程中增加对新兴技术的介绍和实践，如云计算、微服务、DevOps、容器化技术、人工智能在软件开发中的应用等。可以通过选修课、专题研讨等形式，让学生接触到行业前沿知识。使用现代开发工具，在教学中引入企业常用的开发工具和平台，如 Git、Jenkins、Docker、Kubernetes 等，让学生在校期间就能熟悉这些工具的使用。

③ 动态更新教学大纲。定期修订教学大纲，建立教学大纲的动态更新机制，定期根据行业发展趋势和技术进步修订课程内容，确保教学内容与时俱进。将课程内容模块化，便于根据行业需求灵活调整和更新。例如，可以设置"前沿技术"模块，定期更新其中的内容。

④ 加强实践环节，与企业接轨。与企业合作，为学生提供实习机会，让他们在实际工作环境中应用所学知识，了解企业的开发流程和技术需求。与企业合作开展实际项目，让学生在校期间就能参与到真实的软件开发过程中，积累实际项目经验。

⑤ 拓宽学生视野。鼓励学生参加行业研讨会、技术会议和开发者大会，了解行业前沿动态，拓宽视野。鼓励学生参与开源项目，通过实际贡献代码来提升技术能力，同时了解全球开发者的工作方式和前沿技术趋势。

软件工程课程的教学内容必须紧跟行业发展的步伐，及时更新以反映企业的前沿需求和技术趋势。通过与企业合作、引入新兴技术、动态更新教学大纲等方式，可以有效缩小高校教学与企业需求之间的差距，培养出符合行业需求的软件工程人才。同时，拓展学生的视野，增强他们的实践能力和创新思维，将有助于他们在未来的职业生涯中快速适应并脱颖而出。

(3) 缺乏完整项目实训

许多高校的软件工程课程缺乏完整项目的实训环节，学生难以掌握软件开发的完整流程和技能。

许多高校的软件工程课程虽然包含了一些实验和小型项目，但这些项目往往是片段化的，只涉及软件开发的某一部分（如编码或测试），缺乏对完整软件开发流程的覆盖。学生无法通过这些小项目全面掌握从需求分析、系统设计、编码、测试到部署和维护的完整流程。由于缺乏完整的项目实训，学生难以理解软件开发中各阶段的衔接和协作，也无法体验到团队合作和项目管理的实际挑战。现有的实训项目通常规模较小，复杂度较低，无法模拟真实企业中的大型项目开发环境。学生在校期间接触的项目往往过于简单，无法培养他们解决复杂问题的能力。真实的企业项目通常涉及多个模块、多个团队的协作，而学生在校期间的项目实训往往缺乏这种复杂性和协作性。

缺乏跨学科整合，软件工程不仅仅是编写代码，还涉及需求分析、用户体验设计、数据库管理、系统架构设计等多个方面。然而，许多高校的软件工程课程缺乏跨学科的整合，学生在项目实训中难以接触到这些相关领域的知识和技能。

改进建议：

① 引入完整项目实训，贯穿课程的讲授过程。设计一个或多个贯穿整个学期的完整项目，覆盖软件开发的各个阶段（需求分析、系统设计、编码、测试、部署和维护）。学生可以在项目中逐步完成每个阶段的任务，从而全面掌握软件开发的完整流程。设计模拟企业实际项目的实训环节，模拟真实的工作环境，包括项目需求的变化、团队协作、时间管理等。通过这种方式，学生可以更好地理解企业中的开发流程和挑战。

② 增加项目规模和复杂度。设计一些需要多人协作的大型项目，模拟企业中的团队开发环境。学生可以在项目中担任不同的角色（如项目经理、开发人员、测试人员等），体验团队协作和项目管理的实际挑战。在项目中引入一些复杂的问题和需求，培养学生解决复杂问题的能力。例如，可以设计一些涉及高性能计算、大数据处理、分布式系统等复杂技术的项目。

③ 跨学科整合。与其他相关学科（如用户体验设计、数据库管理、网络安全等）合作，设计跨学科的项目实训。学生可以在项目中接触到不同领域的知识和技能，提升综合能力。真实客户需求：与校外企业或校内其他部门合作，引入真实客户需求，设计符合实际需求的项目。学生可以在项目中与客户沟通，理解需求，设计解决方案，提升实际工作能力。

④ 引入敏捷开发和 DevOps 实践。敏捷开发实训：在项目实训中引入敏捷开发方法（如 Scrum、Kanban），让学生体验迭代开发、持续集成和持续交付的流程。通过这种方式，学生可以更好地理解现代软件开发中的敏捷实践。DevOps 实践：在项目中引入 DevOps 工具和实践：如自动化测试、持续集成/持续交付（CI/CD）、容器化部署等。学生可以通过实际操作，掌握 DevOps 的基本理念和工具。

⑤ 项目评估与反馈。多维度评估：在项目实训中引入多维度的评估机制，

包括代码质量、项目文档、团队协作、项目管理等方面。通过全面的评估，帮助学生发现自己的不足并加以改进。定期反馈：在项目进行过程中，教师应定期提供反馈，指导学生如何改进项目进展和团队协作。通过及时的反馈，学生可以不断调整和优化项目。

通过引入完整项目实训，增加项目规模和复杂度，跨学科整合以及引入敏捷开发和 DevOps 实践，可以有效提升学生的软件开发能力和项目管理能力。完整项目实训不仅可以帮助学生掌握软件开发的完整流程，还能培养他们的团队协作和解决复杂问题的能力，从而更好地适应企业的工作要求。

8.2　教改思想

当前教学中存在的一些问题已经严重阻碍了软件人才的培养，针对这种情况，对软件工程课程进行了较为系统的改革，在建构主义教学理论指导下，按照"激发兴趣、传授新知、案例教学、完整项目实训"的设计思想，课堂上采用灵活的教学方法，激发学生的学习兴趣；同时有选择地介绍软件工程学科发展的新动向，拓展学生的视野；通过案例教学，把现实中的例子穿插到课堂中，使知识与实践很好地融合，充分发挥学生的主观能动性，同时加入讨论环节，使他们主动掌握所学知识及其在实际案例中的应用；放弃分散的项目开发，以完整的项目作为实训题目，使学生能更好地将所学的知识进行串联和汇总。项目实训时模拟软件企业先进的软件项目管理和开发过程，培养学生软件开发的实战能力。

根据"激发兴趣、传授新知、案例教学、完整项目实训"的设计思想，制定了具体方法来进行落实，下面进行详细的阐述。

8.3　教改方法

教改方法对课程教学改革至关重要，软件工程课程的教学改革采用丰富的教学方法，激励学生主动参与教学，注重案例和完整项目实训，如图 8-2 所示。

以学生为主体，激发学习兴趣　　传授新知识，拓展学生视野　　案例教学和完整项目实训结合

图 8-2　教改方法

8.3.1　以学生为主体作用 激发学习兴趣

在建构主义学习环境下，与传统教学相比，教师和学生的地位、作用已发生很大变化。上课过程中，以学生为主体，充分发挥学生的主观能动性，让学生主动地参与到获取知识的过程中来，可以很好地提高课堂教学效果。

兴趣是最好的老师，学生的学习兴趣的高低，对于教学效果的保障具有非常重要的意义。软件工程是一门知识庞杂、抽象的课程，如果学习过程中死记硬背的话，学生就会觉得枯燥无味，学习兴趣当然不会高了。

采用情境教学的模式可以很好地激发学生学习兴趣。比如讲解项目管理时，给学生设置更多的环境，提供足够多的案例，让他们作为项目负责人来根据这些情况分析使用什么管理模式和周期模型，这样可以增强他们的参与性，让他们有更多的兴趣来深入学习。

在上课过程中，针对每一部分不同的知识内容，让每位同学选择不同的角色，根据这些角色完成相应的任务，在任务完成后可根据需要进行角色互换，让学生能最大限度地感受软件企业的开发氛围和管理过程，提升他们的学习兴趣，使他们所学的知识与实践充分结合。

8.3.2　传授新知识，拓宽学生视野

在软件工程课程的教学中，传授新知识并拓展学生的视野是非常重要的。上课过程中，除了讲授教材上的基本理论和方法以外，要重点介绍软件企业目前所使用的主流开发技术、管理技术以及相关的 CASE 工具，使学生的知识结构与社会需求一致。同时，随着社会的发展，软件工程出现了很多新知识、新动向。在上课过程中，有选择地向学生介绍软件工程的前沿发展，鼓励学生开展探索式学习，从而拓展他们的视野，这对学生更好地适应社会发展需要是大有益处的。以下是具体的实施方法和策略：

8.3.2.1　传授新知识的目标

① 与社会需求接轨：通过介绍企业主流开发技术和管理技术，帮助学生了解社会需求，提升就业竞争力。

② 拓宽学生视野：通过介绍软件工程领域的最新发展，帮助学生了解行业动态，激发学习兴趣。

③ 培养探索精神：通过鼓励学生开展探索式学习，培养他们的自主学习能力和创新精神。

8.3.2.2 传授新知识的内容

在传授新知识时，涵盖内容如图 8-3 所示。

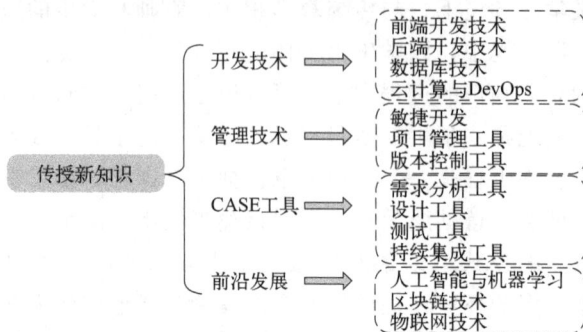

图 8-3 涵盖内容

(1) 主流开发技术

前端开发技术：如 HTML5、CSS3、JavaScript、React、Vue.js 等。

后端开发技术：如 Java、Python、Node.js、Spring Boot、Django 等。

数据库技术：如 MySQL、PostgreSQL、MongoDB、Redis 等。

云计算与 DevOps：如 AWS、Azure、Docker、Kubernetes 等。

(2) 管理技术

敏捷开发：如 Scrum、Kanban 等。

项目管理工具：如 JIRA、Trello、Asana 等。

版本控制工具：如 Git、SVN 等。

(3) CASE 工具

需求分析工具：如 IBM Rational RequisitePro、Jama Software 等。

设计工具：如 Enterprise Architect、Visual Paradigm 等。

测试工具：如 JUnit、JMeter、QTP 等。

持续集成工具：如 Jenkins、Travis CI 等。

(4) 前沿发展

人工智能与机器学习：如 TensorFlow、PyTorch 等。

区块链技术：如 Ethereum、Hyperledger 等。

物联网技术：如 Arduino、Raspberry Pi 等。

8.3.2.3 传授新知识的方法

为了有效地传授新知识并拓展学生的视野，可以采取以下方法，如图 8-4 所示。

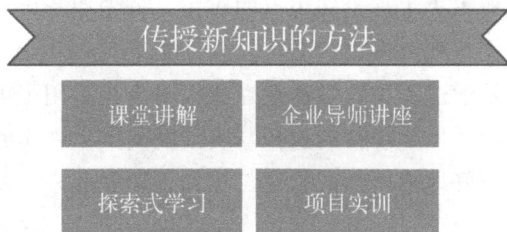

图 8-4　传授新知识的方法

（1）课堂讲解

在课堂上系统讲解主流开发技术、管理技术和 CASE 工具的使用方法及应用场景。通过案例演示和代码示例，帮助学生理解新知识的实际应用。

（2）企业导师讲座

邀请企业导师进行讲座，介绍企业实际使用的开发技术和管理技术。通过企业导师的分享，帮助学生了解企业需求并提升就业竞争力。

（3）探索式学习

鼓励学生开展探索式学习，通过查阅资料、参加在线课程、参与开源项目等方式，自主学习新知识。通过探索式学习，培养学生的自主学习能力和创新精神。

（4）项目实训

在项目实训中，引入主流开发技术和管理技术，帮助学生掌握新知识的实际应用。通过项目实训，提升学生的实践能力和问题解决能力。

通过传授新知识并拓展学生的视野，学生能够了解企业主流开发技术和管理技术，提升就业竞争力。学生能够了解软件工程领域的前沿发展，激发学习兴趣。学生能够通过探索式学习，培养自主学习能力和创新精神。

8.3.3　案例教学和完整项目实训结合

学习知识是为了应用，案例教学法能够使学生通过实际案例，将教学内容更好地与实践相结合。采用案例教学，通过教师的引导，学生能更好地掌握软件开发过程中的基本原理和方法；学生通过参与到课堂教学过程，可以充分讨论案例中涉及的实际问题，为以后项目实训的开展打下坚实的基础。在采用案例教学过程中，案例的选择很重要，注重选择一些贴近学生实际的题目进行分析。另外，为了保持案例的与时俱进，应及时对案例进行不断充实、完善和更新，努力保持案例的"新鲜"。

　　案例教学很好地解决了理论知识点的应用，若希望学生对软件开发有完整的实践经验，须和完整项目实训相结合。

　　在软件工程的教学过程中，虽然现在有很多高校采用了项目驱动法，但是存在一些普遍的问题，比如项目的选择与实践脱离严重；实践环节中采用的是孤立的项目，不能很好地把所学的软件工程知识串联起来。每个知识点或者单独的几个知识点是一个项目，其他知识点又是别的项目，这样带来的弊端就是学生不能整体理解软件工程，不能解决软件开发过程中学生遇到的实际问题。笔者采取的完整项目实训法教学，采用一个完整的项目作为贯穿软件工程实训的整个过程，使学生更好、完整地理解软件工程在项目开发过程中各个阶段的作用。完整项目实训不仅能提高学生灵活运用软件工程的能力，而且可以使学生在需求分析、编程与程序调试等方面受到严格的实战训练。通过完整项目实训环节，将学生所学的软件工程的知识有机结合，使他们所学的知识点整合在一起，这能很好地提高学生实际项目的开发能力。

8.4　加强完整项目实训环节

　　软件工程是一门实践性很强的课程，项目实训环节是对教学质量的检验和提高，可进一步提升学生的能力，它是培养学生的实践能力、创新能力和协作能力的重要手段。根据完整项目实训思想，在教学过程中，主要采取以下方法加强项目实训。

8.4.1　选择实践性强的项目

　　采用软件工程的方法进行项目开发：项目的选择非常重要，不宜选择过大的项目，应该选择实践性强的、学生熟悉的项目，这样才能达到实战锻炼的目的。在完整项目实训中，鼓励学生选择如图 8-5 所示的项目。

　　(1) 图书借阅管理系统

　　需求分析：学生可以根据自己在图书馆借书和还书的经历，很容易地理解系统的基本需求，如用户注册登录、图书检索、借阅记录查询、逾期提醒等功能。

　　技术实践：此项目可以涉及数据库设计（如 MySQL 或 SQLite）、用户界面设计（如使

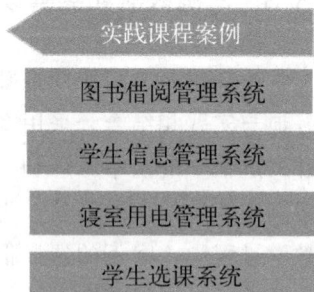

图 8-5　实践课程案例

用 Java Swing 或 Web 前端技术）以及基本的业务逻辑处理。

（2）学生信息管理系统

需求分析：学生对此类系统非常熟悉，因为他们在学校中经常需要查询成绩、课程表、个人信息等。因此，系统可以包括学生信息管理、课程管理、成绩录入与查询等功能。

技术实践：此项目适合练习数据表设计、权限管理（如学生、教师、管理员不同角色的权限划分）以及可能的 Web 服务开发（如使用 Spring Boot 等框架）。

（3）寝室用电管理系统

需求分析：该系统旨在监控和管理学生寝室的用电情况，防止电力浪费和安全隐患。功能可能包括电量查询、电费缴纳、用电规则设置等。

技术实践：此项目可以实践物联网技术（如通过传感器收集用电数据）、数据分析（如用电量统计、异常用电检测）以及用户通知机制（如短信或邮件提醒）。

（4）学生选课系统

需求分析：选课是学生在校期间的重要活动，系统应支持课程浏览、选课、退课、课程时间表生成等功能。

技术实践：此项目适合练习高并发处理（如选课高峰期）、课程与学生关系的多对多映射设计以及选课策略的实现（如先到先得、优先级排序等）。

这些项目与学生结合紧密，实践性强，学生能够很好地对这些项目进行需求分析，能真正达到实战的目的。

考虑到项目的复杂性和工作量，可以将学生分成小组，每个小组负责一个或几个功能模块的开发。采用敏捷开发方法，如 Scrum，将项目分解为多个迭代周期，每个周期结束时进行评审和调整，确保项目按计划进行。强调软件开发过程中的文档撰写，包括需求文档、设计文档、测试报告等，这些文档不仅是项目管理的需要，也是学生理解软件工程全貌的重要组成部分。通过这些实践性强的项目，学生不仅能够掌握软件开发的具体技术，还能深刻理解软件工程的思想和方法，为将来的职业生涯打下坚实的基础。

8.4.2　明确实训任务，加强监督

在项目实训过程中，对于每个阶段所应完成的工作任务予以明确，对于应提交的成果做出详细的要求，规范项目实训报告，按照软件工程的要求，从问题定义、可行性分析、需求分析、总体设计、详细设计、调试分析、用户使用

说明、测试结果等几个方面组织材料。把各个阶段的任务进行细化，罗列出每个阶段所需提交的材料和每个阶段需完成的任务，让学生有清晰的项目实训轮廓，从而提高完整项目实训的效果。

在项目实训过程中，严格加强监督，毕竟完整项目实训的内容是环环相扣的，前一个阶段任务的完成情况直接影响后续工作的进行，如果前一阶段的工作没有完成，后阶段的工作也就无法进行，所以在实验的各个阶段都要加强指导和监督。监督的形式可以多样化，除了日常的指导和督促外，可以通过项目小组内部和项目小组之间的点评和评比，使学生加强交流和沟通，互相学习。通过实践，发现这样的督促方式效果更好。

8.5 成绩考核

软件工程作为一门实践性很强的课程，其成绩考核应兼顾理论知识和实践能力的评估。为了全面考察学生的学习效果，成绩考核分为两个部分：实训考核和理论知识考核。考查的重点不单是理论知识，更需考察学生运用所学知识进行软件开发的能力。

完整项目实训环节的考核采取指导教师检查和现场答辩的方式。指导教师检查环节要求教师认真检查各个项目实训小组所完成的任务情况，并做好记录。现场答辩时要求学生陈述自己在项目实训小组中所完成的任务、解决问题的具体思路，答辩老师根据项目检查的情况和学生答辩情况，对学生所完成的任务进行点评，表扬学生的优点，对于学生的不足提出改进性的意见和建议。在答辩过程中，加入现场提问环节，加强学生之间的交流，使他们能取长补短，共同进步。

理论知识考核主要体现在期末考试。在期末试卷中，除了加强软件工程的基本原理和方法的考核外，重点考核学生的软件分析与设计能力，提高综合设计题目所占的分值。目的就是以考核手段为导向，促进学生对软件工程知识的学习和软件开发能力的提升。考核内容如图 8-6 所示。

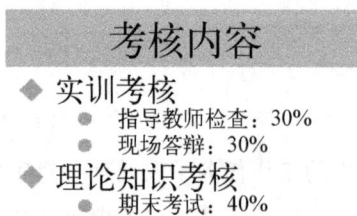

考核内容

- ◆ 实训考核
  - ● 指导教师检查：30%
  - ● 现场答辩：30%
- ◆ 理论知识考核
  - ● 期末考试：40%

图 8-6　考核内容

8.5.1　实训考核

实训考核是软件工程课程的核心考核环节，旨在评估学生在实际项目中的开发能力、团队协作能力以及解决问题的能力。实训考核采用指导教师检查和现场答辩相结合的方式。

(1) 指导教师检查

考核内容：教师根据项目实训的阶段性任务，检查各小组的项目完成情况，包括需求分析文档、系统设计文档、代码质量、测试报告、项目演示等。

考核标准如下。

① 项目完成度：是否按照计划完成了所有任务。

② 代码质量：代码是否规范、可读性高，模块化设计是否合理。

③ 文档质量：文档是否完整、清晰，能否准确反映项目进展和设计思路。

④ 团队协作：小组成员的分工是否合理，协作是否高效。

教师需详细记录每个小组的表现，并在检查过程中提供即时反馈，指出优点和不足，帮助学生改进。

(2) 现场答辩

考核形式：每个小组进行项目演示和答辩，学生需陈述自己在项目中的具体任务、解决问题的思路以及项目中的亮点和挑战。

考核内容如下。

① 任务陈述：学生需清晰描述自己在项目中的角色和贡献。

② 问题解决：展示如何分析和解决项目中的技术难题。

③ 项目亮点：突出项目的创新点和技术难点。

答辩环节如下。

① 教师提问：答辩老师根据项目检查情况和学生陈述，提出相关问题，考察学生对项目的理解深度和技术能力。

② 学生互评：加入学生之间的提问环节，鼓励其他小组提出问题或建议，促进学生之间的交流和学习。

评分标准如下。

① 任务完成情况（40%）：是否按时高质量完成任务。

② 问题解决能力（30%）：解决问题的思路是否清晰、方法是否合理。

③ 表达能力（20%）：陈述是否逻辑清晰、表达流畅。

④ 团队协作（10%）：在团队中的贡献和协作能力。

8.5.2　理论知识考核

理论知识考核主要通过期末考试进行，重点考察学生对软件工程基本原理和方法的掌握情况，以及运用理论知识解决实际问题的能力。

(1) 考核内容

① 基础知识：软件工程的基本概念、开发模型（如瀑布模型、敏捷开发）、需求分析方法、设计模式、测试方法等。

② 分析与设计能力：重点考察学生的软件分析与设计能力，包括需求分析、系统设计、数据库设计等。

③ 综合设计题目：增加综合设计题目的分值，要求学生根据给定的场景，完成软件系统的需求分析、设计思路和关键技术的实现方案。

(2) 试卷设计

题型分布如下。

① 选择题（20％）：考察基础概念和原理。

② 简答题（30％）：考察对软件工程方法的理解和应用。

③ 设计题（50％）：考察综合设计能力，如根据需求设计系统架构、编写伪代码、设计测试用例等。

评分标准如下。

① 基础知识掌握（30％）：对理论知识的理解和记忆。

② 分析与设计能力（50％）：对实际问题的分析和设计能力。

③ 表达能力（20％）：答案的逻辑性和清晰度。

8.5.3　成绩分配

实训考核：占总成绩的 60％。其中，指导教师检查占 30％，现场答辩占 30％。

理论知识考核：占总成绩的 40％。主要考核形式为期末考试。

8.5.4　考核目标

① 以考促学：通过实训考核和理论知识考核的结合，引导学生注重理论与实践的结合，提升软件开发能力和项目管理能力。

② 以考促改：通过答辩和教师反馈，帮助学生发现不足并改进，促进学生的持续进步。

③ 以考促用：通过综合设计题目和项目实训，培养学生解决实际问题的能力，为未来的职业发展奠定基础。

软件工程的成绩考核设计应注重理论与实践的结合，通过实训考核和理论知识考核的双重评估，全面考察学生的软件开发能力和理论知识掌握情况。通过科学的考核方式和评分标准，激发学生的学习兴趣，提升他们的实践能力和综合素质，为培养符合行业需求的软件工程人才提供保障。

8.6　改革成果及展望

8.6.1　改革成果及应用

通过本项目的研究，软件工程课程进行了教学模式和方法的改革，取得的主要改革成果和创新点如下。

① 提出了新的教学模式，学生不仅在课下可以再学习，教师也能获得学生的及时反馈，做到根据不同的学生和掌握知识的不同程度进行个性化教育，提高学生学习的效果。对教学模式实施过程进行数据分析，为教学实践进程中学生水平特点的认知指明了方向，以便于教学实践更有效快速地开展。

② 新教学模式加强了软件工程的协作性学习能力的培养，着重培养学生的知识综合运用能力、创新能力、合作能力和交流能力。在评价机制上，将自评、互评与他评相结合，实现评价主体的多元化，全面提高学生综合能力。

③ 将提出的方法应用于软件工程课程教学过程中，完善并用于该课程的教学。把研究策略用于软件工程课程教学实践，将一些与课程相关的文本类、视频类、课件类的资源上传到学习平台上，对本班学生进行分组，做好准备工作并进行实践，并不断进行优化调整，最终结合课程实践过程，得出教学评价结果。

④ 丰富教学方式方法。采取多样化的教学方式，比如启发式教学、角色扮演和分组教学等方式，提高学生的自主学习能力与逻辑思维能力。培养学生"个性化"发展模式。通过聘请行业企业专家担任兼职教师，让学生参与企业实际工作，获取行业前沿信息，帮助学生全面了解专业岗位，并根据个人特点进行职业生涯规划，为未来就业做准备。

将改革成果积极应用到教学实际中，授课班级受益人数 989 人。

教师授课过程中，积极吸纳学生的课前预习成果，主动邀请学生加入到教学过程中来，组织部分学生进行专题交流。这样也方便各个小组之间进行信息交流和沟通，通过相互提问题和答问题的互动方式，加强学生对软件工程知识的学习和研讨。任课老师可以把更多的精力放在引导和解决疑难问题上面，能够从一般知识的讲解中解放出来，进而提升教学质量和学习效率。

根据软件工程流程进行课程设计，按照软件测试教学大纲制定合适的教学目标，任课老师按照学生预习情况进行知识的讲授，可以着重提升教学效率。同时，将学习任务分配给小组内的成员，吸引学生以团队的方式进行探究式学习，协作完成完整的软件工程学习的任务。这样的学习流程不但可以提高学生自主学习的能力，而且能够培养团队合作精神与领导能力。

对于软件工程课程的考核，也要适当进行改革。考核一般按照试卷成绩＋平时成绩进行，这种方式对于软件测试专业性的实践关注不够，无法准确体现学生的软件工程实践能力。为了更加有效地激励学生，对课程考核方式进行改革，将教学的各环节都赋予一定的分值，优化考核的标准。

综合考核方法对学生的全程学习进行关注，成绩更多地体现在平时的学习过程中。同时，关注实践动手能力和团队协作精神，这是学生未来走得更远的基础。

8.6.2 未来研究展望

下一步，将再接再厉，继续对研究成果进行总结和推广，对教学模式继续进行推进研究与探讨。

(1) 继续推进教学模式研究与探索

继续推进软件工程课程教学改革，通过资料收集、文献分析和院校调研等手段，探索复合教学模式。教学模式分为课堂授课和实践教学两个方面，课堂授课引入案例教学法，使得学生主动学习，对授课内容感兴趣，增强学生参与感。实践教学过程中，在老师的指导下，学生可以有针对性地规划课程学习，掌握学习的主动权。

(2) 构建更加丰富的网上在线学习资源

构建网上在线学习资源库，提供学生学习的优质资源，搭建师生交流的平台。这样的学习流程不但可以提高学生自主学习的能力，而且能够培养团队合作精神与领导能力。

(3) 采用多样化的教学方法，在同类课程中推广新的教学模式

根据完成的方案和资源库，在计算机专业的程序设计类课程中推广新的教学模式，提高教学效果。采取多样化的教学方式，比如启发式教学、角色扮演和分组教学等方式，提高学生的自主学习能力与逻辑思维能力。培养学生"个性化"发展模式。通过聘请行业企业专家担任兼职教师，让学生参与企业实际工作，获取行业前沿信息，帮助学生全面了解专业岗位，并根据个人特点进行职业生涯规划，为未来就业做准备。

8.7　小结

为了解决软件工程教学过程中存在的问题，笔者提出将新教学模式引入软件工程教学过程中。该教学模式可以根据学生的具体情况，搭建个性化软件工程实践环境，将学生积极吸引到授课过程中。

① 软件工程的每一章节内容、技术和服务实施一定的多元化、智能化交互。交互过程需要动态性、反馈性与即时性，设计学习交互方式与服务，以支持学生个性化学习和泛在学习能力的提升。

② 教师授课过程中，积极吸纳学生的课前预习成果，主动邀请学生加入教学过程中，组织部分学生进行专题交流。通过翻转课堂中的小组协作学习来调动学生的积极性。通过竞争、辩论、合作、角色扮演与问题解决等过程，实现学生对软件测试课程的理论知识和技术进行有序编码、合理储存、量化提取、概念形成和问题解决的信息加工处理过程。

③ 重视教学思考，通过每节课对教学方式与方法的深入理解，缩短个性化学习时间与进程，实现教学效果的自我完善与提升。通过反思让学生的认知、理解、学习、行动等发生质的变化，从而真正实现个性学习。在完成课堂授课后，督促学生继续学习，深化所学知识和技能，综合利用在线课程资源。在软件工程课程学习平台上，学生能够通过 PPT 课件温习课堂授课内容。

④ 改变传统的教学方法，运用多种新兴教学方法，使学生掌握软件工程的整个过程，将理论与实际密切结合，加深学生对知识的理解。在教学过程中，注重与学生的交流、沟通和互动，激发学生的学习兴趣。对于软件工程课程的考核，也要适当进行改革。为了更加有效地激励学生，对课程考核方式进行改革，将教学的各环节都赋予一定的分值，优化考核的标准。

根据"激发兴趣、传授新知、案例教学、完整项目实训"的设计思想，笔者采用的教学方法，极大激发了学生学习的兴趣，拓展了学生的视野，充分发挥了学生学习的主观能动性。通过案例教学、完整项目实训方式，加深了学生对课堂知识的理解，培养学生的综合从业能力，促进学生全面发展。从毕业生反馈的信息看，经过系统的训练，他们的综合软件开发能力有了较大的提高，使他们能很快融入软件企业开发的节奏，为他们今后的发展打下了良好的基础。

第9章

基于CDIO的Java教学改革研究与实践

9.1 引言

为了提高教学效果，许多大学课程需要进行有效改革。由于计算机课程与社会发展的关系更加密切，因此更需要对其进行改进。对于计算机专业的学生来说，Java编程是一门必修的编程课程，在大学里广泛开设。在程序开发领域，Java语言被广泛使用并占据主导地位。Java语言一直处于编程语言的顶端。目前，Java是许多软件使用的开发语言。因此，许多计算机专业人员选择Java作为他们的编程语言，该课程在提高学生的编程能力和专业技能方面起着至关重要的作用。课程实践性不足、教学模式单调、学生兴趣低等问题严重制约了学生学习Java的积极性，将阻碍Java在未来的发展中发挥应有的作用。

Java语言具有跨平台、开源、简单等优点，已成为首选的编程语言。作为软件人才培养的基础，Java编程课程的教学非常重要。许多专家研究了教学过程中存在的问题，提出了许多建设性的改革方案，可分为4种。

第一种方法是改革程序设计课堂教学过程。这种方法注重课堂教学改革，取得了良好的教学效果。然而，涉及的实际教学环节很少。

第二种方法是通过改革课程评价体系来提高教学效果。这种方法侧重于宏观体制改革，没有注重教学细节。

在教学过程中，第三种方法引入了一些新的教学模式。这种方法所涉及的教学模式改革可以系统地改进课程。然而，该方法尚未成熟，教学计划需要进一步改进。

第四种方法是改进教学方法。讨论了如何处理翻转课程的细节，以及学生对这种方法的看法是如何演变的，这些看法是从整个学期收集的定性反馈中总结的。这种方法非常具体，可以提高学生的积极性和课程的教学效果，然而，适用的场景有一些局限性，不能适用于所有情况。

可以看出，这些方法都有很好的效果，然而也存在各种问题，这些问题亟待解决。也就是说，课程改革需要提出新的理念，可以覆盖整个教学过程。

本章提出了一种基于 CDIO 的 Java 编程课程迭代工程教学模式（IET-CDIO）。该模型包括迭代教育方法和 CDIO 工程教育理念。CDIO 包括四个部分：构思、设计、实现和运作。根据 CDIO 的思想，构建了 Java 课程的教学计划，设计了教学过程，实现了教学策略，并对软件项目进行了综合实践。在课堂上引入案例教学法，因此学生可以更熟悉 Java 编程的基本知识。通过将实际项目付诸实践，学生可以掌握 Java 编程能力。回到理论教学，学生重新理解知识，使知识升华。最后，再次通过实践，学生的 Java 编程能力可以大大提高。

接下来，详细研究 IET-CDIO 教学模式。首先，介绍 IET-CDIO 教学模式的相关工作；然后研究该教学模式的理念和过程；随后，阐述实现该模式的步骤；最后，通过实验验证该教学模式的有效性。

9.2　IET-CDIO 教学模式中的教学创新理念

9.2.1　IET-CDIO 的工程教育思想

CDIO 代表构思、设计、实现和运作。从产品开发到产品操作，培养学生的工程实践能力。这些能力包括个人学术知识、终身学习能力和团队协作能力。这是"边做边学"的原则，也是"基于项目的教育和学习"的体现。CDIO 工程教育模式如图 9-1 所示。

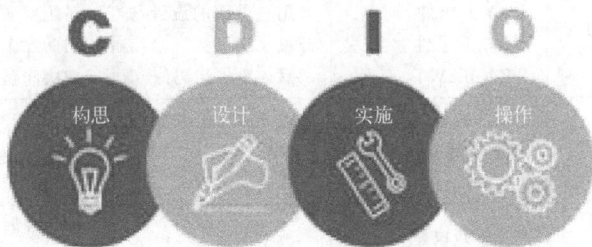

图 9-1　CDIO 工程教育思想

将 CDIO 工程教育模式的教学过程引入 Java 课程。根据实际需求，进行四道工序操作：概念、设计、实现和仿真。通过实践项目编程培训，可以提高学生的编程能力、团队合作和项目管理能力。

从工程角度来看，CDIO 应确定培训标准。因此，需要制定 CDIO 培训目标矩阵，以便清晰地呈现课程学习目标。根据 CDIO 原则，改进 Java 教学的措施，包括引入案例教学、增加 Java 实践教学时间和项目驱动的教学方法。利用这些方法，学生通过执行不同的任务来学习，这样学习效果就会提高。

9.2.2 Java 程序设计课程的 CDIO 知识结构

在众多现有的 Java 教材中，选择合适的教材非常重要，用合适的例子解释知识的理论，更符合学生的实际需求。在具体实施过程中，根据教学需要和后续课程选择 Java 教材。同时，选择一些参考资料来满足学生的更高要求。

根据 CDIO 工程教育理念，教学内容基于项目和案例进行设计。教学过程分为案例教学和项目实践模块，并将标准引入课程内容。根据难度，教师选择不同的方式来解释 Java 语言的语法。通过提问和小组教学，提高了课堂学习的效率，激发了学生的学习兴趣。同时，教学内容分为基础知识和扩展知识，分类教学可以最大限度地调动学生的积极性。一个完整的软件项目用于能力培训，任务分配到每一章。Java 编程课程的 CDIO 知识结构如表 9-1 所示。

表 9-1　Java 编程课程的 CDIO 知识结构

教学模块	主要知识	实践内容	能力要求
1.Java 基础知识	基本语法 流控制语句 数组、字符串	需求分析 逻辑分析 数据库设计	系统设计 数据库设计 团队合作
2. 面向对象的知识	类 接口 内部类 异常	实体类编程 映射	发现问题并描述问题 Java Bean 编程 职业技能和态度
3.GUI（图形用户界面）	AWT 组件 Swing 组件 EventAWT	用户界面的设计与开发 写入事件代码	系统思维能力 团队工作能力 解决问题的能力
4. 网络编程	Socket 通信 输入/输出流 文件操作	改进类、抽象类的接口 套接字编程	项目设计能力 软件开发能力
5. 数据库应用	关系数据库 JDBC	数据库连接 SQL 操作	项目规划能力 运营项目 测试能力

合理的设计可以使教学设计者从微观层面考虑培养目标，也可以对学生的能力进行评估。

在教学过程中，教师采用"教、学、做一体化的教学理念"，精心选择课程内容，设计教学策略。采用不同的教学方法，如"启发式""交互式""任务驱动""案例分析"等，通过这种方式，学生可以积极参与 Java 编程学习，并产生积极学习的参与感。

在案例教学过程中，教师为学生提供了一个真实的发展环境。使用教材案例可以帮助学生更好地理解。通过模仿，学生逐渐被引导完成任务。例如，在教授 GUI 知识点时，老师会让学生讨论如何设计界面，如何装饰窗户。这样，学生的兴趣得到了提高，课堂教学效果会更好。

9.2.3　IET-CDIO 教学模式的 CDIO 方法

IET-CDIO 教学模式的发展需要 CDIO 工程概念和 Java 教学的结合。CDIO 有有效的教学理念，新的教学模式旨在解决 Java 教学中选择更合适的 CDIO 教学方法的问题。这些研究得到了有效开展，从而提高了实际应用水平，加强了理论知识和综合项目的实用性。

(1) 加强实践教学培养程序设计能力

根据 CDIO 工程教育的理念，课堂教学围绕案例展开，采用"边做边学，边做边教"的方法。学习和培训的过程是基于案例解决方法进行的。

在实际教学中，教师更注重教材中的案例。调试示例有助于学生理解知识内容，使他们意识到编程的意义。同时，选择了一些典型项目来提高实践教学的教学效果，如教务管理系统。学生熟悉该系统功能，该系统的细节在 Java 教学中实现，如表 9-1 中的"实践内容"所示。通过分析系统需求，引导学生逐步实现每个模块。最后，学生可以开发一个完整的软件。

(2) 知识内涵中的回归理论

在一节课上，当教授理论知识的要点时，学生对 Java 语言有了一定的了解。练习后，鼓励学生复习知识点，并连接每个模块。通过整合实践中遇到的复杂算法，学生学会在未来的实践中使用知识点。这样，学生才能真正理解和掌握理论知识，升华理论，提高实践能力。

(3) 回到实践，增强实践能力

在这个阶段，学生们再次被带回练习。在教师选择合适的项目后，学生利用软件工程知识搜索信息，规划和设计项目。在项目开发过程中，学生被分为不同的小组。每个成员扮演不同的角色，团队需要选择一个负责人，这可以培养团队合作精神。在这个过程中，学生主要依靠自己的能力和团队协作。在项目开发过程中，团队将通过获取信息和学习来解决问题。教师将定期检查和评估项目，并对操作效果进行评论。评估包括需求分析、详细设计、测试、团队合作等，其步骤如图 9-2 所示。

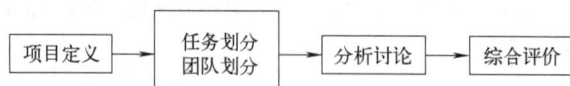

图 9-2 "再练习"的步骤

在实践中，新模式的实施提高了学生编写代码的水平。同时，这个过程也培养了团队精神和集体意识。设计过程中出现的新问题和新思路可以帮助教师深化思维，在 Java 编程教学中增加新的内容。

9.3 IET-CDIO 教学模式的教学过程

根据 IET-CDIO 概念，对 Java 编程课程的教学过程进行了改革。这些变化包括制定新的教学大纲、改革评估环节和建设在线平台。在整个教学过程中，全面引入 IET-CDIO 工程教育理念。

9.3.1 优化考核环节，提高考核水平

在新方案中，练习成绩在最终成绩中的比例将增加。基于 CDIO 工程教育模式，课程评价由四个部分组成：理论测试（30%）、编程项目实施（40%）、软件开发成果（20%）和平时成绩（10%）。

对于软件项目的得分，学生需要参加项目答辩。首先，每个小组派一名成员参加第一轮答辩，回答其他学生和老师的问题。接下来，老师给团队打分。小组所有成员都参与第二轮答辩，并描述他们的工作。每个学生的最终成绩包括小组表现和个人表现。这种方法不仅可以培养团队精神，还可以调动积极性，每个学生的最终成绩与他们自己的努力密切相关。

9.3.2 制定 IET-CDIO 教学框架

IET-CDIO 教学框架主要解决三个核心问题。
① 当代社会需要培养什么样的人才？
② 学生应该掌握什么样的知识、能力和态度？

③ 应该达到什么程度？

换句话说，工程教育希望达到什么样的教学效果？因此，CDIO 的内容、目标、操作步骤和教学效果都得到了明确的界定。教学框架包括四个部分：技术知识、个人能力、协同能力和系统能力，如图 9-3 所示。

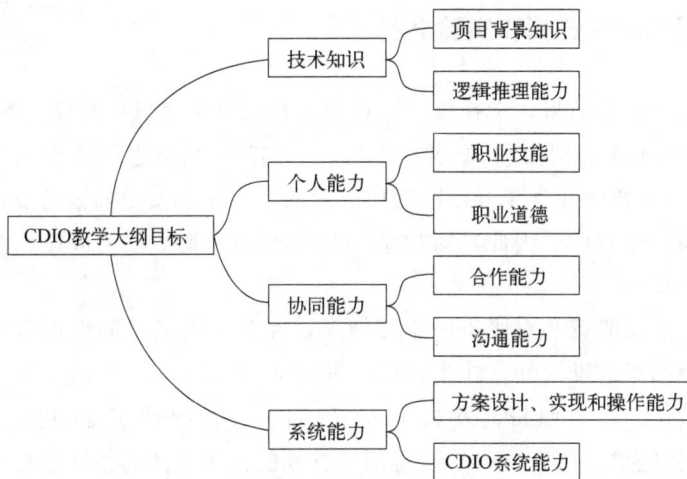

图 9-3　IET-CDIO 教学框架

第一部分是技术知识，这种模式的重点不仅是让学生学习理论知识，而且要提高他们的实践和思维能力。第二部分是个人能力，个体学习的效果主要集中在学生的认知和情感发展上，包括工程推理和解决问题的能力、实验能力等。第三部分是协同能力，主要是与他人合作完成项目的能力。第四部分是系统能力，即学生具有系统设计和操作能力。他们能够把握整体利益，在具体工作中体现 CDIO 的核心思想。

9.3.3　创建网络学习平台，方便师生交流

为了促进教师和学生之间的交流，创建一个基于网络的学习平台。在这个平台上，学生可以查看教学信息、下载学习资源、在线考试、与老师交流。这个平台为课外学习提供了一种新的方式，教师可以在平台上发起讨论主题，学生可以参与讨论。通过互动，教学效果会更好。

此外，QQ、微博、微信、电子邮件等媒体也为师生互动交流提供了很好的平台。通过交流，学生可以解决学习过程中的问题，这也消除了学生不善于表达的一些问题。

9.4 教学实践

9.4.1 研究对象选择和实验准备

为了比较教学效果，选择软件工程一班和二班作为研究对象。其中，一班有 53 名学生（31 名男生和 22 名女生），二班有 51 名学生（28 名男生和 23 名女生）。这两个班是在学年开始时随机分配的。男生和女生的数量及比例相似，并且来自同一个专业。因此，对比结论是可靠的。其中，一班被选为实验班，二班是对照班。

为了了解实验班和对照班的学习情况，在开学前通过问卷进行了预测试，确保了实验结果的准确性。在实验班，发放了 53 份问卷，并收回了 53 份，回收率为 100%。在对照班，发放了 51 份问卷，并收回了 51 份，回收率为 100%。也就是说，所有回收的问卷都是有效的。学生问卷统计如表 9-2 所示。

表 9-2　学生问卷统计　　　　　　　单位：%

调查内容	A 选项		B 选项		C 选项		D 选项	
	实验班	对照班	实验班	对照班	实验班	对照班	实验班	对照班
对课程学习的兴趣	49.06	49.02	37.74	37.25	9.43	9.80	3.77	3.92
基本语法情况	30.19	29.41	39.62	37.25	24.53	25.49	5.66	7.84
程序设计	33.96	31.37	33.96	33.33	28.30	29.41	3.77	5.88
项目开发	18.87	23.53	43.40	39.22	28.30	29.41	9.43	7.84
课程期待	37.74	37.25	41.51	39.22	18.87	21.57	1.89	1.96

其中，A 选项代表非常好，B 选项代表良好，C 选项代表一般，D 选项代表较差。从表 9-2 可以看出，这两个班在学习兴趣、学习起点、编程水平、实践能力等方面相似。此外，这两个班有相同的学习环境、教师、教材和课时。也就是说，这两个班适合做这个实验。

9.4.2 教学实验步骤

实验中采用了比较法，通过不同的教学模式，对两个班级的教学效果进行了比较和分析。实验班采用 IET-CDIO 模式授课，对照班采用传统教学模式，其中包括黑板书写、课堂讲解、提问等。在这个过程中，收集了相关数据。学期末，对两个班级的学习进行了比较和分析。

① 第一步：两节课的教学是一致的。

在一个学期里，Java 编程课程有 108 学时。其中，理论教学 36 学时，实践教学 72 学时。理论教学主要包括基础知识和面向对象的理论知识。这部分知识使学生能够更好地掌握理论知识，为实践教学奠定了坚实的基础。实践环节是引导学生进行实践性、综合性的实验。它旨在消化理论知识，同时提高学生的编程能力。

为了保证实验数据的公平性，对照班和实验班采用同一位教师授课。可以看出，教学进度、教学内容和教学水平是一致的。在实施过程中，实验班和对照班的总学时相同。理论教学和培训课程的安排是相同的。教学环境包括理论环境和实践环境。理论环境包括基本教学条件、投影仪、黑板等教学设备。实践环境包括学生计算机、Java 编程环境等，多媒体教室和计算机房配置也相同。因此，硬件环境不会干扰教学效果。为了减少干扰，实验班不提前通知教学安排。

② 第二步：实验班采用 IET-CDIO 模式组织教学活动。

同时，教学评价也以此为基础，评价内容多样化。

③ 第三步：对照班采用传统教学模式和方法。

采用普通教学法，也就是说，教师解释理论并演示操作过程和方法。

9.4.3　实验实施和数据分析

通过定期课堂观察、问卷调查和期末考试数据的统计分析，检验了新教学模式的实际效果。

9.4.3.1　数据统计方法

为了比较对学生的影响，问卷包括编程学习、知识、学习态度和动机、知识转移和应用、能力提升等。问卷的信度检验基于 Karen Bachα 系数法，计算公式如下所示。

$$\alpha = \frac{k}{k-1}\left(1 - \frac{\sum\limits_{i=1}^{k} S_i^2}{S_x^2}\right)$$

式中，k 为问卷项目总数；S_i^2 是标题 i 中的标准差；S_x^2 是所有项目总得分的标准偏差。

计算表明，α 为 0.826，大于 0.7，表明问卷具有较高的一致性和可靠性。

9.4.3.2 问卷数据统计分析

为了测试教学模式的实际效果，在课程结束时进行了问卷调查。同时，可以了解学生对教学的体验和感受。

在调查中，向实验班发送了 53 份问卷，回收了 53 份，回收的问卷均有效，回收率和有效率均为 100%。对照班发放问卷 51 份，回收 51 份。所有回收的问卷均有效，回收率和有效率均为 100%。以下是问卷的数据统计和项目分析。

(1) 学习主动性统计分析

为了全面分析教学模式的影响，对学生的学习主动性进行统计。学生学习主动性统计如表 9-3 所示。

表 9-3 学生学习主动性统计　　　　　　　单位：%

调查内容	A 选项		B 选项		C 选项	
	实验班	对照班	实验班	对照班	实验班	对照班
你课后看课程视频或相关材料吗？	58.49	45.10	41.51	37.25	0	17.65
你课后进行预习或复习吗？	73.58	49.02	26.42	29.41	0	21.57

在学习主动性方面，实验班明显高于对照班。表 9-3 的数据显示，58.49% 的实验班学生在课后观看课程视频或相关材料，73.58% 的学生做预习和复习工作。这表明实验班学生愿意在课外时间学习，这是积极学习的表现。

(2) 学习兴趣的统计分析

为了测试学生对 Java 编程学习兴趣的影响，本研究分析了学生的学习兴趣，如表 9-4 所示。

表 9-4 学习兴趣统计　　　　　　　单位：人

类别	A 非常感兴趣	B 感兴趣	C 不感兴趣	D 拒绝
试验前实验班（$n=53$）	26	20	5	2
测试后实验班（$n=53$）	35	18	0	0

类别	A 非常感兴趣	B 感兴趣	C 不感兴趣	D 拒绝
试验前对照班（$n=51$）	25	19	5	2
测试后对照班（$n=51$）	31	17	3	0

从表 9-4 可以看出，两个班的学习兴趣都有所提高。在实验班，兴趣比例达到 100%，增加了 15.22%。另外，对照班的学习兴趣达到了 94.11%，总体而言，实验班的教学效果优于对照班。

（3）**知识相关能力**

为了比较知识联想能力，在问卷中设计了相关问题，统计结果如表 9-5 所示。

表 9-5　知识相关统计　　　　　单位：%

调查内容	A 选项		B 选项		C 选项	
	实验班	对照班	实验班	对照班	实验班	对照班
成功完成各项实验任务	58.49	45.10	35.85	43.14	5.66	11.76
新旧知识相关能力	60.38	35.29	32.08	50.98	7.55	13.73
综合编程能力	52.83	33.33	37.74	47.06	9.43	19.61

从表 9-5 可以看出，实验班在知识联想方面明显优于对照班。实验班中 58.49% 的学生表示他们能够按时完成实验任务，60.38% 的学生能够建立新旧知识之间的联系。同时，52.83% 的学生具有较强的综合发展能力。对照班的数据明显较低。

（4）**沟通和实践能力**

为了了解学生沟通和实践能力的差异，本研究对两个班级的教学情况进行了统计分析，结果如表 9-6 所示。

表 9-6　沟通与实践能力统计　　　　　单位：%

调查内容	A 选项		B 选项		C 选项	
	实验班	对照班	实验班	对照班	实验班	对照班
沟通能力	66.04	50.98	33.96	39.22	0	9.80
实践能力	69.81	45.10	30.19	43.14	0	11.76

数据显示，实验班的沟通能力和实践能力高于对照班。实验班的所有学生都表示他们的沟通能力得到了提高。然而，对照班中 9.80% 的学生表示他们的沟通技巧没有提高。同时，实验班的学生表明，他们的实践能力得到了提

高，而 11.76％的对照班学生表示他们的实践能力没有提高。这些数据表明，ITE-CDIO 模型更有利于提高沟通和实践能力。

（5）学生实际操作技能

统计学生实践技能数据，结果如表 9-7 所示。

表 9-7　实际操作技能统计　　　　　　　　单位：％

调查内容	A 选项		B 选项		C 选项	
	实验班	对照班	实验班	对照班	实验班	对照班
熟练使用开发环境软件	54.72	37.25	41.51	52.94	3.77	9.80
Java 编程	49.06	25.49	45.28	58.82	5.66	15.69
独立完成任务	62.26	37.25	33.96	41.18	3.77	21.57
项目开发	52.83	29.41	43.40	50.98	3.77	19.61

在实际操作技能方面，实验班明显优于对照班，这表明 ITE-CDIO 教学模式更有利于提高学生的实际操作技能。

（6）得分统计分析

在本课程中，期末成绩由两部分组成：平时成绩和期末成绩。平时成绩和期末成绩均由 100 分组成，按权重计算。期末考试包括理论测试和实际操作。理论测试以试卷形式进行，权重为 40 分，编程得分为 60 分。实验班的评价方法不同于对照班，实验班的常规表现由三部分组成：出勤、个人操作和小组报告。对照班的表现由两部分组成：出勤和操作。期末成绩统计如图 9-4 所示。

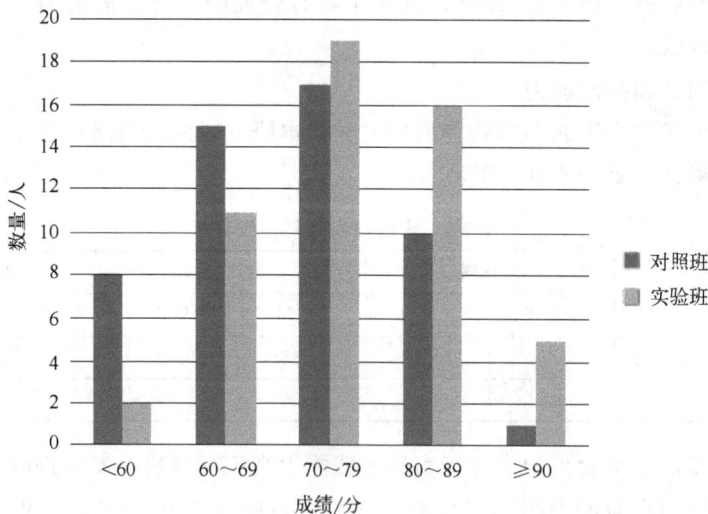

图 9-4　期末成绩统计

从图 9-4 可以看出，实验班的整体表现明显高于对照班。他们中的大多数都有更好的成绩。这充分表明，新的教学模式带来了显著的效果，学生的成绩有了很大提高。

同时，值得注意的是，实验班有 13 名学生的成绩没有达到 70 分。根据调查，主要原因是他们基础差，缺乏学习热情。说明新的教学模式应该为这些学生采取更个性化的教学方法。

通过对实验数据的分析，可以看出 ITE-CDIO 教学模式可以有效地提高实际操作技能、沟通能力和实践能力。同时，它有利于激发学生的学习兴趣和学习意愿，还可以促进知识的转移和应用。此外，学生可以在学习过程中找到乐趣和信心，毕竟兴趣是最好的老师。根据以学生为中心的原则，新的教学模式引入了 CDIO 工程教育理念。为了提高 Java 编程能力，新的教学模式引入了多种教学方法，同时增强了学生的参与意识。该教学模式积极促进了团队精神，提高了 Java 编程的综合素质。

9.5　结论和今后的工作

针对 Java 编程课程的不足和问题，本章提出了一种基于 CDIO 的教学方法。将 CDIO 工程教学理论引入 Java 编程课程，可以提高学生的学习兴趣，学生可以更积极地参与 Java 编程学习。同时，通过案例教学，学生将更好地掌握软件项目的开发过程。学生具有较强的参与意识和合作精神，可以培养解决问题的能力。此外，评估标准也得到了改进和完善，评价过程反映了实践能力的重要性。通过学习平台，教师和学生可以相互交流。实践证明，新的教学模式可以培养学生的学习兴趣，提高了 Java 语言的编程能力。综上所述，该教学模式值得推广。

在新教学模式的实施过程中，也发现了一些问题。例如，低分学生的成绩有所提高，但效果不如预期。对于这些学生，应该改进教学模式，提出个性化的教学方法，学生应该更有兴趣学习 Java 编程。此外，这种教学理念更适合 Java 等编程语言课程。未来，将积极探索这种教学模式在其他课程中的应用。

第10章
基于TPACK的混合式教学模式在软件测试教学中的应用

10.1 引言

随着时代的发展，许多计算机科学课程需要改革，以提高教学效果。软件测试是计算机科学的一门重要基础课程，在大学里被广泛教授。该课程在提高学生编程和测试技能水平方面发挥着至关重要的作用。随着课程的发展，出现了理论与实践脱节、教学模式僵化、学生兴趣低等问题。

"软件质量保证与测试"是计算机科学与技术和软件工程专业的一门专业必修课。其教学目的是通过本课程学习，使学生系统地学习软件测试的基本概念和基本理论，深刻理解和掌握软件测试及软件测试过程的基本方法与基本技术。了解和掌握现代各种新的软件测试技术和主要发展方向，学生能够设计测试用例、使用自动化工具完成完整的项目测试和项目测试管理，学生能基本承担起软件测试的工作任务，为其将来从事实际软件测试工作和进一步深入研究打下坚实的理论基础和实践基础。同时培养学生良好的软件开发素质，为后续的专业综合实验和毕业设计等课程奠定良好的软件测试理论和技术。

对于软件测试课程的改革，有很多新的教学方法需要提出。传统的改革方法可分为三种。

第一种方法是改革课堂教学内容。

第二种方法是引入新的教学方法，提高学生的主动性。

第三种方法是引入新的教学软件，以提高教学的综合效果。

这些改革方法取得了一定的成效。然而，在教学内容和教学方法上仍存在一些问题，导致软件测试课程的教学效果不佳。

大多数教学方法的改革都集中在改进的一个方面，MTM-TPACK 教学模式的改进是针对整个过程的。在实验班和普通班的教学效果方面，设计了整个测试过程。通过问卷调查和数据收集的方法，对测试数据进行了整理和分析。从成绩、学生实践学习能力、知识拓展能力、学习兴趣和满意度、沟通和团队合作五个方面对测试结果进行了比较。测试结果表明，新教学方法在各项指标上均优于传统教学方法。

本章提出了一种软件测试课程的混合教学模式。这种模式解决了当前软件测试教学中存在的教学效果差等问题。它不仅提高了学生实际操作能力和团队合作能力的综合素质，也为学生从事软件测试提供了良好的条件。

10.2　TPACK 基础知识

10.2.1　TPACK 的概念

TPACK 由技术（T）、教学法（P）和学科内容（C）三个基本元素交叉形成。TPACK 包含两个含义：一方面，它指的是 TPACK 中的七个元素；另一方面，它是指 TPACK 框架中由 TK、PK 和 CK 三个核心元素形成的中心复合元素 TPACK，该技术给教育带来了新的变化（图 10-1）。目前，如何将技术与教学相结合是教育工作者关注的焦点。

TPACK 是一种新的综合技术教学知识，许多专家提出了基于 TPACK 的教学改革方案。

目前，TPACK 发展迅速，应用广泛，涉及许多课程的教学改革。对于软件测试课程的教学改革，TPACK 应用案例很少。

本章将 TPACK 与软件测试课程相结合，提出了一种使用 TPACK 的混合教学模式（MTM-TPACK）。该模型提供了多种教学方法，包括线下协作学习，对提高软件测试课程教学质量的方法进行了探讨。通过问卷调查和实验收集的数据表明，MTM-TPACK 教学模式适用且有效，值得在其他计算机课程中推广。

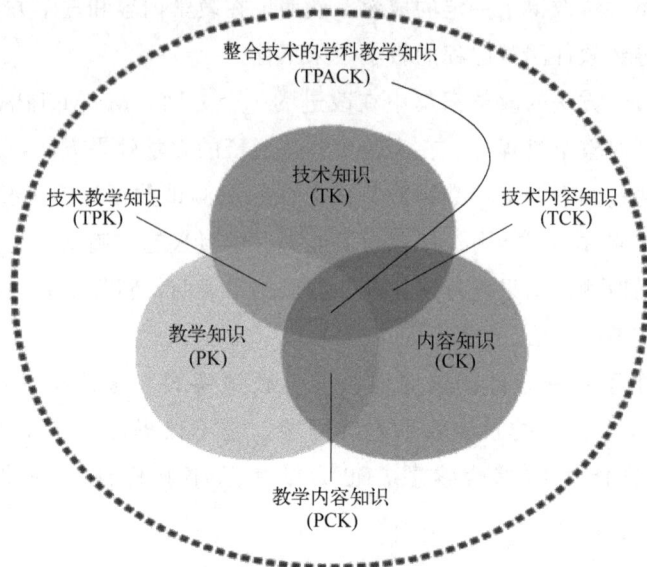

图 10-1　TPACK 框架

10.2.2　软件测试教师 TPACK 知识结构

软件测试课程对学生计算机综合能力的发展非常重要。同时，作为软件测试课程的教师，他们对课程的质量起着关键作用。根据表 5-1，分析了软件测试教师的知识结构。

10.3　MTM-TPACK 教学模式的教学创新理念

10.3.1　教学模式现状分析

(1) 学情分析和教学分析

软件测试是计算机科学的一门重要的基础课，对提高学生的软件测试能力起着至关重要的作用。随着课程的开展，也出现了一些问题，诸如理论和实践脱节、教学模式僵化、学生兴趣低下等。对于软件测试的课程改革，很多学者进行了各种尝试，新教学方法不断提出。借助在线学习平台进行自主独立学习的翻转课堂模式得到了广泛的应用，学生的软件测试能力得到了迅速提高。

基于 TPACK 和翻转课堂的软件测试复合教学模式，教师录制教学视频并上传到课程平台，引导学生利用业余时间参加课程学习，在授课过程中着重讲解重点和难点，对于基础知识部分的讲解交给学生自主学习。开展小组讨论，提高学生的学习能力，提升课堂授课效果。

（2）教学痛点难点

软件测试课程教学中也存在一些共性的不足，主要表现在以下方面。

① 教学理念陈旧，学生学习兴趣有待提升。

软件测试课程的实践性强，测试技术发展非常快，但现在授课时，教师大多仍旧采用传统的教学方式，这导致学生学习效果不理想，无法达到预期的教学效果。

② 偏重专业知识讲授，综合素质教育有待加强。

软件测试课程注重传授专业基础知识和技能，在软件测试教学开展的过程中，缺乏人文知识的引领，学生只关注专业知识学习，不利于培养学生的综合素质。

③ 教学内容更新不及时，考核方式落后。

软件测试课程是进行软件的测试设计、执行与分析，实践性强。在实际应用过程中，技术更新换代快，日常的授课内容有待更新。课程考核依旧采取单纯的试卷考核方式。

（3）改革要达到的目标

① 对软件测试课程进行教学模式的改革，构建转型发展环境下适应社会需求的软件测试教学模式，提高学生的软件测试能力。

② 采取小组协作性学习方法，提升学生学习软件测试的兴趣，培养学生的软件测试理论水平。

③ 整合和优化校内软件测试教学资源，总结出新的教学方法和手段。相关研究成果积极推广到计算机其他课程的讲授上，为计算机专业的本科教学提供一定的思路和研究经验。

10.3.2　软件测试的三个知识体系概念

在教学过程中，应组织 TK、PK 和 CK 的知识，然后它们可以在 TPACK 框架中相互渗透和集成。

（1）技术知识（TK）

在 TPACK 框架的三个基本因素中，TK 元素的重要性显而易见。在软件测试的课堂教学中，传统知识包括传统技术和现代技术。传统技术包括黑板、投影仪等。也就是说，黑板书写、课堂讲解和课堂提问都是教师应该具备的传统教学方法。为了提高教学质量，通过使用网站和微信等先进的学习技术，教师可以发布教学资源并与学生在线交流。网络学习平台包括学习资料下载、在线交流、在线测试等功能。微信、QQ、微博等也可用于教师和学生之间在线交流，这样学习就不会中断。

此外，软件测试中的技术知识还要求教师具备搜索网络资源、获取教材、制作教材、整合教材和演示教学课件等基本能力。

(2) **教育学知识**（PK）

软件测试课程可以采用案例教学法、任务驱动教学法、小组讨论和分析法、项目组角色扮演法等，灵活多样的教学方法对提高教学质量起着重要作用。本研究采用案例教学法和任务驱动教学法。案例教学法不仅可以通过综合案例帮助学生了解软件测试的全过程，而且对培养学生的专业素养起着至关重要的作用。任务驱动的教学方法，以任务的形式，可以给学生学习施加压力，也可以鼓励学生更积极地学习。

教师应该熟悉这些教学方法的特点和适用性，在不同的学习阶段，为不同的学生采取适当的教学方法，所有教学方法的出发点和归因点都是为了提高学生的能力。

(3) **内容知识**（CK）

软件测试的学科知识主要由三部分组成，如图 10-2 所示。

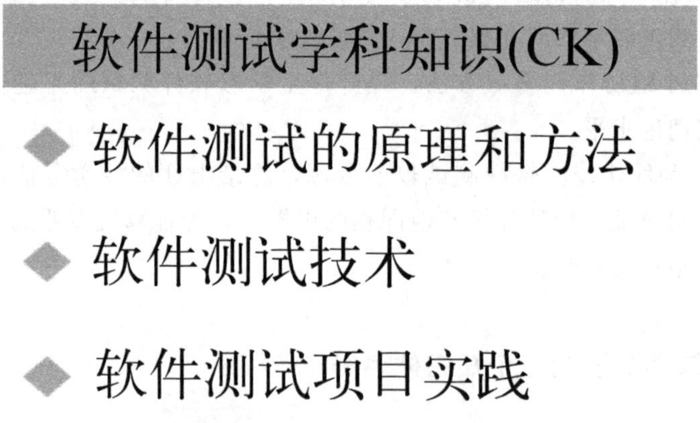

图 10-2　软件测试学科知识（CK）

① 软件测试的原理和方法主要包括基本概念、测试方法、软件测试过程和规范。例如，什么是软件测试？软件测试的模型是什么？如何划分软件测试的方法？

② 软件测试技术：关注所有测试阶段的工具和技术，也关注软件测试自动化及其框架。这些工具包括单元测试工具 XUnit、静态测试工具 Source-Monitor、功能测试工具 QTP、性能测试工具 JMeter 等。

③ 软件测试项目实践：包括测试需求分析和测试计划、设计和维护测试用例、部署测试环境、软件测试报告等。

10.3.3　软件测试四个复杂要素的科学整合

基于三个基本要素，MTM-TPACK 的教学方法需要将这三个基本要素有机地整合到 TPACK 框架中。

(1) 教学和内容知识（PCK）

PCK 由教学方法和学科知识的整合组成，这就要求教师运用多种教学方法来讲解知识。在教学设计过程中，教师应根据学科知识的内容，采用适当的教学方法和手段。结合计算机程序，采用任务驱动教学法，引导学生掌握单元测试知识。在功能测试中，使用 QTP 和航班预订软件来鼓励学生独立设计测试计划，提高软件测试的综合能力。

(2) 技术和内容知识（TCK）

TCK 指的是教育技术与学科内容知识之间的互动，它包括两个方面。首先，根据教学内容选择合适的信息技术。例如，录制关于单元测试教学内容的微型课程视频，并上传到在线教学平台。其次，利用信息技术进一步拓展和丰富教学内容。例如，当模拟测试团队时，学生可以通过扮演不同的角色来理解软件测试的任务。验收测试过程由设备拍摄和编辑，可以使学生更直观、更深入地掌握验收测试的过程和技巧。

(3) 技术和教育知识（TPK）

它将信息技术与教学方法相结合。在软件测试教学中，首先介绍了思维导图的理论和方法，引导学生使用思维导图软件绘制整个课程内容，以便系统梳理和掌握课程内容。每节课前，鼓励学生画出具体章节的总体图，然后在学习后修改图片。通过这种方式，学生可以更好地理解和掌握知识。

软件测试课程提供在线学习平台，可以下载学习材料，教师可以与学生进行深入交流。网络教学平台的资源可用于安排课前预习、组织课堂教学和课后答疑。

(4) 技术教育与内容知识（TPACK）

它是 CK、TK 和 PK 三种知识体系的交织交集。软件测试教师应整合教学内容、教学技术和教学方法，根据学生的特点和教学情况，灵活解释教学知识点和教学要求。在教学的早期阶段，教师应该建立一个钉钉群与学生交流。根据教学大纲和教学计划，教师可以通过钉钉群及时推送高质量教学案例、项目和测试工具的教学资源。在教学过程中，可以使用微课堂和微视频生动地展示知识点。教师可以通过网络检索技术收集、组织和制作软件测试图片和视频数据。

10.3.4　MTM-TPACK 教学法的教学过程

根据 TPACK 框架，结合软件测试课程的特点，MTM-TPACK 教学模式的过程如图 10-3 所示。

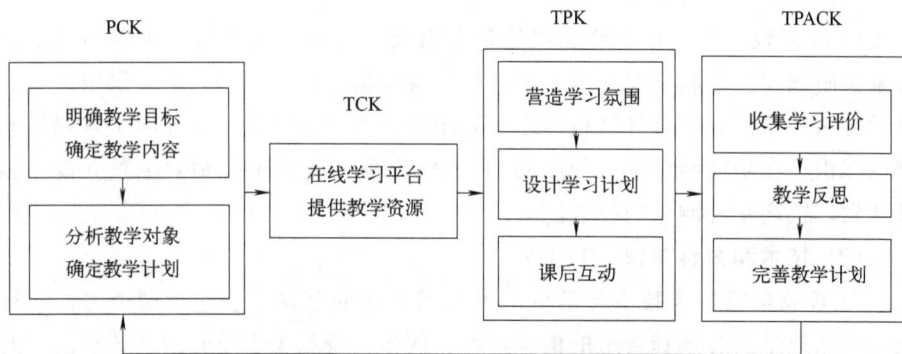

图 10-3　MTM-TPACK 教学模式的过程

在图 10-3 中，教师可以通过分析课程内容与学生制定微学习任务表和学习计划。同时，教师可以在线开发和提供学习资源。在明确学习任务目标的指导下，利用教案对学生进行课前指导、课程设计和课后拓展学习。

（1）**课程内容和目标改革**

课堂授课内容引入案例教学法，使得学生主动学习，对授课内容感兴趣，增强学生参与感。实践教学过程中，在老师的指导下，学生可以有针对性地规划课程学习，掌握学习的主动权，而任课老师采用个性化的教学方法来辅助学生做好软件测试课程的学习。

软件测试任课老师根据已定的教学任务和目标，总结每次授课的重点和难点，将可以扩展的方面及时上传到学习平台，方便学生进行主动学习。学生自由组合成不同的小组，由组长负责，类似软件测试项目经理角色。由组长分配任务，学生按照任务来预习课程内容，有的放矢，这样预习的效果会更加显著，上课的效率也会更高。

(2) 课堂教学手段改革

教师授课过程中，积极吸纳学生的课前预习成果，主动邀请学生加入到教学过程中来，组织部分学生进行专题交流。这样也方便各个小组之间进行信息交流和沟通，通过相互提问题和答问题的互动方式，加强学生对软件测试知识的学习和研讨。任课老师可以把更多的精力放在引导和解决疑难问题上面，能够从一般知识的讲解中解放出来，进而提升教学质量和学习效率。

根据软件测试流程进行课程设计，按照测试计划、测试用例设计、测试执行和测试报告等开展教学活动。根据软件测试教学大纲制定合适的教学目标，任课老师按照学生预习情况进行知识的讲授，可以着重提升教学效率。同时，将学习任务分配给小组内的成员，吸引学生以团队的方式进行探究式学习，协作完成完整的软件测试学习的任务。这样的学习流程不但可以提高学生自主学习的能力，而且能够培养团队合作精神与领导能力。

(3) 评价改革

针对软件测试课程考核方式的改革，构建一个以过程性评价为核心、强调实践能力和团队协作的多元化考核体系。

考核维度及权重优化如下。

① 预习环节 (15%)

a. 课前准备 (5%)：测试用例设计模板提交、测试工具预习报告。

b. 课堂讲解 (7%)：小组需求分析演示、测试方案讲解质量。

c. 创新表现 (3%)：提出非常规测试方法或优化建议。

② 课堂实践 (40%)

a. 实战演练 (20%)：实时测试任务完成度 (如 JMeter 压力测试实施)。

b. 问题解决能力 (12%)：缺陷定位准确性、回归测试策略合理性。

c. 案例研讨 (8%)：应用讨论、测试覆盖率分析。

③ 持续学习 (25%)

a. 自动化测试脚本仓库 (10%)：提交频率与代码质量。

b. 缺陷跟踪实践 (8%)：缺陷报告规范性。

c. 技术总结 (7%)：测试框架研究心得。

④ 团队协作能力 (20%)

a. 角色轮换 (8%)：Scrum Master/QA Lead 履职情况。

b. 交叉评审 (7%)：测试计划互评质量。

c. 项目交付 (5%)：团队测试报告完整度。

10.4 教学测试的设计

TPACK 研究和应用的新进展促进了 TPACK 在课程教学设计中的应用。通过教学实验、问卷调查和个人访谈，本节结合定量和定性方法，探讨了 MTM-TPACK 教学法的应用效果。

10.4.1 研究对象及教学内容

实验的研究对象是计算机类专业的大三学生，他们基本上可以代表地方应用型大学的学情状况。软件测试课程为期一学期，教学时间为 18 周。学生被随机分为两组：实验班和普通班。实验班有 77 名学生，其中包括 36 名男生和 41 名女生。普通班有 75 名学生，其中包括 36 名男生和 39 名女生。为了保证实验的科学性，选择了成绩相近的班级进行实验，然后通过测试结果判断教学模式的质量。

10.4.2 实验步骤

实验分为五个步骤：预测试、实验教学、后测试、数据收集和结果分析，如图 10-4 所示。

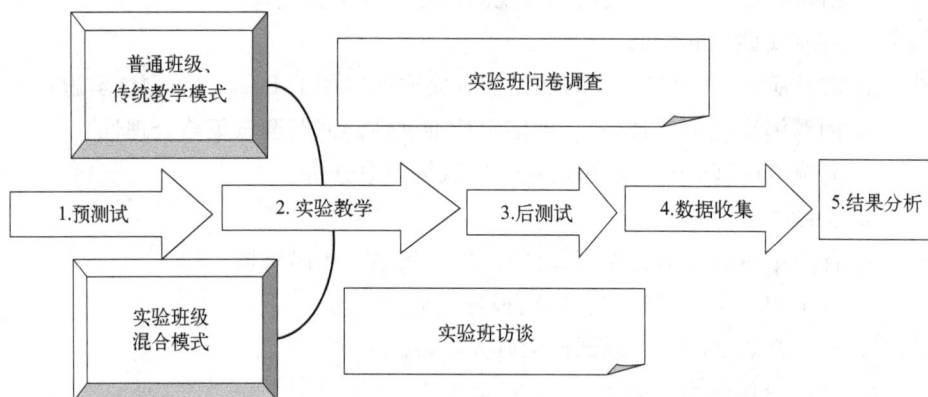

图 10-4　教学实验过程

(1) 实验教学

学生分为实验班和普通班，这两个班使用相同的教学内容，由同一位教师授课。实验班采用 MTM-TPACK 教学模式。课前，通过钉钉群向学生推送某一知识点的微课视频。在课堂上，钉钉群主要用于练习目标知识点，并由教师解释相关知识、难点和案例。课后，教师和学生可以通过钉钉群和课程网站就知识点进行互动。

普通班是在传统的教学模式下进行的。课堂上，讲解知识点，课后学生完成教材上的相关练习，提醒学生记住重点和难点。

为保证实验的客观性，在预习和课后交流环节，实验班采用钉钉群交流方式，普通班采用传统的教学方法，如课前预习、课后电话交流。也就是说，普通班的学生可以在课前拿到课程材料，并在课外有机会与老师交流解决遇到的问题。这些措施的实施是为了确保普通班与实验班的学生有相同的学习时间。

(2) 测试和调查

学期结束后，对实验班和普通班进行测试。问卷在考试结束后发放，问卷调查样本见表 10-1。

表 10-1　问卷调查样本

1：非常喜欢　2：喜欢　3：不喜欢　4：一般　5：无所谓	1	2	3	4	5
学习 PMD 的上下文导入方法					
通过网络等交流工具讨论课程的目的和内容					
利用网络平台获取教学资源					
微视频的播放和使用					
将课程与学生的生活经历联系起来					
在课堂上以各种互动方式学习知识					
使用综合评价法给出考试成绩					
积极参与课堂学习					
……					

10.5　实验结果分析

10.5.1　收集数据

期末考试成绩公布后，发放了 152 份问卷，并全部收回，问卷回收率达到 100%。根据测试结果和问卷，通过概率分布图对两个类别进行统计分析，并进行独立样本分析。结合访谈记录，得出定量和定性分析的结果。

10.5.2　问卷和个人访谈结果分析

根据问卷调查和个人访谈，分析了期末考试结果和教师在实验过程中的课堂观察。

(1) 成绩统计分析

收集并分析最终成绩结果，详见表 10-2。软件测试课程总分为 100 分，60 分表示考试通过，<60 表示不及格，60～69 分表示及格，70～79 分表示中等，80～89 分表示良好，≥90 分表示优秀。

表 10-2　普通班和实验班成绩统计分析

班级	项目	成绩分布/分				
		<60	60～69	70～79	80～89	≥90
普通班	数量/人	11	23	22	16	3
	比例/%	14.7	30.7	29.3	21.3	4.0
实验班	数量/人	3	13	17	29	15
	比例/%	3.9	16.9	22.1	37.7	19.5

从表 10-2 可以看出，实验班的优秀率为 19.5%。然而，普通班的优秀率为 4.0%。不及格率分别为 14.7% 和 3.9%，普通班的不及格率比实验班高出近 4 倍。显然，实验班的成绩比普通班好。

为了进行科学比较，对两个班上学期的表现进行了统计分析。上学期，普通班和实验班开设了相同的课程，共有 7 门。为了便于统计，使用 7 门课程的平均成绩进行比较，具体情况见表 10-3。

表 10-3　上学期普通班和实验班的平均成绩

班级	项目	成绩分布/分				
		<60	60～69	70～79	80～89	≥90
普通班	数量/人	8	18	23	20	6
	比例/%	10.7	24.0	30.7	26.7	8.0
实验班	数量/人	8	19	24	20	6
	比例/%	10.4	24.7	31.2	26.0	7.8

从表 10-3 可以看出，两个班的平均成绩几乎相同，差异不明显。结合表 10-2 可以看出，本课程的改革效果显著。

再看看本学期其他课程的表现。本学期，这两个班提供相同的课程，包括 8 门。除软件测试课程外，其他 7 门课程的平均成绩如表 10-4 所示。

表 10-4　本学期 7 门课程的平均成绩

班级	项目	成绩分布/分				
		＜60	60～69	70～79	80～89	≥90
普通班	数量/人	7	20	21	22	5
	比例/%	9.3	26.7	28.0	29.3	6.7
实验班	数量/人	7	18	23	23	6
	比例/%	9.1	23.4	29.9	29.9	7.8

从表 10-4 可以看出，90 分以上人数，实验班比普通班成绩高 1.1%；70 分以上人数，实验班为 66.2%，比普通班高 2%。结果表明，实验班的总分高于普通班。经过分析，这些方法不仅对软件测试课程有效，而且影响其他课程的学习。

通过上学期和本学期的比较，结果表明 MTM-TPACK 教学模式明显优于传统模式。

（2）学生实践能力的统计与分析

培养学生的实践能力是软件测试课程的核心任务。实践能力关系到学生未来的发展，因此，对学生的实践技能数据进行了统计，结果如图 10-5～图 10-8 所示。

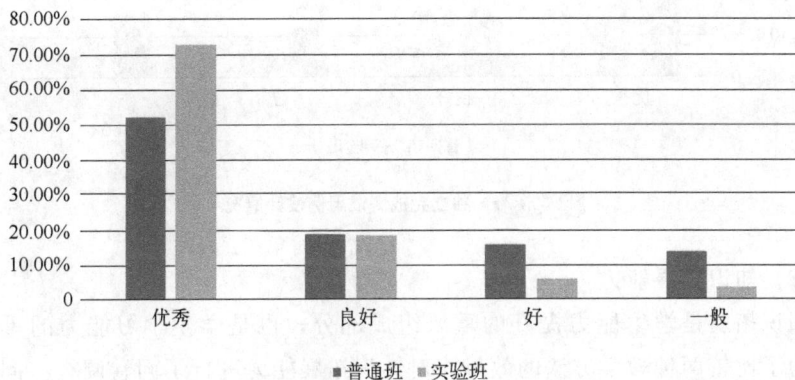

图 10-5　掌握软件测试工具情况

从上述图中可以看出，实验班在实际操作技能的四个方面明显优于普通班。在掌握测试工具方面，实验班的优秀率高于普通班 20.07%。在其他三个方面，它们之间存在约 20% 的差距。这主要是因为 MTM-TPACK 教学模式鼓励学生更多地参与实践，为学生的学习提供更多的教学资源。这也表明，新的教学模式更有利于提高学生的实际操作技能。

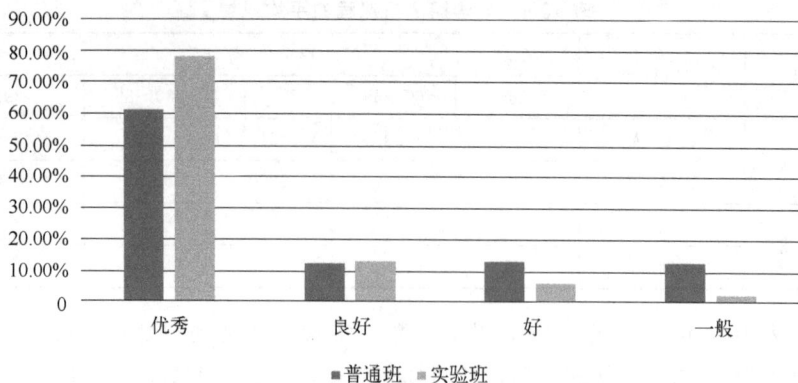

图 10-6 掌握单元测试情况

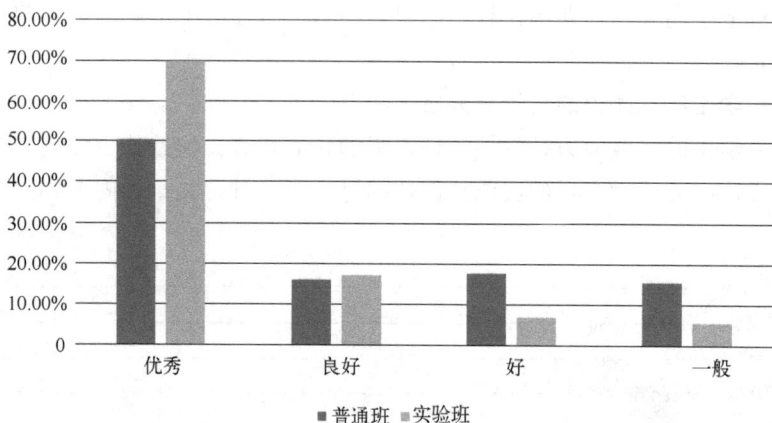

图 10-7 独立完成测试用例设计情况

(3) 知识拓展能力

知识拓展是学生能力提升的重要组成部分，也是学生学习能力的重要体现。为了比较两种教学方法的效果，对知识拓展能力进行了问卷调查。问卷中设计了知识相关性问题，通过调查研究，数据统计结果如表 10-5 所示。

表 10-5 知识扩展统计   单位：%

调查问卷内容	良好		好		一般	
	实验班	普通班	实验班	普通班	实验班	普通班
成功完成各项实验任务	62.4	40.0	32.6	43.3	5.1	16.8
知识相关能力	63.7	35.3	30.1	51.0	6.3	13.7
测试计划的综合设计能力	60.9	36.7	33.2	46.1	5.9	17.2

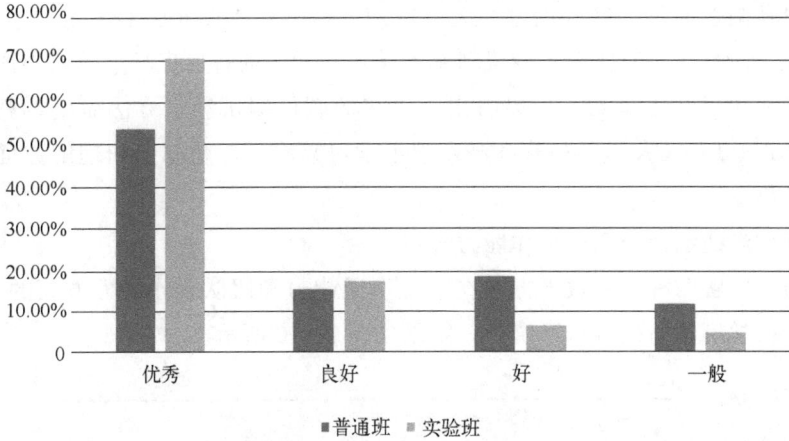

图 10-8　掌握设计测试方案能力情况

表 10-5 显示，实验班在知识拓展方面明显优于普通班。实验班中 62.4%的学生表示能够按时完成实验任务，63.7%的学生能够建立新旧知识的联系，60.9%的学生具有软件测试计划的综合能力。从这些指标来看，普通班平均比实验班低 24.97%。众所周知，实践是通过整合知识来解决实际问题的过程。这两个班的区别不在于知识量，而在于解决实际问题的能力。这表明，这种教学模式更有利于知识的传递和解决问题能力的提高。

（4）学习兴趣和成就满意度数据分析

调查学生的学习兴趣和成绩满意度，调查结果如图 10-9 所示。

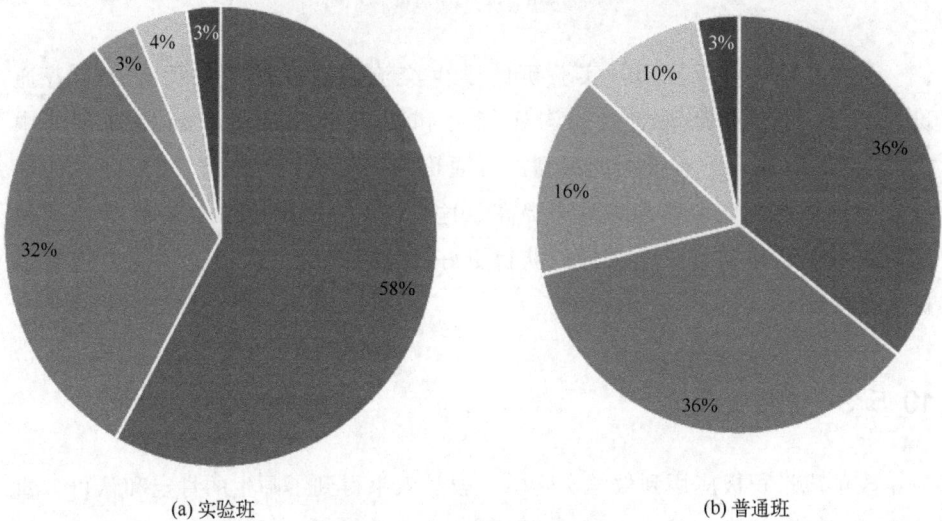

(a) 实验班　　　　　　　　　　　　　　　　(b) 普通班

图 10-9　学习兴趣和成就满意度调查

■非常喜欢；■喜欢；■不喜欢；■一般；■无所谓

问卷调查显示，90％的学生对 MTM-TPACK 教学模式持积极态度（喜欢/非常喜欢），并对实验班的成绩感到满意。29％的普通班学生对软件测试的学习兴趣和成绩不满意。可以看出，传统的软件测试教学方法需要调整。因此，MTM-TPACK 教学模式在激发学生学习兴趣、深化知识和理解方面具有更多优势。

（5）沟通能力与团队合作能力分析

为了了解两种不同教学方法在学生沟通能力和团队合作能力方面的差异，对两个教学班的情况进行了统计，结果如图 10-10 所示。

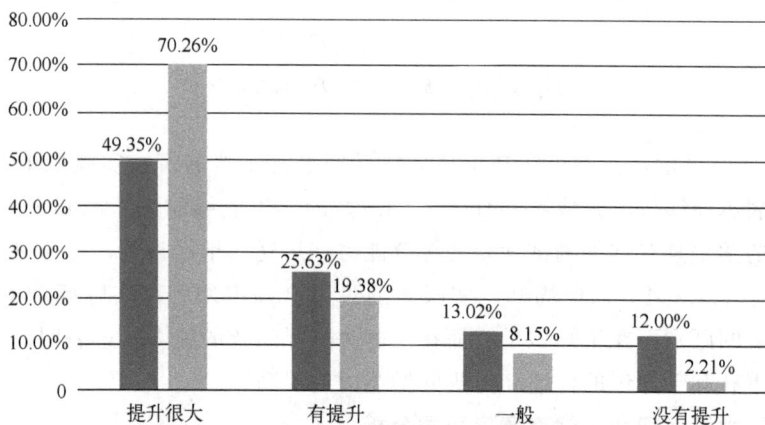

图 10-10 沟通能力和团队合作能力统计

■普通班；■实验班

从图 10-10 可以看出，实验班的学生交流和实践能力的提高高于普通班。89.64％的实验班学生的沟通能力和团队合作能力有所提高，其中70.26％的学生表示有很大的提高。普通班的学生认可度较低，25.02％的学生表示沟通和团队合作能力没有提高。这是因为 MTM- TPACK 教学模式鼓励学生参与教学实践，学生可以获得更好的训练机会，所以这些能力得到了极大的提高。

10.5.3 达成度评价

改革成果积极应用到教学实际中，教学效果得到了师生的肯定和认可。直接达成度和间接达成度如表 10-6 和表 10-7 所示，课程教学目标达成情况如表 10-8 所示。

表 10-6　课程直接达成度统计

课程目标 达成度	目标 1 (10%)		目标 2 (70%)		目标 3 (20%)		课程直接 达成度值 M_1
达成度分布	数量/人	比例/%	数量/人	比例%	数量/人	比例%	
90%以上	24	58.00	25	60.00	27	64.00	
80%~89%	9	22.00	10	26.00	12	32.00	
70%~79%	4	10.00	4	10.00	2	4.00	
60%~69%	4	10.00	2	4.00	0	0	0.8841
60% 以下	0	0	0	0	0	0	
直接达成度值	0.871		0.886		0.905		
评价方法	期末考试 考勤		期末考试		期末考试 综合实验		

表 10-7　课程间接达成度统计

课程目标 达成度	目标 1		目标 2		目标 3		课程间接 达成度值 M_2
达成度分布	数量/人	比例/%	数量/人	比例/%	数量/人	比例/%	
完全达到	45	93.75	43	89.58	44	91.67	
基本达到	3	6.25	5	10.42	4	8.33	
部分达到	0	0	0	0	0	0	0.981
未达到	0	0	0	0	0	0	
间接达成度值	0.988		0.979		0.983		
评价方法	问卷调查		问卷调查		问卷调查		

表 10-8　课程教学达成情况

课程目标	直接评价值	间接评价值	综合评价值 M	达成情况
课程目标 1	0.871	0.988	0.929	达成
课程目标 2	0.886	0.979	0.933	达成
课程目标 3	0.905	0.983	0.944	达成
整体课程目标	0.8841	0.981	0.932	达成

从表 10-6~表 10-8 中可以看出，无论是直接达成度还是间接达成度，以及课程目标，都达到了优秀的标准，这也进一步验证了教学模式的有效性。问卷统计情况如图 10-11~图 10-13 所示。

< 　　　　统计结果　　　 ··· ◉

本课程教学目标1：培养学生勤学苦练的精神，引导学生树立理想的人格，正确的人生观、价值观和世界观。【支撑毕业要求8】你认为对自己而言此教学目标达成情况如何？请打分 [单选题]

选项	小计	比例/%
达成 (1)	43	89.58
基本达成 (0.8)	5	10.42
部分达成 (0.6)	0	0
未达成 (0.4)	0	0
本题有效填写数量/人	48	

⊕饼状 ○圆环 ⊪柱状 ⊨条形 ✎

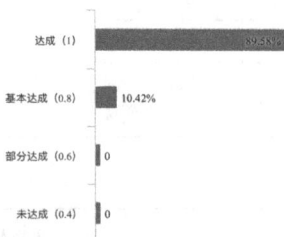

图 10-11　课程目标 1 的达成情况

< 　　　　统计结果　　　 ··· ◉

本课程教学目标2：掌握软件工程的基本概念、基本原理，开发软件项目的工程化的方法和技术及在开发过程中应遵循的流程、准则、标准和规范等，有效地策划和管理软件开发活动。【支撑毕业要求1】你认为对自己而言此教学目标达成情况如何？请打分 [单选题]

选项	小计	比例/%
达成 (1)	45	93.75
基本达成 (0.8)	3	6.25
部分达成 (0.6)	0	0
未达成 (0.4)	0	0
本题有效填写数量/人	48	

⊕饼状 ○圆环 ⊪柱状 ⊨条形 ✎

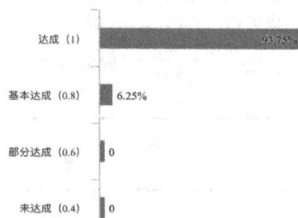

图 10-12　课程目标 2 的达成情况

< 　　　　统计结果　　　 ··· ◉

本课程教学目标3：具备将软件工程中所运用的理论、技术、方法等推广综合应用到其他领域的能力；培养学生理论应用于实践的能力，并通过课程设计，培养学生对整个软件开发过程的能力。【支撑毕业要求2】你认为对自己而言此教学目标达成情况如何？请打分 [单选题]

选项	小计	比例/%
达成 (1)	43	89.58
基本达成 (0.8)	5	10.42
部分达成 (0.6)	0	0
未达成 (0.4)	0	0
本题有效填写数量/人	48	

⊕饼状 ○圆环 ⊪柱状 ⊨条形 ✎

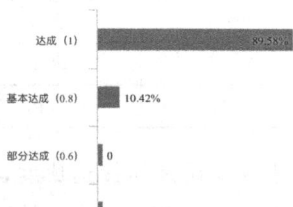

图 10-13　课程目标 3 的达成情况

10.5.4　MTM-TPACK 教学模式总体分析

从问卷调查和访谈结果分析，93.28%的实验班学生同意继续采用新的教学模式进行教学。参与调查的学生认为，将现代技术与传统解释相结合可以减少软件测试课程的烦琐。特别是，"微讲座"的重播能力为学生提供了再次听老师讲课的机会。另外，教师在课堂上的讲解为学生提供了更多的自我操作和表现的机会。问卷调查显示，83.6%的学生认为新的教学方法可以将理论知识与丰富的案例相结合，并在特定案例中学习软件测试技能。这加深了他们对软件测试理论和技能的理解及掌握。总之，实验班的大多数学生对这种教学模式持积极态度，并希望教师今后继续使用这种方法。

10.6　当前成效

① 让学生熟悉本课程在后续课程及未来职业规划中的作用，培养学生刻苦钻研的精神，引导学生树立正确的人生观和价值观。要求学生能掌握软件测试技术的基本理论和基本方法，能熟练使用常用的测试工具，并对项目制订测试计划、编写测试用例、设计测试过程。掌握软件测试核心技术，涵盖白盒测试和黑盒测试、功能测试和性能测试、静态测试和动态测试等核心技术，以及当前流行的工具：JUnit、PMD、FindBugs、QTP、BadBoy、JMeter、LoadRunner 等，并拥有扎实的专业理论基础。

② 培养学生理论应用于实践的能力，课堂上教师向学生讲述软件测试中的相关原理和概念，企业有关软件测试的技术和方法、企业测试工作模式和软件测试人员必备素质，培养学生的项目管理能力、团队协作能力和求职应聘能力。

③ 让学生能切实体会到工程项目中软件测试的实施策略和实施过程，增强学生软件质量管理的意识。使学生能够根据需求规格说明书和程序代码设计测试用例，并能运用测试工具进行测试。培养学生的测试思维能力，将测试知识和技术应用于自动化测试实施的能力，综合运用能力和创新能力。

④ 创造性地将 TPACK 模式法引入软件测试课程教学，研究 TPACK 模式，用于软件测试课程教学实践，将一些与课程相关的文本类、视频类、课件类的课程资源上传到在线学习平台，并对授课学生进行科学分组，做好准备工作并进行实践。共实施两轮，融入所提出的“TPACK”框架中并不断进行优化调整，提升教学质量。

⑤ 以职业能力培养为重点，提高课堂教学质量，提升学生学习的效率。通过实验前后对比分析以及对学习结果的评价，分析教学策略的实践效果。分析结果表明，该策略对课堂教学效果具有促进作用，能够提高学生的学习能力。并通过设计和开发大量的优质信息资源，提高课堂教学质量，激发学生对课程的学习兴趣，提高学生的综合学习能力。将课堂活动阶段创造性地分为多个学习阶段，包括自主学习情况、课堂答疑、小组合作等阶段，让学生全方位地参与到教学过程中，提升学生的软件测试水平。

⑥ 优化教师教学能力，提出教学能力提升策略模型。通过分析现有的研究成果，结合软件测试课程的特点，根据教师教学能力现状、TPACK 理念和软件测试教学能力标准，构建了与“TPACK”框架下的能力提升策略模型，为教学实践进程中学生水平特点的认知指明了方向，以便教学实践更有效快速地开展，为教师教学质量的提升提供了可以参考和执行的实际方案。

10.7　小结

　　为了提高软件测试教学质量，研究了 TPACK 混合教学模式。探讨了教学模式的应用和教学活动的组织策略。TPACK 框架的各个部分被引入软件测试课程的教学中。MTM-TPACK 教学模式增加了案例教学的数量，拓宽了教学资源提供的平台。随着角色的转变，学生可以积极学习和探索，所提出的教学模式充分调动了学生的学习态度和团队合作的积极性。视频数据的可复现性、基于网络的学习平台的使用以及更多的主动学习时间，都是新教学方法的效果。结合定量分析方法，对接收到的测试数据进行总结和分析。实验班和普通班的数据统计表明，所提出的教学模式的效果明显优于传统教学，学生的信息素养也有所提高。实验表明，MTM-TPACK 教学模式具有很强的适用性和良好的效果，值得在其他计算机课程中推广。

第11章
转型背景下地方高校软件测试
教学模式研究

11.1 引言

近些年来，随着科学技术的发展，计算机软件得到了广泛的应用，软件系统越来越复杂。软件交付用户以后，软件缺陷逐渐暴露出来，给软件质量带来了挑战，降低了用户的使用效果。为了提升软件产品质量，增强软件健壮性和可靠性，降低软件缺陷问题带来的经济损失，软件测试工作得到软件公司的高度重视和积极投入。

软件测试在软件开发流程中起着非常关键的作用，在软件开发周期中，是对软件质量进行验证与确认的过程。高校中均开设这样的讲授有关软件测试理论和测试设计与执行等的实践性课程。对需求分析和代码进行静态分析，选择合适的测试策略，科学规划测试的用例，使用测试工具单元测试、集成测试、功能测试与性能测试等，从而培养学生软件测试设计和编写测试代码的综合能力。

高校中的软件测试课程旨在培养学生进行测试的综合能力，能够高效地找出软件中存在的缺陷。减少因软件漏洞导致的经济损失。检查内容包括需求分析、文档等，对于发现的问题，及时反馈给开发人员，督促其进行修改。修改后的代码，需要进行回归测试，验证缺陷是否真正解决。

软件测试理论知识较多，也是一门实践性很强的课程。该课程把课堂教学与实践教学有机结合，可以更好地达成教学的目标，帮助学生掌握软件测试相关理论知识，提升学生的计算机专业综合素质与软件测试的综合能力。随着技术的发展和社会的需要，目前的教学模式有很多不足，高校测试人才的培养和软件测试企业的需求仍然存在不小的差距。针对地方高校转型发展过程中软件测试教学的不足进行研究，根据企业需求、学生情况和实践教学情况，提出相应的教学改革方法，以期提升课程的教学质量，提高学生的软件测试综合能力，为软件测试的发展提供支持和技术人才保障。

11.2　个性化任务驱动式复合教学模式

　　根据地方性高校软件测试课程的教学情况，分析了目前采用的教学模式中存在的问题，将个性化翻转课堂教学法引入软件测试教学过程中，使用项目驱动的形式将授课学生积极吸引到课程的学习中。研究相互结合的复合教学模式，进行构思和实施方案，并在软件测试授课过程中进行应用。教学效果数据表明，新的教学模式可以积极调动学生学习的兴趣，学生学习主动性得到了较大的提升，学到了更多的实践知识，为高效培养学生的综合软件测试素养提供了非常好的方式方法。

　　个性化翻转课堂教学法指将课堂内外的时间进行翻转，把学习的主动权从教师个性化地转移给学生。教师的角色不再独占课堂的时间进行知识的讲授；学生的角色需要在课前主动进行自主学习，方式包括软件测试教学视频、课程讲座和微课等，将主动学习的成果积极与同学讨论，这样教师也可以有更多的时间和每位同学进行深入交流。授课过程中，采用项目驱动式教学方法，将理论和实践进行有效结合。以软件测试的完整过程为内容，展示项目测试的所有流程。项目驱动教学方法旨在激发学习兴趣，让学生发挥学习的主动性，指导学生将被动学习转变成主动学习。着重提升学生的问题分析与解决实际问题的软件测试实施能力。软件测试方案的设计与规划，可以在很大程度上培养学生的全局测试能力，扩展学生进行实际软件测试的视野。

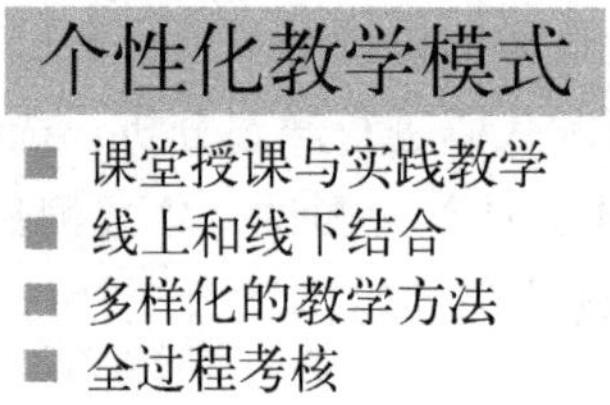

个性化教学模式

- 课堂授课与实践教学
- 线上和线下结合
- 多样化的教学方法
- 全过程考核

图 11-1　个性化教学模式

　　个性化教学模式（图 11-1）将翻转课堂方法与项目驱动方法引入软件测试课程中，把授课内容进行二次更新，结合业界的前沿发展成果，对教学的内容进行丰富和调整。个性化教学模式可以根据学生的具体情况，搭建个性化软件测试环境，将学生积极吸引到授课过程中，真正体现"以学生为中心"的教学宗旨，让学生真正成为一切教学工作的出发点和着力点，发挥学生的主观能动性。

(1) 课堂授课与实践教学

个性化教学模式分为课堂授课和实践教学两个方面。课堂授课过程引入案例教学法，使得学生学习主动，对授课内容感兴趣，增强学生的参与感。实践教学过程中，在教师的指导下，学生可以有针对性地规划课程学习，掌握学习的主动权，而任课教师采用个性化的教学方法来辅助学生做好软件测试课程的学习，师生共同努力促成培养高素质软件测试人才的目标。

(2) 线上线下结合

软件测试教学模式研究紧紧围绕测试的整个流程开展，将完成的项目测试流程分解到软件测试的基础知识的讲解中，课程的授课内容采取"线上"和"线下"相结合的方法，学生在上课期间除了认真听讲以外，在课下还有教学资源可用，充分发挥学生学习的主动性。课堂授课着重进行基础知识的讲解和疑难问题的解答，课下关注于学生的可持续性学习，并对学生自主学习过程中遇到的问题及时进行指导，这样的教学模式一方面可以巩固学生的学习成果，另一方面可以培养学生软件测试自主学习能力，提升学生的综合能力。

(3) 多样化的教学方法

① 翻转课堂教学方法执行的效果，要求学生对课程进行必要的预习和准备，如此方可保证教学活动开展的成效，课前准备与在线预习是此教学方法的重要组成部分。课前准备情况会对授课效果带来较大的影响，因此，针对课前准备，鼓励学生通过各种方式进行，包括在线学习平台、微课短视频等方法积极准备授课内容。

软件测试任课教师根据已定的教学任务和目标，总结每次授课的重点和难点，将可以扩展的方面及时上传到学习平台，方便学生进行主动学习。学生自由组合成不同的小组，任命一名组长，类似软件测试项目经理的角色。由组长分配任务，学生按照任务来预习课程内容，有的放矢，这样预习的成果会更加显著，上课的效率也会更高。在信息高度发展的新时代，学生通过在线学习可以获得非常多的学习资料，并能够培养自己的主动学习能力。网络课程的资源有很好的借鉴作用，帮助学生在课余时间掌握更多的软件测试知识和技能，为教师课堂授课提供了非常好的支持。

② 教师授课过程中，积极吸纳学生的课前预习成果，主动邀请学生参与教学过程，组织部分学生进行专题交流。这样也方便各个小组之间进行信息交流和沟通，通过相互提问题和答问题的互动方式，加强学生对软件测试知识的学习和研讨。任课教师可以把更多的精力放在引导和解决疑难问题上面，能够从一般知识的讲解中解放出来，进而提升教学质量和学习效率。

根据软件测试流程来进行课程设计，按照测试计划、测试用例设计、测试执行和测试报告等开展教学活动。根据软件测试教学大纲制定合适的教学目标，任课教师按照学生预习情况进行知识的讲授，可以提升教学效率。同时，将学习任务分配给小组内的成员，吸引学生以团队的方式进行探究式学习，协作完成完整的软件测试学习的任务。这样的学习流程不但可以提高学生自主学习的能力，而且能够培养团队合作精神与领导能力。

③ 课后辅导可以借助多样化的形式进行，随着科学技术的快速发展，微课等课程形式方兴未艾，软件测试课程作为计算机类的专业课程，更要积极利用技术实现课程授课形式的改变，提高授课质量和效果。在完成课堂授课后，管理学生继续学习，深化所学知识和技能，综合利用在线课程资源。在软件测试课程学习平台上，学生能够通过 PPT 课件温习课堂授课内容，参考测试用例、测试脚本、测试报告等教学资源。在课程的平台上可以发帖进行讨论，也可以对其他同学的求助进行回答，这样一来一往的互动方式，可以极大地帮助学生进行主动的学习。当然，在平台上可以和任课教师及时沟通，对于共性问题，授课教师可以主动开辟专栏进行专门讲解和回答，在关键节点上对学生的学习进行有效指导，这样可以大大提升学生学习的效果和质量。学生大部分是"00后"，对网络等方式学习的兴趣大，追求参与感，形式多样化能够更好地吸引学生，对前期的预习和课堂授课也可以起到很好的巩固作用，对软件测试的设计和执行能力将会起到积极的推动作用。

(4) 全过程考核

对于软件测试课程的考核，也要适当进行改革。地方高校一般的考核是按照试卷成绩＋平时成绩进行，而平时成绩着重在考勤，对于软件测试专业性的实践关注不够，无法准确体现学生的软件测试实践动手能力。为了更加有效地激励学生，对课程考核方式进行改革，将各个教学环节都赋予一定的分值，并将考核的标准进行公开。这些环节包括的内容如图 11-2 所示。

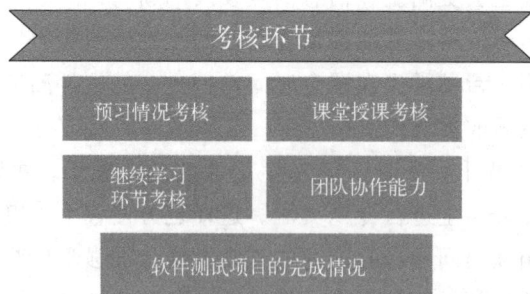

图 11-2　考核环节

　　① 预习情况考核。此环节包括课前准备情况、课堂讲解情况与团队创新情况。

　　② 课堂授课考核。此环节是重点，要重点考核学生课上表现情况、回答问题情况、小组探讨情况。

　　③ 继续学习环节考核。此环节针对学生的自主学习情况、知识的巩固情况、在线沟通情况等。

　　④ 软件测试项目的完成情况。包括测试用例的设计、测试工具的选择、测试的执行、缺陷的分析、测试报告的撰写等。

　　⑤ 团队协作能力。此环节旨在鼓励学生更多地进行团队合作，提升组织领导能力，提高合作效率。综合考核方法对学生的全程学习进行关注，成绩更多地体现在平时的学习过程中，同时，关注实践动手能力和团队协作精神，这是学生未来走得更远的基础。

　　翻转课堂和项目驱动相结合的教学模式，给软件测试课程的教学改革提供了很好思路。不但对知识的讲授环节进行了细化和升级，吸引学生主动加入软件测试教学的过程中，而且充分体现以学生为出发点和落脚点的精神，能够有效发挥学生主动学习的热情和主观能动性。对于任课教师来说，可以有更多的时间和精力进行教学方法的改革，更加有利于提升教学的效果和质量，可以让学生更多地接触实际的软件测试项目，知晓软件测试的具体流程，为学生踏入社会进行软件测试工作提供了很好的保障和助力。

11.3　基于 TPACK 的软件测试个性化教学模式

11.3.1　基于 TPACK 的软件测试个性化教学模式构建

　　TPACK 是高校教师进行专业教学的基础，更是评价教师是否具备现代教学能力的重要参考指标。

　　结合 TPACK 的特点，将其与软件测试课程教学进行结合，对软件测试教学模式进行改革。在该个性化教学模式中，任课教师的主导作用继续得到重视，同时使用个性化教学方法来调动学生的学习积极性。该模式的出发点为：一切以学生为中心，来提高软件测试教学效果。

　　翻转课堂教学模式改变了传统教学结构、教学方式和教学流程，更新了传统教学理论，创新了教学方式，实现了个性化学习理念。TPACK 融合了技术、教学方法和学科内容三种要素，基于技术与教学融合的需求，与网络化学习维度的构建是相符合的，利用技术支持，根据不同的教学需求构建个性化的学习环境。能实时诊断和评估学生的学习风格、学习能力、学习需求和学习进度，并提供有针对性的学习支持服务和接近真实的学习体验，从而实现个性化学习和提高教学效果。

根据翻转课堂设计要素与建构主义学习理论。结合 TPACK 思想和软件测试课程，建构了基于 TPACK 的翻转课堂的软件测试教学模式。该教学模型按课前学习活动和课中学习活动两部分进行，由 TCK 模式、PCK 模式、TPK 模式与 TPACK 综合应用模式组成。通过 TPACK 开展翻转课堂教学实现了个性化与协作式学习环境的构建与生成，如图 11-3 所示。

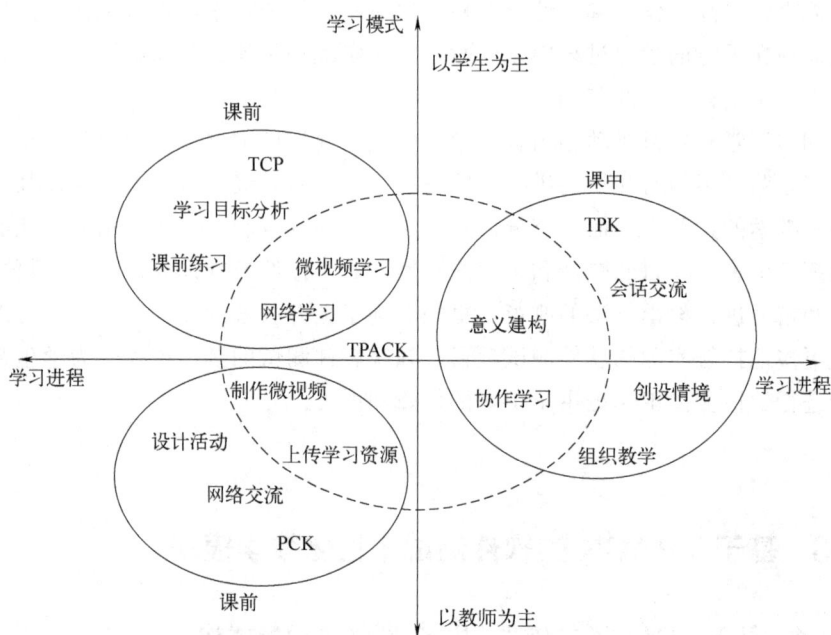

图 11-3　基于 TPACK+ 翻转课堂的教学模式

（1）多元化交互的微视频源的设计与开发

根据计算机科学与技术学院不同的专业需求和学生自身的个体特征，将"软件测试"中每一章节内容、技术和服务实施一定的多元化、智能化交互。交互性微视频源包括实验性、操作类、习题类与理论类微视频设计与开发。交互过程需要动态性、反馈性与即时性，利用 TPACK 模式设计学习交互方式与服务，以支持学生个性化学习和泛在学习能力的提升。利用互动设计分析、内容交互分析与交互评价分析理论，通过实施互动式浏览、更新、搜索与链接等动作，实现数字化学习特性的人机界面交互方式。

（2）融入小组协作性学习方法

结合 TPACK 技术，通过翻转课堂中的小组协作学习来调动学生的积极性。通过竞争、辩论、合作、角色扮演与问题解决等过程，实现学生对软件测试课程的理论知识和技术进行有序编码、合理储存、量化提取、概念形成及问题解决的信息加工处理过程。

（3）多维度的翻转课堂的教学反思系统

利用 TPACK＋翻转课堂教学模式必须有教学反思，通过每节课对教学方式与方法的深入理解，缩短个性化学习时间与进程，实现教学效果的自我完善与提升。通过反思让学生的认知、理解、学习、行动等发生质的变化，从而真正实现个性学习。

（4）"项目引入-诱发思考-知识点讲授-教师现场演示"的教学方式

改变传统的教学方法，运用翻转课堂教学方法，使学生掌握软件测试的整个过程，将理论与实际密切结合，加深学生对知识的理解。在教学过程中，注重与学生的交流、沟通和互动，激发学生的学习兴趣。例如：在讲授静态白盒测试方法时，教师提供源代码和评审规程，模拟非正式代码评审会议，让学生依据评审指南和核对表，有针对性地发现代码中存在的数据声明、计算、引用、参数等错误，加深对评审方法的理解。

11.3.2　教学模式改革的实施

基于 TPACK 的软件测试个性化教学模式，结合 TPACK 框架的 3 个基本要素和 4 个复合元素，将这种模式融入软件测试教学过程中，并创造性地提出基于 TPACK 的学习理念，从而探讨提升软件测试课程的教学质量的方式方法。在 TPACK 教学模式中，可以使用在线学习平台、微课等方式来帮助学生进行课后学习，采用多样化的教学方法来提升学生的学习积极性与主动性。这样做的优点比较明显，学生可以更好地参与到软件测试的授课过程中，而且，学习效果得到了提升。基于 TPACK 的教学模式的应用效果，通过问卷调查和数据进行验证。收集的问卷和实验数据表明，此教学模式效果好、适用性强，适合在计算机类实践课程中推广使用。

软件测试课程实践性强，测试技术和测试工具更新较快，因此，软件测试任课教师需要具备软件测试行业新知识。教师作为教学的设计者和实施者，对学生的学习起到引导和督促的作用，在软件测试整个教学过程中起到主导作用。所以，软件测试教师具备的能力要求更多，需结合 TPACK 框架，对教师具备的能力进行整合。

软件测试教学内容、测试技术和教学方法的协同整合，任课教师需要认识并有效解决"在哪里使用软件测试技术""使用哪种测试技术"和"怎样使用软件测试技术"3个方面的问题。

软件测试课程授课过程中，一个班级的学习效果优劣由软硬件环境、学生的认知、心理素质与班级的学风等因素共同影响。TPACK研究和应用的新进展，促进了TPACK在课程教学设计上的应用。基于TPACK的软件测试教学模式的教学设计，使用教学实验法、问卷调查法与访谈法，按照定量和定性相结合的协同评价方式，论证基于TPACK的个性化教学模式在软件测试授课中的应用效果。研究对象是某所地方高校的计算机专业三年级学生，可以代表地方高校的基本学情。为确保实验数据的准确，对实验班级进行了认真筛选，试验前实验班与控制班的软件测试水平基本相当，班级成绩相差不大，选择这样的班级进行教学模式的测试，根据测试后的数据收集来验证新教学模式的效果如何。

11.3.3　实验结果分析与讨论

基于TPACK的软件测试个性化教学模式研究的实验材料提供微课视频30个，微课视频内容积极融合TPACK因素，提供的在线学习网站方便师生在课下和课前进行互动。提供1套调查问卷，问卷设计原则包括了解参与者对新教学模式的态度和学习策略的应用。访谈环节提供1份提纲，提纲内容主要围绕基于TPACK的个性化教学模式在软件测试教学过程中存在的问题。

教学模式改革按照"实验教学→测试和调查→数据收集→分析总结"四个步骤，如图11-4所示。

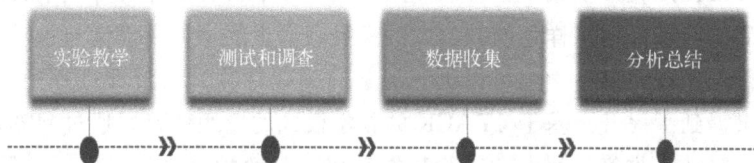

实验教学　　测试和调查　　数据收集　　分析总结

图 11-4　教学模式改革实施步骤

选择同类型的学生，分成实验班与对比班两个班级类型，两个班级的教学内容相同，由相同的教师进行任教，尽量减少这两个类型班级授课内容和授课者的区别。实验班采用基于TPACK的个性化模式教学：课前预习，通过实验班钉钉群或者微信群等方式给学生推送授课内容的微课等信息；课堂上，以知识点的练习为主，辅以教师对知识重难点与软件测试案例的讲解；课堂授课结束以后，通过在线学习平台和课程网站进行互动和知识的反馈。

对比班学生按照传统模式进行授课教学，课堂上按照大纲讲解软件测试理论知识点，课后按照要求布置相关作业，要求学生课下认真完成，对于软件测试知识点中的重点和难点进行特别强调，督促学生认真学习。

本学期的软件测试课程授课结束后，组织实验班与对比班学生进行考试，试题总分是 100 分，考试时间设定为 110 分钟。考试结束后发放调查问卷，如表 11-1 所示。

表 11-1　问卷调查

1：非常喜欢　2：喜欢　3：不喜欢　4：一般　5：无所谓	1	2	3	4	5
上下文导入方法学习 PMD					
通过网络等交流工具讨论课程的目的和内容					
利用网络平台获取教学资源					
微型视频的播放和使用					
将课程与学生的生活体验联系起来					
在课堂上以多种互动方式学习知识					
使用综合评估法给出考试分数					
积极参与课堂学习					

发出试卷和收回试卷相同，所有学生均参加了问卷调查。期末成绩批改以后，对实验班随机抽取 20％的学生进行访谈。

分析期末考试成绩和分布情况结果显示，对比班与实验班平均成绩分别为67.1 分和 72 分，最高分分别为 88 分和 92 分，最低分分别为 32 分和 36 分，不及格率分别为 18％和 9％，优秀率分别为 13％和 22％。从这些数据可以看出来，实验班的成绩明显优于对比班的成绩，这验证了基于 TPACK 的个性化教学模式在软件测试课程教学效果方面明显优于传统的教学模式。

根据问卷调查情况、访谈数据进行分析，结合考试成绩与实验过程中学生的实际表现进行对比。

调查问卷的数据分析显示：91％的实验班学生对个性化软件测试教学模式持正面积极的态度（非常喜欢或喜欢），并对软件测试考试成绩表示满意。从收集的数据进行分析，实验班 94％学生赞同继续使用个性化教学模式。参与调查的所有学生均认为，信息化技术与传统讲解方法进行结合，可以很好地减少软件测试传统课堂的枯燥乏味，提升学生学习的兴趣，对于微课等在线资源的提供，给了学生更多的学习机会和条件。这可以弥补传统授课的不足，课堂上任课教师的讲解关注点，为学生提供更多主动学习的机会；问卷数据表明，83.6％的学生认为，基于 TPACK 的个性化教学模式可以很好地结合理论知识点与软件测试案例，把软件测试技能融入测试案例中进行综合学习，提升学生对软件测试理论与技能的理解力和软件测试开发能力。

从数据的分析看，个性化教学模式可以激发学生的学习兴趣，加深重难点知识的理解，进而提高学习成绩，比传统教学模式具备更好的优势。总之，实验班的学生对新教学模式普遍持肯定的态度，并希望任课教师在以今后的教学过程中继续使用。

数据分析过程中，也发现一些不足。问卷调查结果显示，仍有大约 5.3％的学生对基于 TPACK 的个性化教学模式持否定态度，通过访谈和分析，找到了他们无法适应新模式的原因：①微课内容丰富，术语较多；②学生本身的软件测试基础知识掌握得不好；③受传统的教学模式影响，对任课教师过于依赖，自学能力不足，课下没有进行主动学习。

11.4 个性化的复合软件测试课程思政教学模式

为贯彻国家的决策精神，广大高校迅速开展了专业课程的思政研究与应用，在立足课程的专业性的基础之上，从人才培养的角度大力提升课程的综合价值，将思想政治融入专业课程的教学中，将专业教学和正能量价值观进行有机的融合，引领当代大学生树立正确的人生观和价值观。课程思政是立德树人的战略性举措，更是可以提升人才培养的新理念与新方式。

作为高校软件测试课程的授课教师，应深刻理解课程思政开展的必要性和紧迫性，在传道授业的同时，积极地开展课程思政工作。从学生的角度来看，可以提升学生的学习积极性与动力，对学生综合能力的提高起着极大的促进作用。软件测试课程是软件工程、智能科学与技术和计算机科学与技术等专业的核心课程，目标是传授学生掌握软件测试知识与技能，培养学生测试方案设计、测试代码编写、用例设计和测试实施等全流程的综合能力，为社会提供更多更好的软件测试人才。在课程的执行过程中，着力提升学生的团队协作意识与创新能力，不但要掌握软件测试知识与实践的能力，更要注入积极的学习动力，引入课程思政的元素，为培养更高质量的软件测试人才提供保障。

软件测试课程实践性强，课程学习对实践能力要求较高。目前存在的问题有：实践环节有待加强、学生学习动力欠缺，教学效果不如预期等。课程思政被引入软件测试课程教学中，可以形成个性化的复合软件测试的课程思政教学方法，大大提升学生学习的动力与使命感，为专业课程的思政改革提供新的方式参考。实践证明，新模式可以大大提升学生的学习动力，教学效果得到了验证。

11.4.1　软件测试课程的思政教学中存在的问题

随着技术的快速发展与市场人才需求的变化，按照软件测试课程的特点，很多高校对软件测试课程进行了课程思政的改革和创新，也取得了非常多的教学实践成果。同时也要看到，依旧存在一些共性的不足，主要有以下方面。

软件测试课程的实践性强，测试技术发展非常快，为了适应课程发展的需要，任课教师急需引入新教学理念。授课时，教师大多仍旧采用传统的教学方式与理念，这就导致学生学习效果不理想，对学生的学习无法达到预定的教学效果。对于学习兴趣下降与学习动力不足的问题，更要积极加强软件测试课程的思政教学的环节和方式方法。

软件测试课程注重传授专业基础知识和技能，对专业知识的人文教育重视度不足，对人才综合素质的提升无法起到积极的正面作用，也无法适应社会发展的需求。专业知识的学习固然重要，人文教育更加重要，这是可以决定专业人才能够持续性发展的基石。在软件测试教学开展的过程中，缺乏人文知识的引领，学生只关注专业知识学习，对课程的评价过于单一，不利于培养学生的综合素质。在掌握软件测试技术的同时，更要有正确的价值观，才可以实现科技强国的理想。

软件测试课程是进行软件的测试设计、执行与分析，实践性强，是典型的理工科内容。而课程思政内容具备典型的文科特征。所以，两者的有机结合是任课教师急需探讨的课题。目前的实际授课过程中，包含的课程思政元素不少，不过，融合度不佳，偏生硬。为了思政而进行思政，无法起到深入人心的作用，鼓舞人心不足，提升学习动力的作用有待加强。对于课程思政的模式与方式，应积极进行创新与改进，要将专业知识的讲授和思政教育进行更好的融合。

11.4.2　软件测试课程思政的教学模式实施

结合软件测试课程特点，科学引入课程思政的思想，结合专业知识的讲解，规划合适的软件测试课程思政模式。教学模式实施策略如图 11-5 所示。

(1) 优化教学目标，加强人文教育

课程的教学围绕专业知识的掌握和技能的培养，而人文素养能够更好地为

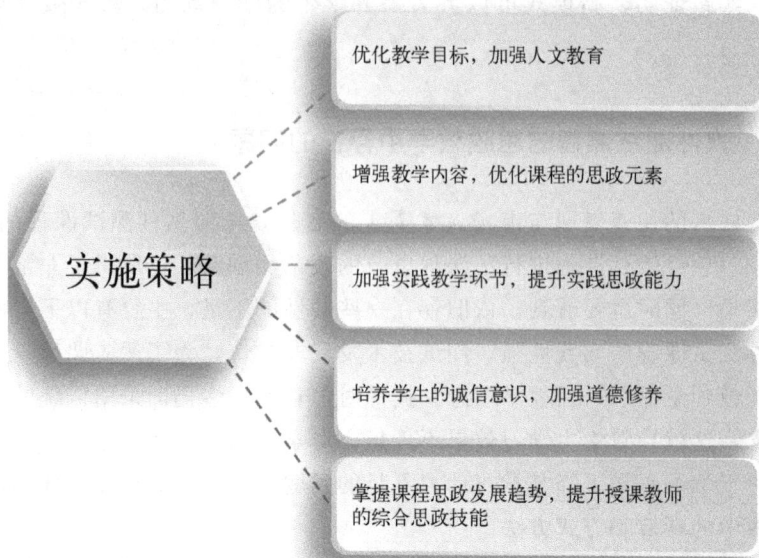

优化教学目标，加强人文教育

增强教学内容，优化课程的思政元素

实施策略

加强实践教学环节，提升实践思政能力

培养学生的诚信意识，加强道德修养

掌握课程思政发展趋势，提升授课教师的综合思政技能

图 11-5　教学模式实施策略

课程的学习注入新动力。为了培养德智体美劳全面发展的高素质人才，人文教育起着至关重要的作用。相比专业课程知识的学习，人文教育更能决定人才发展的高度与深度。由此，对课程需要进行学习目标的优化，在加强专业知识教育的同时，更要注重文化素养的培养，自我学习能力与团队合作意识等教学目标更应进行加强。

对于软件测试课程来说，学生需要具备软件测试设计、软件用例设计、软件测试代码编写等能力，更需要具有技术工匠的精神，在软件测试过程中培养强烈的爱国主义情怀与社会主义核心价值观，这是课程教育的人文素养的着力点和重点。

(2) 增强教学内容，优化课程的思政元素

软件测试课程知识点较多，实践性强，可以挖掘专业知识对应的思政元素，把知识点的讲解与课程思政元素进行科学融合，提升课程的教学效果。表11-2列举了教学知识点与思政元素相融合的对应方式。

表 11-2　教学知识点与思政元素相融合的对应方式

教学知识点	融入的思政元素
软件测试基础	以软件缺陷带来的损失案例,教育学生要具备严谨细致的科学态度,扎实的技术能力
黑盒测试	以边界值分析法为例,教育学生要有规则意识,进行法律思想教育。没有规矩不成方圆,人作为社会的一份子,要遵守法律法规,做规矩的遵守者和维护者

教学知识点	融入的思政元素
白盒测试	讲解逻辑覆盖法和程序插桩法,培养学生的工匠精神,勤于钻研,科学设计测试用例,做到设计无盲点覆盖,提升学生的实践动手力
性能测试	通过性能测试案例,包括学习强国 APP、12306 软件,培养学生的团队协作意识,中国人可以开发出非常优秀的软件作品,培养学生的爱国主义情怀
自动化测试	通过自动化测试的实施策略,培养学生善于利用技术的能力,要将这种能力应用到实践中,为经济社会发展做贡献。培养学生遇到困难时,多想办法,积极尝试,定能解决遇到的障碍

测试案例的选取与思政教学的规划,在课程思政的过程中显得非尤为重要。软件测试的目的就是通过软件工具和测试用例找出软件中存在的漏洞,从而提升软件性能。在软件测试过程中,会遇到各种各样的问题,这种情形下,可以适时引入课程思政的元素进行结合教学,在解决专业问题的同时,也增强了学生处理问题的应急能力。

(3) 加强实践教学环节,提升实践思政能力

软件测试课程的实践教学环节较多,旨在培养学生的软件测试综合能力。在进行实践教学的过程中,积极指导学生要多关注测试的细节,毕竟细节会决定测试的成败。测试执行过程中,小问题的不断积累,将会带来测试的灾难性后果。对软件缺陷的检查,一定要细致,要用更加严谨的科学态度进行软件的测试,督促程序员形成良好的编码习惯,从而增强软件抵御风险的能力。

(4) 培养学生的诚信意识,加强道德修养

在课堂教学进行完毕,任课教师可能会布置一些软件测试的具体任务。因此,课后任务的完成情况与日常检查必须及时跟进,这对培养学生的自主学习能力有着重要的促进作用。任课教师要监督学生独立地完成测试任务,完成任务过程中,可以查阅资料,可以互相探讨解决办法,但是一定要杜绝任务的直接抄袭。这不仅造成作业评价的不客观,还可能对学生的诚实守信带来不利的影响,对于培养学生高尚的道德情操不利,也不利于学生未来更好地发展。通过完成课下测试任务,可以更好地培养学生的综合技能,提升学生自主学习的乐趣。在提升学生的软件测试能力的同时,培养学生良好的思想品德,可以为以后更好的发展打下坚实的基础。

(5) 掌握课程思政发展趋势,提升授课教师的综合思政技能

授课教师要积极进行学习与探索,努力提升自己的课程思政综合能力。作为学生学习的引导者,授课教师应具备更好的思政能力,掌握更有效的思政方法,从而对学生进行科学的思政引领。通过软件测试课程思政的教学,帮助学生更好地掌握软件测试的基础知识,促使学生具备持续学习能力与技术工匠的精神。

11.5　模式研究情况

11.5.1　研究开展的情况

① 通过对课题的探索与实践，有针对性地对地方高校的软件测试课程进行教学模式的改革，构建转型发展下更加适应社会需求的新教学模式，提高学生的软件测试综合能力。

② 通过本课题的研究，提高教学效率，切实加强学生学习软件测试课程的兴趣培养，提升学生的软件测试理论水平。

③ 通过本课题的开展，探索软件测试项目实践与企业实习更加有效的整合方式，切实提高学生的软件测试素养。

④ 通过本课题的研究，整合优化软件测试在线教学资源，总结出新的教学方式方法。

⑤ 通过本课题的研究，把相关研究成果推广到计算机其他实践类课程的讲授上，为计算机专业的本科教学提供新思路与研究经验。

11.5.2　研究方法及内容

为了能提高培养软件测试人才的水平，笔者借鉴已有研究的成果基础，结合学习内容与学生特点，探索符合转型发展下地方高校软件测试课程的教学模式（图 11-6）。

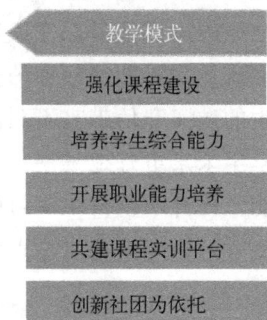

图 11-6　教学模式

① 在课程建设中，既要有校企共建的实施，又要在课堂上强化软件测试项目知识。在课堂教学中，研究翻转课堂在软件测试课程教学中的应用方式与方法。教师由原来的知识传授者转变为学生学习的帮助者和促进者，学生由原来的知识接受者转变为主动学习者。

以建构主义理论和任务驱动等作为理论支持与指导思想，构建软件测试实践教学个性化任务驱动的复合教学模式，该模式由课前学生自主学习、课堂授课和课下软件测试项目等活动组成，目标是培养学生的动手实践能力与学生的团队协作能力。

② 研究培养学生知识的综合运用能力、创新能力、合作能力与交流能力的教学模式。

在教学方法的选择上，根据不同的教学内容灵活采用不同的授课方式，比如演示法、任务驱动法、角色扮演法和问题探究法等。在成绩评价机制上，自评、互评和他评相互结合，从而实现评价主体的多元化。把定量评价和定性评价相结合，实现评价方式的多样化，注重过程性评价，实现评价的科学性和客观性。

③ 以软件测试职业能力培养为重点，实行分阶段培养模式。

将"基础理论→技术应用→职业发展"作为主导培养模式。培养学生掌握软件测试的理论知识、软件测试技术、设计测试用例和软件测试流程等知识，培养学生的软件测试思维。更重要的是培养学生的项目管理能力、团队协作能力和求职应聘能力。

④ 与企业共建课程实训平台，体现实践性与开放性。

与软件企业公司建立课程实训平台，每年定期输送软件测试学生到企业参加实训，地点包括北京、上海、杭州、深圳等。利用企业真实的软件测试环境和测试执行资源，以软件测试项目为主导，按角色进行分工，加深实训学生对软件测试工作过程的真实感受，并在任务完成过程中进行教、学和做的有机结合。

⑤ 以"软件测试"创新社团为依托，以项目为支撑带动学习。

为了充分调动学生学习的积极性，建立了"软件测试"学生社团。重点培养热爱软件测试行业的学生，为他们提供软件测试知识的讲授和培训，鼓励他们参加软件测试项目的实施。在该创新社团中，团队学生实行自主研究式、混合式、分组讨论式和项目驱动式等方法学习，提高学习的效率。

11.5.3　本模式研究的着力点

本模式研究致力于构建地方应用型高校软件测试教学新范例，为类似课程教学改革提供思路和参考。教学模式研究着力点如图 11-7 所示。

① 在地方高校转型发展的新形势下，软件测试课程教学如何开展一直是研究的热点。本课题从课程的开展、校企合作与学生综合素质培养方面着手，提出新的

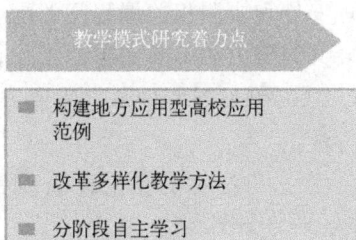

教学模式研究着力点

■ 构建地方应用型高校应用范例

■ 改革多样化教学方法

■ 分阶段自主学习

图 11-7　教学模式研究着力点

TPACK 个性化教学模式，为计算机专业其他应用型课程的教学模式改革提供新的思路和示范。

② 融入翻转课堂教学方法，充分体现建构主义"以学生为中心"的思想，发挥学生的主观能动性和学习能力。

③ 将授课阶段创造性地分为多个协同学习阶段，包括自主学习情况、课堂答疑和小组合作等阶段，鼓励学生全方位地参与到软件测试教学过程中，提升学生的软件测试综合水平和实践动手能力。

11.6 研究成果的价值、影响和效益

11.6.1 成果的应用价值

随着信息技术的快速发展，软件测试技术应用越来越广泛，而高校培养出的软件测试人才和企业的实际需求数量缺口较大，软件测试人员成为当前 IT 界急需的热门人才。中国软件业每年新增约 20 万个测试岗位，实际就业机会却不到需求量的 10%，目前，这种需求和供给间的差距仍在持续扩大。中国 IT 人才缺口超过 100 万，其中 30 万以上为软件测试人才，这充分说明，软件测试人才的就业前景非常光明。

按照软件行业的规范，软件测试人员配备一般是软件开发人员的 2 倍。而目前我国软测人员和开发人员比例却仅保持在 1.5～1.8，人员缺口较大。面对软件测试人员的需求形势，高校更应该扩大软件测试人才的培养规模，提高软件测试人才的培养质量。为适应软件测试应用型人才的需求，结合转型升级的发展战略，以课程教育改革为手段，实现综合能力的人才培养是当前软件测试课程授课的当务之急，软件测试课程的改革如火如荼。

因此，应构建课程授课体系，设置好理论授课和实践授课之间的关系，并合理安排和协调相关课程间的配合。建设科学完整的软件测试课程体系是一个需要共同努力和不断完善的工作，笔者开展的工作取得了积极的效果。

① 转型发展背景下，为地方高校在软件测试实践教学方面提供新的思路和方法。

② 运用新的个性化教学模式，更好地提高学生的软件测试实践能力和水平。

③ 使用 5R-3M 校企合作模式，积极加强学生的实际软件测试经验的积累。

11.6.2　模式研究取得的创新成果

① 目前的教学方法改革主要集中在某一个特定方面，而基于 TPACK 的个性化教学模式的改进是针对整个软件测试教学过程。在教学效果上，覆盖了软件测试的全过程，包括软件测试计划的制订、测试用例的设计、测试工具的选择、测试的执行和测试计划的撰写。

② 采用调查问卷与数据收集的方法，对模型执行数据进行整理和分析。从成绩、学生实际学习能力、知识拓展能力、学习兴趣与满意度、沟通与团队等方面对模型执行情况进行总结。数据分析表明，新的教学模式在指标上总体优于传统的教学方式，值得推广应用到相关课程的授课过程中。

③ 以客观与主观相结合的方法，采用课堂视频分析法、内容分析法与调查法等开展教学模式研究，设计提升教师信息技术的混合式培养方法。

④ 探讨软件测试课程教学改革的应用思路与教学活动的组织策略，通过角色的相互转变，学生可以更好地主动学习、积极探索，他们的学习兴趣与团队合作能力得到了较大的提升，学习效果有了大幅度的提高。

⑤ 本项目提出了软件测试课程的混合教学模式。此模式可以很好地解决目前软件测试教学中存在的不足，有效提高学生实际动手操作能力与团队合作能力，同时为学生从事软件测试相关工作提供了良好的便利条件。

11.6.3　影响和社会效益

本项目以定量和定性相结合的分析方法研究 TPACK 框架下教师的知识结构特征，以 TPACK 作为理论框架，将软件测试课程作为研究对象，采用视频分解法、内容分析法与调查问卷法等开展研究，探索提出软件测试任课老师的 TPACK 发展策略，设计教师信息技术的混合式提升模式。通过回归分析，验证该混合式 TPACK 模型的有效性，为教师的培养提供借鉴与参考，期待由此提高软件测试课程的教学质量。

为了提高软件测试课程的教学质量，笔者研究了 TPACK 个性化教学模式。根据教学模式的应用和组织策略，讨论了软件测试课程教学活动的改进途径。TPACK 教学模式创造性地引入软件测试综合案例教学方法，丰富了平台的教学资源，学生可以随着角色的转变而积极地学习与探索。该教学模式的改革，可以有效调动学生的学习积极性与团队协作精神。实验班和对比班的数据分析表明，基于 TPACK 的个性化教学模式的效果明显优于传统教学模式的实施，与此同时，大大提升了学生的综合能力。实验数据也表明，TPACK教学模式适应性强、效果好，在计算机实践类课程中可以考虑推广应用。

11. 7 存在的不足及尚需深入研究的问题

教学模式的研究取得了预期成果，后续需要进行跟进研究的方向包括以下内容。

(1) 探索理论授课与实践授课环节的结合策略

在软件测试课程设置中，理论知识较多，而实践能力又是课程授课的重要目的，如何有效地集合理论授课与实践授课的策略显得非常重要。学生上机时完成实验操作的教学方式、实验的目的更多的是为了检查学生知识点的理解和掌握，实验题目大多是经典项目，略显陈旧，不能紧跟当前的最新发展，学生的测试知识体系有待加强。

(2) 探讨学生个体和团队协作能力的协同培养

软件测试作为软件工程中的一个重要环节，贯穿整个软件的生命周期，软件测试人员和系统分析员、软件设计师、程序员的沟通必不可少，良好的团队协作能力有助于测试项目的高效开展。学生个体能力发展对于团队是优势，团队的合作又非常重要，这两者如何平衡发展是下一步研究的重点。

(3) 通用性软件测试平台有待完善

在地方高校中缺乏结合教学实验内容的通用性的实践平台，大多数高校停留在讲授几个热门的测试工具的阶段，缺乏成熟和实用的通用性测试环境来完成实施软件测试项目。而软件测试工具种类较多，如何进行选择也是一个不小的挑战。针对不同类型高校的不同专业，可以有针对性地进行选择，从而构建通用性的软件测试平台，避免资源浪费，做到校际共享，提高资源利用率。专业培养过程中存在理论课程知识结构不合理，不重视对学生软件测试职业素养的培养，这都需要完整通用性的软件测试平台的完善，有助于学生综合能力的培养。

第12章

基于探究式教育的软件质量保证
与测试课程创新研究与实践

12.1 引言

在技术发展过程中，软件已成为社会的经济支柱之一，而软件质量保证和测试作为保证软件质量的一种方式，一直是培养软件人才的重要课程。目的是使学生系统地学习概念和测试理论，深入了解软件测试过程的方法。目前，教学内容与主流测试知识无法有效衔接，课程安排不够有针对性和实用性，无法实现企业对测试人员的要求。

为了提高教学效果，许多专家提出了很多创新方法。课程改革主要分为三种方法。

第一，改进该课程的教学方法，提高教学质量。这些措施包括引入工程教育理念、行业标准，以及在课程之间建立合作关系。新方法融入了工程教育，同时向学生介绍行业标准，不仅可以增强他们的兴趣，还可以提高他们的学习成绩和就业竞争力。在课程之间建立协作关系，并介绍经验。

这些方法提高了课程教学的有效性，但缺点是对学生重视不够，学生参与积极性低。

第二，利用教学软件和工具改革教学模式。使用工具作为辅助教学方法，吸引学生参与课程教学。教学视频用于分析，并通过教学平台保持学生互动。通过评估工具和项目团队成果，对学生的学习成绩进行综合评价。通过使用工具、游戏和协作学习环境，讲座可以更加愉快，学生的参与度也可以提高。根据所涵盖的软件测试主题，对这些环境进行了系统的调查和评估。这种方法很新颖，但缺点是与课程的协作工作具有挑战性。

第三，改革了评价体系，鼓励学生有效参与。课程评价对学生很重要，课程评价体系有待完善。这种方法激发了学生的学习热情，但缺点是要开发一个评估系统，评估体系涉及多个方面，标准的科学性需要进一步提高。

探究式教学模式改变了传统的灌输方式，学生接受性学习，建立了互动和自主的教学模式，构建了具有教学和研究双重功能的课程教学范式。以探究性问题和拓展性问题为切入点，使教学任务更加多样化，隐含培养自主科研精神。通过设计和优化教学大纲，调整了实践课程的学时和权重。强调学生的实践能力，加强校企合作，建立多层次的实践教学体系和课程实践。为了提高有效性，采用"四位一体"的评估体系来评估学生的综合能力。课程体系和探究式教学模式保持一致，记录学生在实践过程中遇到的问题。问卷调查和访谈用于分析实践结果并得出结论。

12.2 软件质量保证与测试课程教学中存在的问题

当前的"软件质量保证与测试"课程建设势头良好，但仍存在一些不足，如图 12-1 所示。

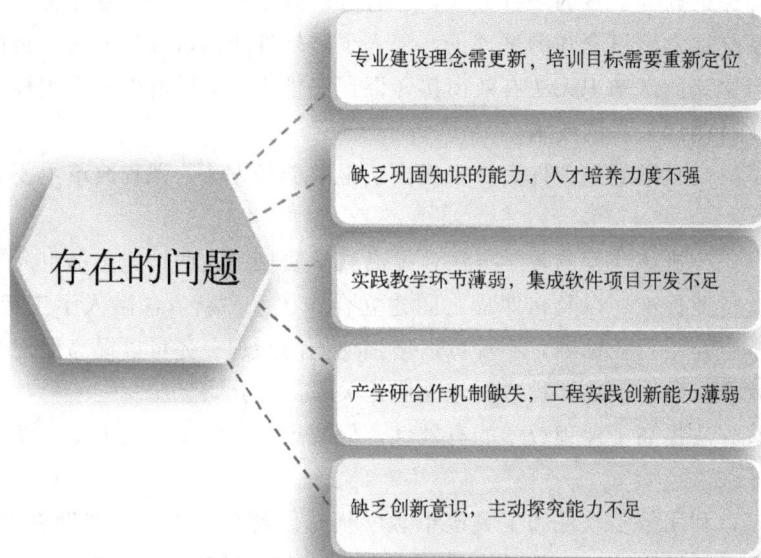

存在的问题

- 专业建设理念需更新，培训目标需要重新定位
- 缺乏巩固知识的能力，人才培养力度不强
- 实践教学环节薄弱，集成软件项目开发不足
- 产学研合作机制缺失，工程实践创新能力薄弱
- 缺乏创新意识，主动探究能力不足

图 12-1　教学中存在的问题

(1) 专业建设理念需更新，培训目标需要重新定位

随着数字智能和新工科的发展，新知识不断增加。同时，与传统工程学科

存在交叉，现有工程人才培养目标偏重学科，淡化实践能力。它与工程教育的方向不一致，不能满足人才的培养。

（2）缺乏巩固知识的能力，人才培养力度不强

在传统的教学过程中，教师起着主导作用。作为知识的被动接受者，学生产生了一定的惰性，无法有效激发学习热情，因此缺乏积极思考问题的能力。人才培养过程要坚持以学生为中心，以不断改进为主线，贯穿于人才培养的全过程。

（3）实践教学环节薄弱，集成软件项目开发不足

"软件质量保证与测试"课程的理论内容较多，实践方面不能得到有效考虑。由于综合软件项目实践涉及较少，项目的实用性较差。教学案例结合了更多的知识，包括多学科知识点的综合项目很小，无法实现软件测试实践教学的全过程，学生将无法建立完整的测试概念。

（4）产学研合作机制缺失，工程实践创新能力薄弱

"新工科"强调培养学生的工程能力。然而，目前《软件质量保证与测试》课程的教学权重、校企合作教育以及科教融合的深度不足，高校注重理论教学而非实践，与产业需求和经济社会发展需求没有密切关系。

（5）缺乏创新意识，主动探究能力不足

创新研究是工程教育的本质，培养学生的创新研究意识，探究精神是工程教育的重要任务。学生缺乏足够的工程意识，忽视实习和实践培训课程，缺乏创新探究意识和探究精神，没有很好地规划未来的职业生涯。

12.3　教学模式改革创新路径

12.3.1　探究式教学模式

探究式教学已被证明是一种有效的方法，通过教师设定的教学情境，学生可以在"独立、探究、合作"的学习模式中得到提升。自主学习、自主研究和小组合作交流，从而更好地培养学生获取知识、培养学生创新精神和创新能力。探究式教学模式的特点如图 12-2 所示。

笔者从不同角度对探究式教学模式进行了研究，并将实施方法应用于日常教学活动中，教学效果有不同程度的提高。

针对传统教学中存在的问题，如学生对学习软件测试课程兴趣低、缺乏知识的内化和固化以及创新研究意识等，鼓励教师深入理解教与学的关系，及时

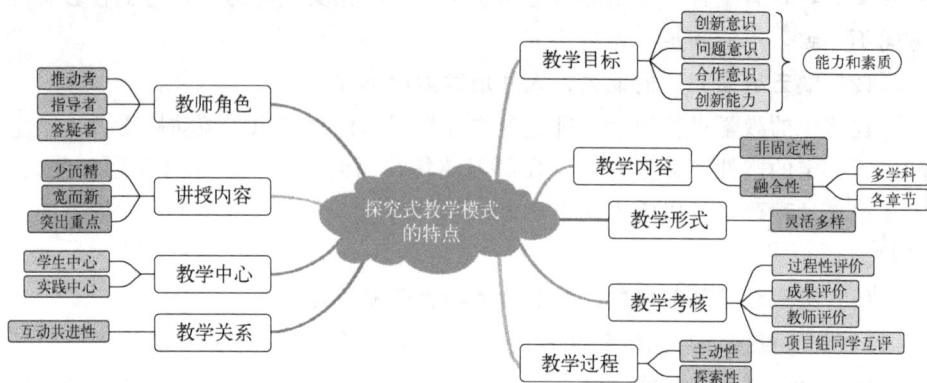

图 12-2　探究式教学模式的特点

总结教学经验，开展探究式教学和实践探索，让学生由浅入深地学习。

　　根据人才培养目标，结合软件质量保证和测试人员培养以及社会需求，构建以教学、研究为中心的探究式教学，致力于探索知识、能力和科学素养的三位一体。建立一种基于研究和探索的学习模式，将学习、研究和实践有机地结合起来，使学生能够创造性地运用自己的能力，独立研究和解决问题，从而培养出具有探索、创新和实践能力的高层次软件测试人才。

12.3.2　软件质量保证与测试探究式教学模式的整合

图 12-3　探究性教学模式的"四个教学转变"

　　从教学方法改革入手，提出将探究式教学模式应用于课堂教学、课外拓展、网络平台和考试方法四种创新培训模式。根据软件测试教学的学习情况，制定可行的实施方案。

　　通过探究式教学模式促进形成性评价，实现了教与学的融合。线上和线下混合教学变革实现了"四个教学转变"和人才培养的"五个目标"，探究式教学模式如图 12-3 和图 12-4 所示。

　　由以教为主向以学为主转变，发挥学生学习主动性；由课堂授课为主向课内外结合转变，让学生的学习不断

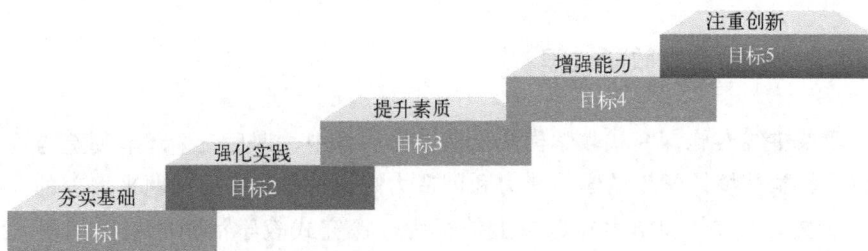

图 12-4　探究性教学模式的"五个目标"

档，可以随时随地开展课程学习；由结果评价向形成性评价转变，将评价体系立体化和多样化，从而更加科学地对学生进行评价；由线下为主向线上和线下混合式教学转变，鼓励学生充分利用丰富的线上资源，提高线下学习质量。实现培养目标的增强，包括夯实基础、强化实践、提升素质、增强能力和注重创新，培养新时代社会所需的软件人才。

12.4　教学模式实施方案

12.4.1　探究式教学模式的改革思路

课堂授课设计环节较多，要全方位、多维度地开展研究性教学改革，将研究性教学贯穿整个课堂授课过程中。课堂教学围绕课前的准备情况，组织学生进行讲解，在讲解以后，鼓励其他组的学生通过诘问和提问题的方式，组织学生进行知识的探讨。教师此时更多的是对疑难问题的讲解和共性问题的探讨，可以更好地从基础知识讲解中摆脱出来，有更多的精力进行答疑，从而提高授课效率。

为了实现教师的探究式教学和学生的高质量学习，采用"进化多级鱼模型"从课前、课中和课后三个方面进行研究。加强"引导""指导"和"教学"，强调"指导性实践""学习与实践"和"磨练"，构建探究式教学的理念。

通过补充材料、教材选择和教学积累，积极引导学生做好课前准备。学生通过课堂准备、在线练习和学习反馈进行监督。采用引导法、问题探究法和案例教学法指导学生学习。学生可以积极主动地与老师合作进行自主学习。鼓励实践，通过研究论文和布置作业来加强课外活动。引导学生积极实践，解决实际问题，培养良好的思维品质。

12.4.2　加强课堂教学过程

两条主线实施探究式教学模式。从课前、课中、课后三个环节创造与现实相似的教学情境。学生的学习能力和创造力是通过解决实际问题来培养的。翻转课堂改变了教师和学生在课堂上的行为，探究式教学活动的组织如图 12-5 所示。

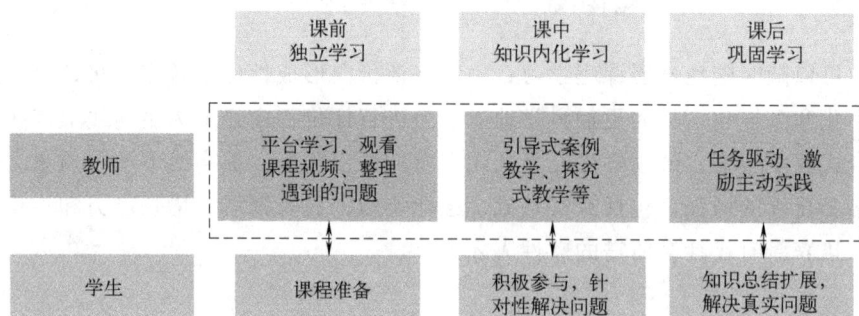

图 12-5　探究式教学活动的组织

(1) 课前采用引导式案例教学，积极开展探究式教学

通过在线平台安排预习内容，将成功案例展示给学生。学生建立直观的印象，将案例中的知识重点分散到章节中，使学生能够充分掌握书中的内容。例如，在谈论静态测试时，测试程序的视频和 PPT 会在网上发布，这样学生就可以学习和查询信息，开发获取需求的新方法，并进行有目的和主动的学习。

(2) 在课堂上采用头脑风暴指导课堂教学，积极探索沉浸式教学模式

教师们进行鼓舞人心的讲座并组织课堂研讨会。介绍丰富多彩的教学案例，针对有难度的软件测试问题，教师和学生进行讨论，找出合适的解决方案。鼓励学生自由发言，并使用尽可能多的方法来解决实际问题。在学生自己阅读、研究和讨论的基础上，教师积极引导解决问题的思路，组织和开展对分课堂进行教学。讨论形式可以通过抓取答案、随机选择学生或发起附带测试来实现。培养学生的自主学习意识，形成良好的自主学习习惯。

(3) 运用内外知识整合模式提高学生创造性问题解决能力

教师通过给学生布置课程论文来对这个主题进行研究，对于学生来说，课程的主要任务是完成课程论文、报告和展示课题研究的结果。课程论文是学生在学习过程中学习的软件质量保证和测试课程以及其他专业知识的综合应用。它包括两种形式。首先，基于特定软件测试主题的文献综述。其次，一篇小论文或研究报告是基于软件测试中的一个实际问题。学生可以独立学习和思考，鼓励创新。通过这个过程，学生可以获得研究和演示过程中的经验，初步掌握报告研究成果的程序和注意事项，同时促进学生之间的相互学习和理解。学生愿意参与科学研究和实践活动，将知识应用于实践，通过实践发现和解决问题，培养学生的自主学习能力。

（4）丰富课程探究性教学方法，推进教学深度改革

探究性教学模式创新改革将重新调整课堂内外的时间，把学习的决定权从教师转移到学生。教师不再独占课堂的时间来讲授知识，学生需要在课前完成自主的学习，他们可以看视频、听讲座、听微课，还可以与别的同学讨论，教师拥有更多的时间与学生进行交流。

项目驱动式教学，可以把理论和实践更有效地进行结合。以项目开发的完整过程为内容，展示项目开发的所有流程。该方法的目的在于鞭策和激发学生的学习兴趣，使他们变被动为主动，培养学生分析问题和解决具体问题的综合能力。项目开发的压力又可以充分激发学生的学习动力和主动性，复合教学模式把翻转课堂教学和项目驱动教学方法引入软件质量保证与测试课程的教学过程中，对课程讲授内容进行再次重构，对教学的过程进行全新的调整。

（5）围绕项目开展探究性教学改革，提升学生持续性探究技能

软件质量保证与测试课程主要围绕软件项目的开发展开教学，把项目的功能科学分解到知识点的讲授过程中，教学内容采用"线上"与"线下"相结合的方式进行，让学生参与到课堂的教学活动中。课堂教学则侧重于疑难知识的探讨。该模式可以更好地培养学生的自主学习能力与实践编程能力。

课程的教学是一个整体，理论知识是基础，任何时候都要加强。如何平衡理论知识授课和实践教学的关系，一直是项目组成员关注和探究的问题，在以后的教学过程中，项目组成员会在这个方面进行探索，积极开展相关的研究。

（6）加强团队协作能力培养，提升团队整体探究性素质

"软件质量保证与测试"课程是实践性非常强的计算机专业课程，要求具备的知识多而复杂，学生除了学习基本的程序设计与开发知识以外，还要注重软件开发经验的积累。而程序设计与开发更是一项集体协同完成的工作，靠一个人单打独斗效果不好。在教学过程中，项目组会对此方向投入更多的精力和时间，积极探索学生团队能力培养的模式和方法。

（7）建立探究性实验环境，提高学生的实践创新能力

目前，高校中结合教学实验内容的通用的实践平台较为缺乏，实验环境单薄。多数高校停留在泛泛讲授几个热门的程序设计与开发工具的阶段，缺乏成熟、实用的综合开发环境来实践完整的软件项目。而程序设计开发工具的种类繁多，应结合不同高校和不同专业，选择更有针对性的程序设计与编译工具，让学生更好地开展程序设计实验，提高学生的实践创新能力。

12.4.3 建立丰富的学习资源，提高创新能力

采用探究式教学的新模式，提高了教学效果。学生课外学习劲头得到了激发，课堂教学的"生动性"得到了加强。构建微课程教学资源库，实现数字化教学、泛在学习和移动学习。通过整合视频、音频、图片、PPT、试题等学习资源，搭建学习平台。学生可以通过移动设备随时独立进行在线预览，并以多种学习形式完成相关任务点。学生成为积极的学习者，教师成为学习的引导者、组织者和设计者。知识的固化和延伸是在课后进行的，实现了课堂革命，显著提高了教学效果。构建探究式教学资源的方法如图12-6所示。

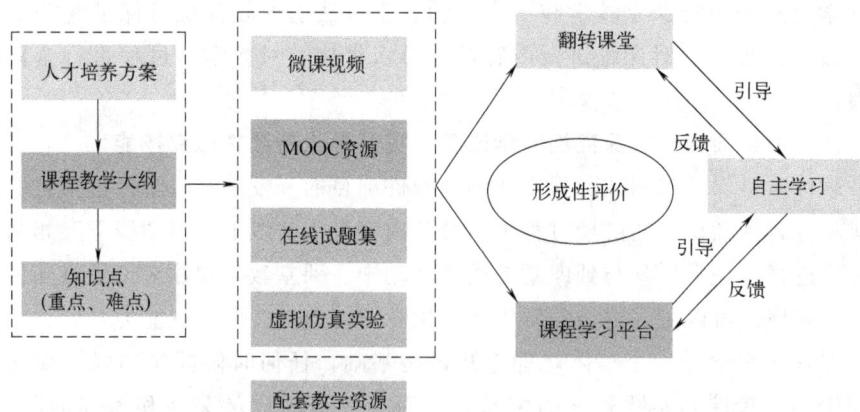

图 12-6　构建探究式教学资源的方法

利用在线教学资源的优势，推进了探究式教学的改革。"软件质量保证与测试"课程充分利用在线教学资源，营造以学生自我发展为中心、课堂内外紧密结合的开放式教学环境。课堂教学时间有限，教学内容无法充分展示整个"软件质量保证和测试"知识体系的细节。为了有效拓展课外学习、研究和交流的空间，利用在线教学资源为学生提供教学课件、电子教材、实用软件、网络数据查询、在线练习和在线考试等。通过在线提交作业、在线考试和其他在线培训计划，学生能够更多地了解软件测试，构建良好的自主学习氛围。在线论坛用于促进师生交流和讨论问题，弥补课堂教学的不足。这可以促进学生、

团队之间以及学生和教师之间的沟通，达到开阔学生视野、丰富课堂教育的效果。

采用研究性技术手段，利用广泛的信息传播渠道来推进课程建设。利用新兴研究性技术手段，如 AI、云计算、大数据等，举办高水平的技术交流和探讨会议，包括技术沙龙、在线学习平台等形式。在这些有影响的网络微群中提供程序开发技术的交流和分享，如测试计划制订、测试用例设计、测试工具使用等，大量的软件测试工程师提供软件测试设计与开发案例、软件测试工作总结等资料，有着非常好的借鉴意义，利用广泛的信息传播渠道来推进课程探究性教学建设。

12.4.4　建立多维度、多元化的评价机制，构建产学研一体化实践教学体系

建立多层次成绩评价机制，延伸探究性教学模式作用期。传统的教学中，学生的最终成绩由试卷成绩组成，即使有平时表现的分数，针对性也不强。为了更好地激励学生进行自主化的学习，复合教学模式对成绩评价机制进行改进，采用多层的成绩评价机制，不以分数作为唯一衡量标准，积极延伸研究性教学模式的作用期，引导学生提升自己的综合能力。

成绩评价不再过度依赖试卷成绩，引入了多元化的评价机制。该机制包括四个部分：第一个是课前预习阶段成绩，包括课前预习情况、预习的效果和小组的准备情况；第二个是理论授课过程中的表现，包括学生讨论情况、小组协作情况；第三个是学生的课后学习情况，包括在线资源的利用、与其他同学的交流沟通、微课慕课的学习情况；第四个是学生团队的软件项目的完成情况，包括需求分析、设计、编码和测试全流程的情况。这样的考核方式就要求学生在学习的全流程都需要全身心投入，并积极参与各个环节，可以更好地提升学生的综合能力。

优化了过程评价方法，改革了评价机制。不仅重建了教学环节，而且评估和评价方法也更加多样化。多维评价体系包括实践成绩、实习报告、项目成果、创新成果等。建立反馈系统，及时向学生、教师和企业导师提供评估结果，以不断提高教学效果。评估和评价涵盖了在线活动、线下教学和考试的各个方面，覆盖范围广，加强了过程评价。学生学习过程中的作业、演示、小组讨论参与和在线讨论被用作学习评估的基础。在课程考核评价中，过程评价占评价权重的 60%，期末考试占评价权重的 40%，详细信息如表 12-1 所示。

表 12-1　评估和评价方法

形式	评估程序	比例/%
在线	课前环节	10
	考勤	5
	课堂讨论	10
	课堂考试	15
线下课程	团队分享	5
	专题研讨会	15
线下考试	期末考试	40

各组按以下方式进行评估，每组有一个等级，组内成员根据每个人的贡献获得相应的分数。这种课程评价方式更有利于培养学生的自主学习意识和探究创新精神。学生的成绩如下式所示。

$$\text{Total}_i = T_j M_{jk} + H_i + E_i$$

式中，Total_i 表示候选人的最终成绩；T_j 表示该组的总分；M_{jk} 表示组 j 的第 k 个成员在组内的分数比例；H_i 表示通常的分数；E_i 表示期末考试分数。

$$\sum_{k=1}^{n} M_{jk} = 1$$

式中，n 表示第 j 组中的学生人数。

12.5　教学模式实验过程

12.5.1　研究对象

为了验证探究式教学模式的有效性，选择软件工程专业教学一班和软件工程专业教学二班的学生作为研究对象。软件工程专业一班有 95 名学生（74 名男生和 21 名女生），软件工程专业二班有 94 名学生（76 名男生和 18 名女生）。两个班是随机分的，人数和性别比例基本相等，属于同一专业，没有太大差异，比较结果可信。

软件工程专业教学一班作为实验班，软件工程专业教学二班作为对照班。为了掌握实验班和对照班的学习情况，保证实验的准确性，在课程开始时使用了问卷进行测试。向实验班发放了 95 份问卷，回收了 95 份，回收率为

100%，所有回收的问卷均有效。向对照班发放了 94 份问卷，回收 94 份，回收率为 100%。所有收集到的问卷均有效，有效率为 100%。问卷调查结果统计如表 12-2 所示。

表 12-2　问卷调查结果统计　　　　　　　　单位：%

调查内容	选项 A		选项 B		选项 C	
	班级一	班级二	班级一	班级二	班级一	班级二
编程能力	33.68	32.98	35.79	35.11	30.53	31.91
软件项目开发	30.53	29.79	42.11	43.62	27.37	26.60
软件测试能力	33.68	35.11	36.84	32.98	29.47	31.91
课程兴趣	36.84	39.36	38.95	38.30	24.21	22.34
创新能力	35.79	37.23	41.05	37.23	23.16	25.53

软件工程专业教学一班采用探究式教学方法，软件工程专业教学二班采用传统教学方法授课。表 12-2 中的数据显示，这两个班的学生在编程能力、软件项目开发、软件测试能力、课程兴趣和创新能力方面相似。这两个班的学习环境、教师、教材和课时都是相同的，因此选择这两个班级作为研究对象是合适的。

12.5.2　研究方法和实施步骤

12.5.2.1　研究方法

采用文献研究法，把握软件质量保证与测试课程教学模式的发展趋势。采用案例研究法对项目进行案例分析，总结经验和可行路径。采用实验比较的方法，通过不同的教学方法对其教学效果进行比较和分析。实验班采用探究式教学模式组织教学活动，对照班采用传统教学模式实施教学。在此过程中收集了相关数据。课程结束后，对两个班学生的学习情况进行比较和分析，并通过整理数据得出了结论。

12.5.2.2　实施步骤

(1) 保持教学的一致性

对照班和实验班由同一位教师授课，以确保教学进度、内容和水平没有变化。在实施过程中，实验班和对照班的总学时相同，理论和实践培训学时的安排也相同。教学环境相同，使用相同的多媒体教室和实验室。此外，没有告知对照班实验安排，以避免影响学生的心理情绪。

（2）组织教学活动

实验班的评价采用探究式教学的理念。随着评价内容的多样化，评价方法也根据不同的评价内容而多样化。

对照班采用常规教学模式。在理论教学中，教师解释和演示操作过程及方法。在在线实训课上，学生在计算机上练习，练习老师讲解的内容以及每章的相关作业和任务。

12.5.3 实验结果

通过收集常规课堂观察、问卷调查和期末考试成绩等信息，对数据进行统计分析，以检验探究式教学模式的实际有效性。

12.5.3.1 培养能力分析

在课程中，对学生的学习动机、团队合作能力和创新能力进行了综合分析。

① 在学习动机方面，实验班明显优于对照班。首先，从学生出勤率来看，实验班出勤率很高，整个学期有 2 名学生请假，没有人无故缺席。在对照班，5 名学生请假，7 名学生缺课，2 名学生连续三次缺课。其次，在课堂参与方面，实验班的学生更愿意参与教学活动，因为实验班有小组汇报会。与此相比，对照班中积极参与课程教学的学生较少；在课堂上，学生很少主动提问；在练习答案中积极回答问题的学生人数很少。在这种情况下，老师采取了鼓励措施，但效果仍未达到预期。

② 在团队合作方面，实验班和对照班的统计数据存在显著差异。实验班的学生需要参与课前预习、课堂讲解和课后复习，这些都需要学生之间的协作，因此学生之间的团队合作意识更强。相比之下，对照班的学生之间缺乏沟通，师生之间也没有太多的沟通。当学生遇到问题时，实验班的学生会积极交流，遇到无法解决的问题时会向老师寻求帮助。另外，对照班的学生更有可能自己解决问题，如果无法解决问题，他们很少采取进一步行动。其结果是遇到越来越多的困难，直接影响后续知识的学习。

③ 在创新能力方面，实验班的学生总体表现较好，而对照班则存在分歧。为了掌握书本知识，实验班的学生被组织成小组，积极拓展知识，提高实践技能，培养创新能力。而对照班的学生更注重掌握书本知识，较少涉及书本外的内容，创新能力的培养更为不足。在最终的软件项目测试方面，实验班的大多

数学生都能够完成测试任务，测试计划更加完整，测试用例非常全面。相比之下，对照班的学生无法很好地完成测试，测试用例设计不够全面。

12.5.3.2 数据分析建模

为了测试探究式教学模式的实际有效性，调查学生的经历和感受，在课程结束后进行了问卷调查。问卷设计有学习兴趣、知识掌握、学习动机、知识扩展和应用、实践技能和创新能力等问题，每个问题包含 3~6 个小问题。

在本次问卷调查中，向实验班发放了 95 份问卷，回收了 95 份。所有问卷均有效，回收率和有效率均为 100%。向对照班发放了 94 份问卷，回收了 94份。所有问卷均有效，回收率和有效率均为 100%。

(1) 学习兴趣

通过两种教学方法对学生学习兴趣的影响，分析了实验前后学生对学习软件质量保证和测试课程的兴趣方面，统计情况见表 12-3。

表 12-3 实验班和对照班学生课程兴趣统计　　　　单位：人

学生数量	非常感兴趣	感兴趣	不感兴趣	拒绝
实验班测试前 ($n=95$)	38	42	10	5
实验班测试后 ($n=95$)	61	34	0	0
对照班测试前 ($n=94$)	39	41	10	4
对照班测试后 ($n=94$)	45	44	5	0

表 12-3 中的数据显示，实验前后，所有班级学生的学习兴趣都有所提高。在实验班，达到 100%，总体增长 15.79%，非常感兴趣率增长 24.21%。对于对照班，达到 94.68%，总体增长 9.57%，非常感兴趣率增长 6.38%。总体而言，实验班比对照班更有效。

(2) 学生成绩

通过学生成绩的比较，可以观察到教学模式的差异，其平均成绩统计见表 12-4。

表 12-4 实验班和对照班的平均成绩　　　　单位：分

成绩	课前测试	期中考试	期末考试
实验班	78.22	86.73	92.15
对照班	78.69	81.52	83.93

从表 12-4 可以看出，实验班和对照班的课前成绩几乎没有差异。在期中考试中，实验班开始取得显著进步，超过了对照班。在期末考试中，实验班的成绩比对照班高 9.79％。可以看出，在本学期的比较教学中，实验班经历了落后、均衡、追赶、最终超越对照班的曲折过程，这也真实地反映了在实施探究式教学模式中不断探索的过程。

（3）课外学习

课外学习是课程学习效果的延伸，可以更好地测试学生是否对课程感兴趣。为了评估两种教学方法对学生学习主动性的影响，统计了两个教学班的课外学习情况，统计数据如表 12-5 所示。

表 12-5　课外学习统计　　　　　　　　　　　　　　单位：％

内容	选项 A		选项 B		选项 C	
	班级一	班级二	班级一	班级二	班级一	班级二
是否预览课程	54.74	43.62	36.84	36.17	8.42	20.21
是否观看课程视频	66.32	55.32	31.58	37.23	2.11	7.45
你复习这门课了吗	65.26	45.74	30.53	37.23	4.21	17.02

在表 12-5 中，班级一代表实验班，班级二代表对照班（下同）。表 12-5 中的数据显示，实验班在课堂外的学习明显多于对照班。实验班中 91.58％的学生会经常预习，97.89％的学生会看视频，95.79％的学生会复习课程。与对照班相比，它高出 10％。这表明实验班愿意利用课堂外的时间进行学习，这是学习动机的一个标志，表明学生的学习意愿和动机得到了提高。

（4）知识拓展与应用能力

在掌握基础知识的基础上，提高学生应用知识的能力。这是决定学生视野是否开阔的关键。为了了解知识扩展和应用能力，问卷设计了相关问题，知识扩展能力统计如表 12-6 所示。

表 12-6　知识扩展能力统计　　　　　　　　　　　　单位：％

内容	选项 A		选项 B		选项 C	
	班级一	班级二	班级一	班级二	班级一	班级二
跳出思维定式的能力	61.05	47.87	35.79	40.43	3.16	11.70
应用知识的能力	63.16	37.23	32.63	48.94	4.21	13.83
软件测试能力	66.32	34.04	27.37	45.74	6.32	20.21

表 12-6 显示，实验班在知识拓展方面明显优于对照班。61.05％的学生表示，他们对问题的发散思维能力有所提高，63.16％的实验班学生能够有效地

将知识应用于实践，66.32％的学生测试软件的能力有所提高。这些方面，对照班明显低于实验班。

(5) 学生主动学习能力

自主学习是检验学生学习能力的重要指标，通过它可以判断学生是否具有持续自我提升的能力。为了了解两种不同教学模式下学生自主学习能力的差异，对两个教学班进行了统计，数据统计如图 12-7 所示。

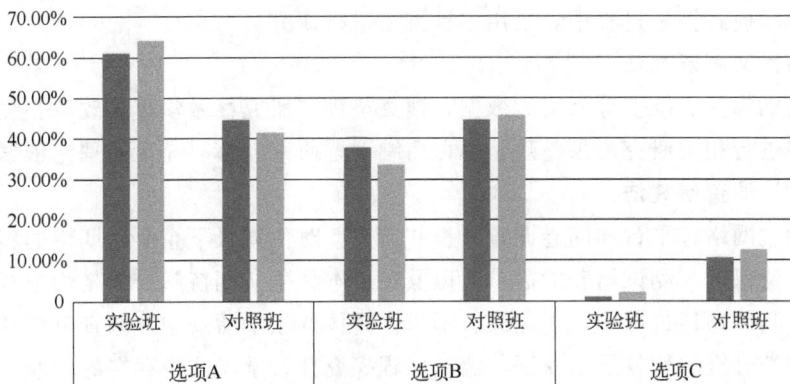

图 12-7　自学能力统计

■学习目标；■学习反思

图 12-7 显示，实验班的自主学习能力程度高于对照班。实验班有明确的学习目标，而对照班有 10.64％的学生没有明确的目标。与此同时，实验班的学生在反思学习方面表现出不同程度的提高，而 12.77％的对照班学生表示反思学习的能力没有提高。这些数据表明，在探究式教学的指导下进行教学更有利于提高学生的主动学习能力。

(6) 实践与创新能力状况

对实际技能状况数据进行统计，如表 12-7 所示。

表 12-7　实际创新能力统计　　　　单位：％

内容	选项 A		选项 B		选项 C	
	班级一	班级二	班级一	班级二	班级一	班级二
测试计划制订	56.84	39.36	40.00	47.87	3.16	12.77
测试程序执行	55.79	38.30	38.95	43.62	5.26	18.09
软件测试技能	62.11	43.62	31.58	40.43	6.32	15.96
参赛学科比赛	54.74	34.04	41.05	45.74	4.21	20.21

从表 12-7 中可以看出，实验班在实践技能方面明显优于对照班。这表明，

以探究式教学理念为指导的教学可以更好地提高学生的实践技能。

综上所述，探究式教学模式激发了学生的学习兴趣，培养了学生的团队合作能力，提高了学生的综合软件开发能力，增强了学生的创新能力。

12.6 结论与讨论

教学模式探索过程中，采用多种方法进行研究。

(1) 文献研究法

借助知网、维普等网络大数据，搜集整理与研究性教学模式改革相关的文献，并进行相关研究成果整理，确保后续课题研究能够有充足的理论依据。

(2) 调查研究法

通过网络各平台和问卷调查分析并研究新时代背景下企业所期待的新工科软件质量保证与测试培养的需求，以及在校本科生所期待学校的教学方式。另外，在具体访谈过程中，课题组教师深入具体的教学活动中，调查分析新工科专业重塑升级的软件质量保证与测试课程探究性教学模式中存在的问题，从而为课题研究提供更加详细的数据支持。

(3) 案例分析法

将课题研究的成果，应用于课题组教师所在的班级中，通过具体的案例，分析研究性教学模式创新研究的成果。同时也发现问题，结合问题对课题进行综合整理与分析，确保研究课题更加符合当前新时代背景下新工科的培养模式，从而提高学科教学成果。

(4) 总结归纳法

课题组教师在各个研究阶段，对课题研究成果进行分阶段总结与归纳，通过阶段性成果的形式展现出来，比如论文、案例等，为最终研究报告的撰写奠定基础。

课程教学改革研究解决了课程授课过程中的诸多问题。

① 着力加强学生研究性能力培养，提高学生的程序设计水平和能力。帮助学生了解目前 IT 公司对程序开发的要求和相关知识，提高求职应聘的成功率。

② 形成研究性团队意识，提高学生的实践动手能力与团队协作能力。通过软件测试项目开发、测试方案设计、答辩考核等方式，带动引导学生充分利用团队的智慧来完成整个项目的设计与开发过程。良好的团队协作才能有助于项目的进行，有助于高效正确地开发出高质量的软件产品。

③ 理论联系实践，在做中学，学中做，真正做到知行合一。将软件测试

的工作过程嵌入软件工程实训平台中，实训平台就相当是一个虚拟的软件测试公司，教师相当于是项目测试经理，负责任务的分配，学生以小组的方式组成不同的项目组，以任务驱动的方式完成分配的工作。

④ 坚持课程螺旋式持续改进，提高学生研究性创新能力。为最终达到应用型人才培养的目的，借鉴 CDIO 工程教育思想，构建软件质量保证与测试课程的持续教学改革。通过跟踪评价教学过程、教学效果考核，发现教学中存在的不足，形成"自评价、自改进、自成长"螺旋形改进机制。

本章结合探究式教学的优点，将其应用于软件质量保证与测试课程的教学中，培养工程人才。根据课程培训计划，新模式坚持"以学生为中心"的探究式教育理念，注重社会发展的需求。为了提高工程人才培养的质量，构建了基于探究式教学模式的课程体系和教学内容。强调学生的创新能力和实践能力，构建四位一体的能力培养。课程模式优化，知识点整合，实现跨学科整合。促进理论课程和实践课程的交叉，使理论知识能够有效地应用于实践活动中。加强专业课程和基础课程教学，使学生具有更高的综合素质，实现学生的综合培养。

新教学模式的特色与创新之处主要体现在以下方面。

① 将工程教育理念创造性地应用到软件质量保证与测试课程研究性教学模式改革中，形成针对性的教学革新方案，提高学生的实践动手能力，提升学生的软件测试综合研究性素质。

② 重视项目的设置，以项目驱动来加强实践，强化理论。加强项目的甄别和筛选，对开放性实验项目，如学校的 SPCP 项目，重点培养学生掌握基础知识的能力和实践能力。而创新性实验项目重点培养学生的创新能力和团队合作能力。

③ 采用校企共建基于工作过程的课程体系。在课程建设的过程中，与企业共建实训平台，充分体现职业性、实践性和开放性；以职业能力培养为重点，强化技能训练，实现学校与企业的零距离。

④ 在课堂教学中，积极引入项目驱动式翻转课堂等教学方法，可以和传统的教学理念进行有机结合，充分体现了建构主义"以学生为中心"的思想。

⑤ 项目组创造性地把课堂活动分为多个学习阶段，包括自主学习、课堂答疑和小组合作等学习阶段，让学生可以更好地参与到课程教学过程中，从而提升学生的软件测试综合素质。

应用型本科高校的软件质量保证与测试课程教学如何有效开展一直是教研的热点，项目组从课程的开展、校企合作和学生综合素质培养方面着手，提出了研究性复合教学模式，该教学模式可以推广到计算机专业其他应用型课程的教学过程中。

　　这种教学模式也存在一定的不足，如课程中的教学内容应进一步拓宽，课程应优化，应突出课内外活动的整合，应构建数字化、多层次教学的实践教学内容。新工科专业升级发展较快，急需加强新工科软件质量保证与测试课程研究性教学素材的整理。素材涉及面广，需要结合兄弟学校建设情况，共同整理和分享。探究性教学改革激励机制有待完善。探究性教学改革影响深远，教学改革投入时间和精力较多，教师的工作量较大，急需完善对教师的激励制度，以促进探究性教学模式改革与创新。

第13章
软件测试课程PAD课堂混合教学模式研究

13.1 引言

软件测试课程是计算机科学与技术、软件工程等专业的重要专业课程，是培养应用型计算机人才的重要保证。本课程包括理论和实践，包括工作原理和测试方法。当前的软件测试课程仍然存在一些不容忽视的问题，主要表现如下。

① 课堂主要由教师讲授，学生被动接受，缺乏独立思考过程，参与程度低。

② 教学案例陈旧，不能有效地帮助学生学习新知识。针对本课程的特点，许多专家进行了深入的改革研究和实际应用。课程改革主要分为三种模式。

第一种模式应用经典教学方法实施教学改革，如案例教学法、PBL 教学法、项目式教学法、研讨会式教学法等。这种模式的缺点是教学方法单一，效果不持久。

第二种模式是应用新的教学模式来实施教学改革，如使用 MOOC 平台、翻转课堂、混合教学模式。这些模式利用现代教学方法来提高学生的参与度，帮助培养学生的自主学习能力。根据理论研究和实际教学效果，这种模式仍存在许多不足，如学生的主动性不够，学生的实践能力有待提高。

第三种模式引入 CDIO 和 OBE 等工程教育理念，改革课程教学。本科和研究生高等教育的国际案例研究被用于证明所考虑的课程采用了 CDIO 的工程教育方法，预计这将使工程教育各学科之间产生更大的协同效应，它揭示了

OBE 系统在改善未来学生学习方面的优势，这种模式采用系统的方法来改进课程教学。缺点是课程特点不尽相同，工程教育理念不能照搬和适应当地情况，需要进行课程适应改革。

针对这些问题，引入了 PAD 课堂教学模式，并在教学过程中引入大量的教学案例。同时，依托"学习通"教学平台，这些举措贯穿于课前、课中、课后和评价的整个教学过程，形成了基于信息技术的混合教学模式。新模式（B-PAD-ST）旨在探索混合 PAD 课堂教学模式在软件测试课程中的创新应用，为提高软件测试课程的教学质量提供新思路。

13.2　课程改革的不足

软件测试课程的教学改革正在进行中，存在一些常见问题，如图 13-1 所示。

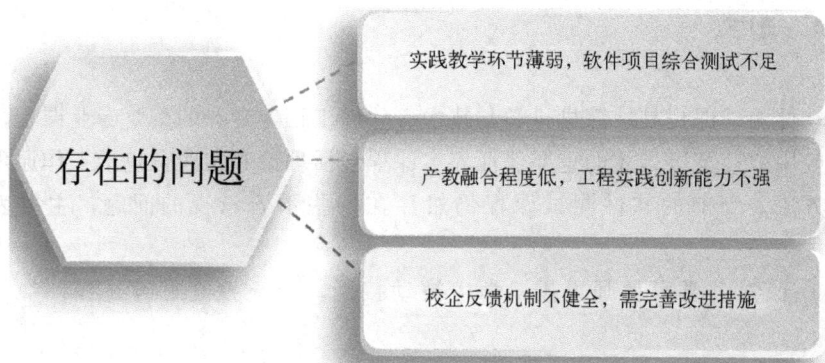

图 13-1　存在的问题

(1)　实践教学环节薄弱，软件项目综合测试不足

软件测试课程的理论内容较多，实践方面不能得到有效考虑。综合软件项目测试涉及的实践较少，软件测试项目的实用性较差。教学案例结合了更多的知识点，包含多学科知识点的综合项目较少，因此不可能实现软件测试实践教学的全过程，学生也无法建立完整的软件项目测试和管理概念。教师不能充分监控学生的学习行为和效果，这很容易导致课堂讨论中的"差生"和课外学习"浑水摸鱼"。

(2)　产教融合程度低，工程实践创新能力不强

目前的行业教学一体化模式基本上是企业提供场景，学生参与实践。学生在原案例框架下被动接受项目和实践，主观能动性有限，不利于学生创新能力的培养。微型课堂、教师问答和在线学习平台的使用较少，传统的共享课堂教学媒介用于扩展知识效率低、操作复杂、课堂不易使用，影响了教学效率。与软件企业的合作不深入，企业参与度低，与产业需求和经济社会发展需求的结合不够紧密，无法满足工程实践和创新能力的培养要求。

(3) 校企反馈机制不健全，需要完善改进措施

单次讨论教学对教师的课堂管理能力要求很高，学生容易将学习知识碎片化，只为了讨论一个知识点或案例而讨论，不容易掌握知识体系的完整结构和知识之间的内在联系。现有的实践教学反馈机制主要是通过教师的主动性来实现的，这是一个单一的数据来源，不能准确反映实际情况，对教学效果的持续提高也不如预期的有效。毕业生的就业情况能够很好地反映企业当前的需求，现有的教学模式没有及时相应调整。应增加一个评估系统，为学生提供过程和持续的评估。

13.3　教学模式改革创新路径

13.3.1　混合式 PAD 课堂教学模式

混合式 PAD 课堂是一种基于配对课堂主程序框架的教学方法，通过线下案例教学法＋"PAD 课堂"和在线"学习通"教学平台实现。该模式依赖线上和线下相结合的互动教学，在课前、课中和课后都是连贯的。与传统的课堂教学模式不同，PAD 课堂强调讲授，但也注重学生对知识的内化和同化，以及通过讨论构建知识体系。PAD 课程包括三个阶段：演示、同化和讨论。根据这三个环节是否在同一节课上完成，又分为"课堂对分"和"每隔一节课对分"。在实际教学中，教师可以根据教学进度和内容合理选择配对模式。混合式 PAD 课堂通过将课堂教学与在线学习相结合，为学生提供更灵活和个性化的学习体验。在这种模式下，教师将课堂时间分为两部分：一部分是教授新知识；另一部分是学生在教师的指导下进行讨论和互动，并利用在线资源进行自主学习和探索，从而提高学习效果和应用能力。混合式 PAD 课堂教学模式是一种基于现代教育技术的线上和线下相结合的互动连贯教学新模式，如图 13-2所示。

通过讲解课程内容，教师引导学生学习软件测试知识点。学生通过精品课程的视频独立学习，并在小组中讨论他们的学习过程。当他们遇到无法解决的

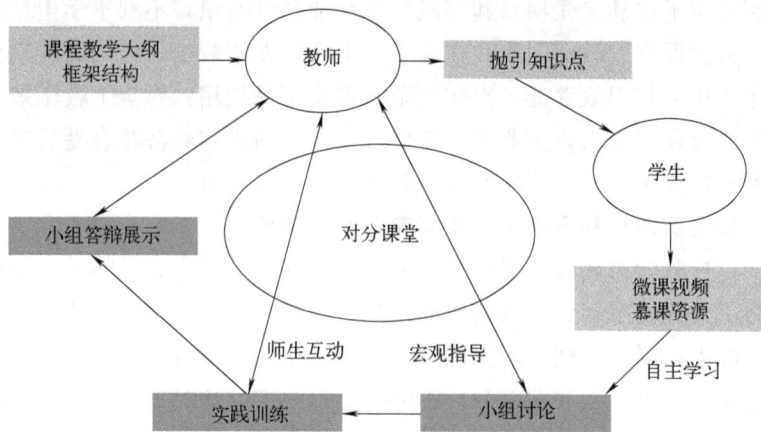

图 13-2　基于混合式 PAD 课堂的软件测试教学模式

问题时，可以与老师沟通进行解决。通过实践训练，引导学生解决实际问题。该小组展示学习成果，并接受老师和其他小组学生的测试。在整个过程中，教师采用 PAD 课堂方法吸引学生参与课程教学过程，培养学生的自主学习能力。

13.3.2　基于混合 PAD 课堂的软件测试课程教学模式构建

在软件测试课程中，采用案例研究方法，强调"留白"。讲解知识框架和学习目标，突出授课内容的意义和价值。软件测试技术的组织方式是，克服难点和关键点，有意省略简单的知识讲解，进行更有意义的讨论。

在课后环节，结合在线学习通平台，教师向学生发送教学案例描述和结果要求、微型课堂视频、语音讲座、在线测试等，供学生查看和学习。教师实时查看学习通中的学习情况和反馈信息，并根据这些实时数据调整软件测试教学内容。同时，帮助学生解决知识学习或案例实施过程中的问题。软件测试课程中混合式 PDA 课堂教学的实施过程如图 13-3 所示。

(1) 课前学习和准备

课前，教师使用在线平台发布预习材料，包括课件、软件测试案例、项目任务等，以便学生提前预习和准备。学生可以通过在线平台独立学习，了解软件测试的基本概念和原理，为课堂讨论和互动奠定基础。同时，教师设计课堂讨论的主题和互动环节，引导学生在课堂上进行深入的讨论和思考。

(2) 课堂讲授和讨论

在课堂上，教师采用 PAD 课堂模式，将上课时间分为两部分。一部分时

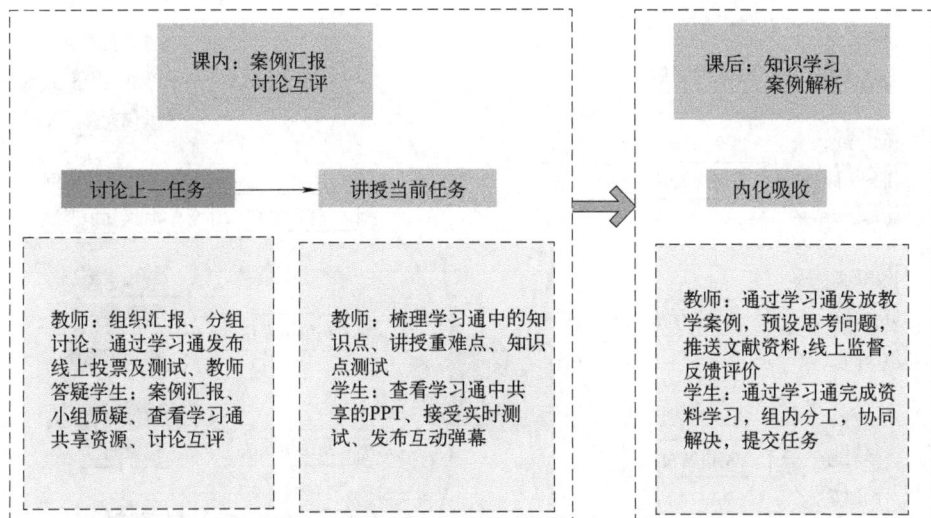

图 13-3　软件测试课程中混合式 PAD 课堂教学的实施过程

间用于讲授软件测试的基本概念、原理和方法，包括测试计划编写、测试用例设计、测试执行和数据分析等。另一部分时间组织学生进行讨论和互动，学生可以分组讨论，针对软件测试中的具体问题或案例进行深入讨论。在讲授知识时，教师可以使用多种教学方法，如讲座、演示、案例研究等。PAD 课堂软件测试的教学方法如图 13-4 所示。

在讨论和互动环节中，教师给予指导和启发，鼓励学生提出自己的见解和解决方案，加深他们对软件测试知识的理解和应用，培养他们的团队合作和沟通能力，提高学生的学习兴趣和应用能力。

（3）实际项目

根据学生的课堂讨论，引导学生设计测试用例，以便他们在实践中掌握所学知识。学生被分成不同的测试团队，根据软件测试周期的各个方面进行练习和操作。通过实践项目，学生可以更好地理解和掌握软件测试的方法和技巧，培养创新思维能力。

（4）在线讨论和互动

除了线下讨论和互动外，在线平台还可以用于组织学生之间就实践过程中遇到的问题进行在线讨论和互动。学生在在线平台上表达自己的见解和意见，并与其他学生和教师进行交流与讨论。这种在线方式打破了时间和空间的限制，学生可以随时随地学习和交流。

（5）课后反馈

课后反馈是混合式 PAD 课堂教学模式的重要组成部分。根据学生在讨论

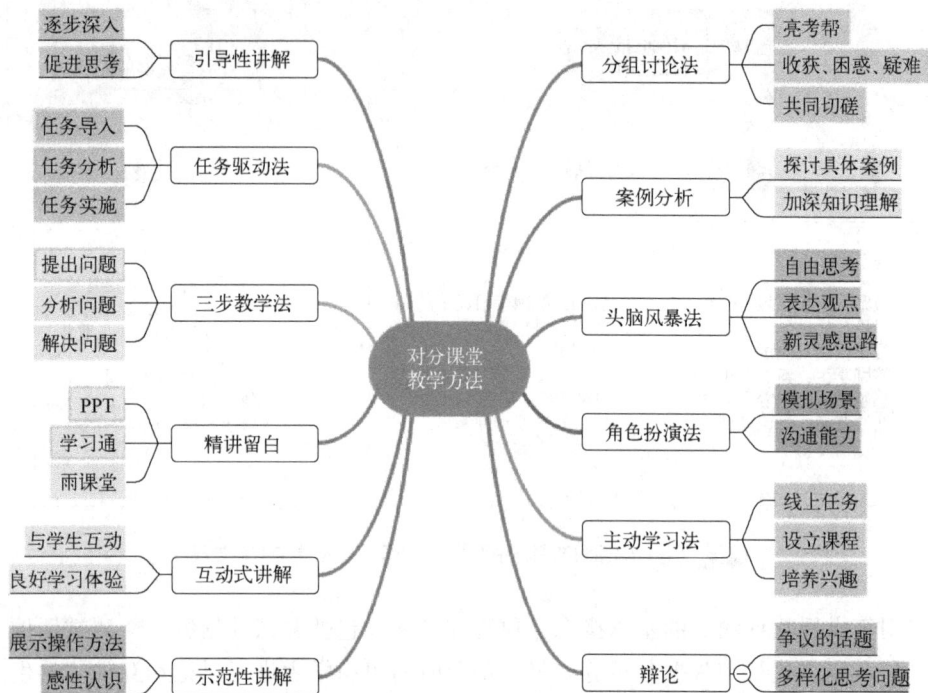

图 13-4 PAD 课堂软件测试的教学方法

中的表现、实际项目的结果、在线收集的数据等，教师评估学生的学习情况，并调整教学策略和方法，以提高教学效果。可以有效促进学生的自主学习和未来规划能力。

13.4 教学模式实施方案

13.4.1 教学模式实施计划

根据 PAD 课堂的特点，对软件测试教学的内容进行重组，即"以讲为主，适当留白"。灵活的教学模式改革，合理分配课堂讲座和小组讨论之间的时间。根据不同的情况，教学以课堂配对和课堂间配对的形式进行。

软件测试课程的教学内容较为丰富，包括从分析到数据收集的全流程，其内容和实施方式如表 13-1 所示。

表 13-1 软件测试课程内容和实施方式

教与学	方法	学习链接平台的作用
边界值分析	当堂对分＋课堂讨论案例	
逻辑覆盖技术	当堂对分＋课堂讨论案例	
软件缺陷报告和工具	隔堂对分＋课外实践案例	课前：签到、提交作业、知识测试和扩展
基本路径测试方法	隔堂对分＋课外实践案例	课中：师生互动、随机提问、测试
测试用例设计	隔堂对分＋课外实践案例	课后：布置学习视频、扩展材料、作业发布
程序插桩技术	传统讲授＋课堂导课案例	
性能测试 JMeter	传统讲授＋课堂导课案例	

根据教学大纲和教学内容，对于更多的理论内容，选择"课堂对分＋课堂讨论"的教学方法。对于高度相关的内容，选择"课堂配对＋课外实践"的方法。对于难度较大的内容，首选"传统讲座＋课堂指导"的方法。

13.4.2 案例报告和小组讨论

以软件测试课程中的"基本路径测试方法"课为例，采用"课堂划分＋课外实践案例"的实施方法，介绍课堂教学的几个主要方面。在课前部分，学生们被分配一个实际案例（公园路径验收问题），通过"学习通道"平台在课堂外解决。

第一阶段：第一组报告。从四个方面逐步报告，即公园路径验收的原则、如何确定公园路径中的基本路径、如何设计覆盖基本路径的测试用例以及如何评估公园路径的性能和安全性。

第二阶段：其他小组质疑。例如，园区路径中是否存在复杂的分支和循环结构，在确定基本路径时需要考虑哪些问题，设计测试用例时需要注意的要点，如何处理路径验收中的性能和效率冲突等。

第三阶段：教师评价与总结。针对汇报和其他小组的问题，得出的结论是：当有循环路径时，只测试一次，在设计测试用例时，选择具有代表性的路径进行测试，每条路径应尽可能短，当性能和效率之间存在冲突时，性能应是主要关注点。还建议通过仿真软件进行仿真测试，以验证其是否严格按照这个思路运行。

第四阶段：第二组报告。该组以与第一组相同的方式计算环复杂度，但设计的基本路径与第一组不同。此外，还考虑了不同的场景和条件，并使用场景分析来设计额外的测试用例，以确保覆盖率。

第五阶段：其他小组提问。基本路径集不是唯一的，期望两组的结果不同是合理的。基本的路径测试方法是白盒测试技术，而场景分析是黑盒测试技术，这两种方法可以结合使用。

第六阶段：教师进行评估和总结。第二组对问题进行了深入和正确的思考，非常完整地总结和比较了他们所学到的知识。黑盒测试和白盒测试可以在实际测试过程中一起使用，这样用例的设计就更加全面，发现错误的机会也更高。启用"学习链接"投票功能，为最佳报告组投票。

第七阶段：教师对知识点的补充讲解。在课前课程中，在学习频道进行知识测试。根据测试结果和第 1 组和第 2 组的答辩情况可以看出，对基本路径测试方法的理解仍需加强，老师将再次详细解释。

13.4.3 教师指导

在实际项目中，如何对新竣工的公园进行道路验收？接受的原则包括接受每一条具有单向接受方向的路径。选择从入口到出口的最小数量的路径来完成验收。

第一阶段：学生思考解决方案。列出了所有 16 条路径。

第二阶段：教师指导。为了解决这个问题，接受所有路径所涉及的工作量是巨大的。选择最小数量的路径来表示所有道路，这是通过使用基本路径测试方法完成的。通过在线学习平台上发布的自学材料和教学课件，学生可以消化和吸收课前预习的内容。最后，通过小组讨论和交流，完成介绍性案例的内容。

第三阶段：学生进行自学轰炸。通过自学教材和课件，当他们遇到不理解的东西时，他们会在在线学习平台上标记出来，然后与老师交流。

第四阶段：小组讨论和交流。小组成员或跨小组讨论案例可用于解决思路、实现方法、检查计算结果等。

第五阶段：小组汇报和教师指导。通过学习通平台的随机命名功能，教师组织对案例解决方案的汇报，并添加适当的知识或方法。

任课教师专注于难点知识。如何在众多路径中找出基本路径，以及如何以更简单的方式实现它，这是本专题中的难点，老师要重点关注它们。然后，对案例进行适当的分析和解释，以加深学生对知识的理解。在讲座中，师生互动将通过执行弹出窗口、测试和随机问题等功能进行。

13.4.4　课后解决实际案例

课后，实际案例通过"学习通"平台发布，要求学生按时提交案例解决方案报告。在解决案例的过程中，学生重新组织他们的知识。借助文献检索，加深了对知识的理解，培养了解决实际问题的能力。通过在线学习平台，为学生提供微型课程和课外材料，还可以实时查看学生的学习情况。

下节课前，知识点和预习材料的试题将通过"学习通"平台发布。根据试题的正确率，分析知识点的掌握情况，并相应调整教学内容，进一步优化教学设计。课程预习可以有效地促进课堂自学和讨论的进度及深度。

学生组成软件测试项目组，选择实践技能强的同学任项目测试经理，项目组在项目测试经理带领下开展项目测试工作。每个项目组均以商业项目为背景，演练一个项目测试过程：测试计划、测试需求、测试设计、测试编码、测试实施和测试总结，按照软件企业的正规测试流程组织实施，让学生熟悉企业中的具体应用方法，实现和企业的无缝对接，最终把学生的软件测试项目按照行业要求，交付企业导师验收。学生通过直接扮演项目测试组中的成员角色，了解在软件测试项目团队中的角色、过程、规范和执行方法，以及在团队中合作沟通的重要性，养成良好的职业习惯。

完全仿真企业办公环境，引入国际标准的软件测试管理流程与质量控制体系。组织学生参观知名企业公司，了解企业工作规范和标准，感受企业工作氛围，通过学习了解企业的文化，为学生踏入社会工作做好铺垫。通过开展讲座、拓展课程、演讲等形式丰富的职业素养提升活动，了解 AI 软件测试的最新动向及前景，帮助学生进行职业分析与选择，增强语言表达能力。

13.4.5　检验方法

考试方法对学生很重要，决定着他们的最终评价。在混合式 PAD 课堂软件测试教学模式中，采用了多层次、过程性的评估和评价方法。

评估和评价涵盖了在线活动、线下教学和考试的各个方面，涵盖范围广泛，加强了过程评价，学生学习过程中的作业、演示、小组讨论参与和在线讨论应作为学习评价的基础。

在评价方法中，过程评价占评价权重的 55%，期末考试占评价权重 45%，如图 13-5 所示。

这种课程评价涵盖的范围更广，能更好地激励学生进入学习，更有利于培养学生的探究精神和创新精神。

组成比例

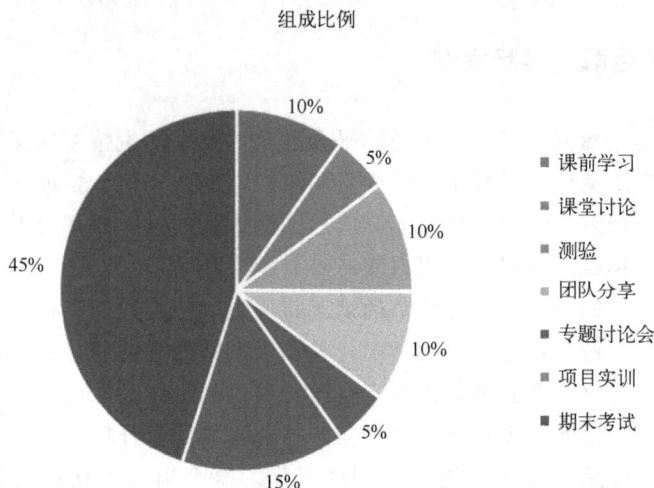

图 13-5　评估方法组成比例

13.5　教学效果及反馈

13.5.1　研究方法

　　为了验证 B-PAD-ST 教学模式的有效性，选择了软件工程专业的 A 班和 B 班作为研究对象。其中，软件工程专业的 A 班是实验班，采用 B-PAD-ST 教学模式授课。软件工程专业的 B 班是对照班，采用传统的教学模式。实验班有 82 名学生（67 名男生和 15 名女生），对照班有 79 名学生（65 名男生和 14 名女生）。这两个班级被随机分为人数和男女比例基本相等的班级，属于同一专业，没有太大差异，比较结果非常可信。

　　采用综合统计、分析和实验比较的研究方法，对实验班和对照班的数据进行比较，并分析其教学效果。学期末，对两个班学生的学习情况进行了比较分析，整理数据并得出结论。

13.5.2　实施步骤

　　① 两班教学的一致性。对照班和实验班由同一教师授课，以确保教学进度、教学内容和教学水平的一致性。在实施过程中，实验班和对照班的总学时

相同，理论和实践培训学时安排相同。教学环境相同，使用相同的多媒体教室和计算机房，硬件环境不会干扰教学效果。此外，为了减少干扰因素，对于实验班不告知实验安排，以免影响学生的心理情绪。

② 实验班的教学采用 PAD 课堂法组织。同时，教学评价也按照二元课堂教学的概念进行，评价内容多样化。

③ 对照班采用传统的教学模式和教学方法，即教师在理论课上解释和演示操作过程及方法。在实训课上，学生在计算机上练习，练习老师讲解的内容以及每章的相关作业和任务。教学评价也采用多元化评价方式。

13.5.3　实验结果

根据学生在软件测试课程所有教学环节的综合表现，收集定量和定性数据，分析教学效果。定量数据包括"学习通"中的课堂测试、课后作业、单元测试，以及课堂小组的案例报告和期末考试成绩等。定性数据包括"学习通"的签到率，以及学生对案例演示的热情、学生对课堂知识或案例讨论的情况和课后在线问卷。

对数据进行以下统计和分析，以测试这种教学模式在软件测试课程中的实际效果。

13.5.3.1　数据统计方法

为了测试 B-PAD-ST 教学模式的实际效果，了解学生对教学组织的体验和感受，在课程结束时进行了问卷调查。为了获得更多学生对所采用教学方法的知识和经验，设计了一份问卷，涵盖软件测试学习兴趣、知识掌握、学习态度和动机、知识转移和应用以及能力提升等方面，每份问卷包含 2～5 个问题。

在本次问卷调查中，向实验班发放了 82 份问卷，回收了 82 份，所有回收的问卷均有效，回收率和有效率均为 100%。在对照班中，共发放了 79 份问卷，回收了 79 份，回收率和有效率均为 100%。

问卷的信度检验基于 Karen Bachα 系数法，计算如下式所示。

$$\alpha = \frac{k}{k-1}\left(1 - \frac{\sum\limits_{i=1}^{k} S_i^2}{S_x^2}\right)$$

式中，k 是问卷中的项目总数；S_i^2 是第 i 个课程成绩的标准差；S_x^2 是所有课程总分的标准偏差。

计算表明，α 为 0.826，大于 0.7，表明问卷具有较高的内部一致性和可靠性。

13.5.3.2 统计数据收集和分析

(1) 学生自主学习能力

自主学习能力是学生自我提升的重要途径，从中可以看出学生未来的发展潜力。为了了解两种不同教学方法下学生自主学习能力的差异，对两个教学班进行了统计，结果如图 13-6 所示。

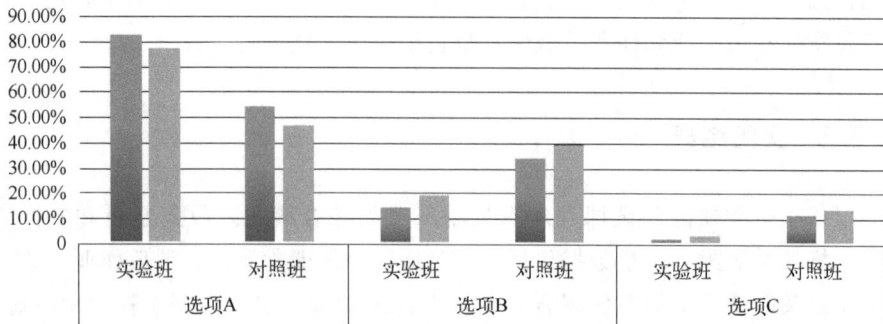

图 13-6　自学能力统计

■信息获取和处理能力；组织学习技能

在问卷中，选项 A 表示最佳，选项 B 表示更好，选项 C 表示没有显著变化。

图 13-6 显示，实验班的学生比对照班的学生更有能力自主学习。实验班的学生表示他们获取和处理信息的能力有所提高，而对照班中 11.39％的学生没有提高。同时，96.43％的实验班学生报告组织学习能力有所提高，比对照班高 10.35％。这些数据表明，PAD 课堂指导下的教学更有利于提高学生的自主学习能力。

(2) 学生的实践技能

学习知识是为了更好地实践和解决现实世界的问题。学生实践技能调查包括掌握软件测试工具、编写测试用例、独立完成测试任务和制订测试计划等。对学生实践技能状况的数据进行了统计，结果如图 13-7 所示。

如图 13-7 所示，实验班在实践技能方面明显优于对照班。这表明，在 B-PAD-ST 教学理念的指导下进行教学更有利于提高学生的实践技能。

(3) 创造性思维技能

为了了解是否促进了创新思维能力，在问卷中设计了相关问题，结果如图 13-8 所示。

图 13-8 显示，实验班在创造性思维方面明显优于对照班。81.71％的学生

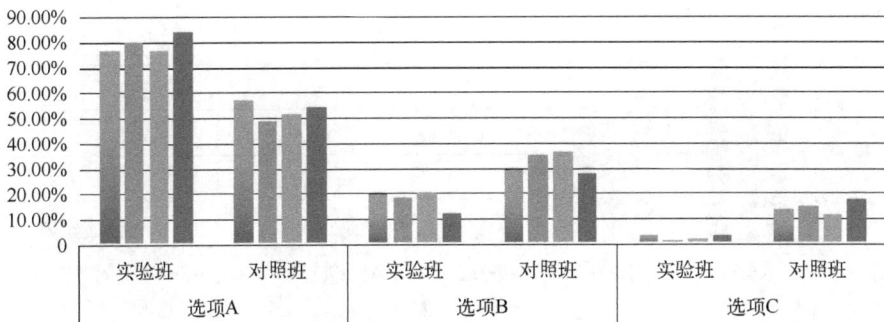

图 13-7　学生实践技能统计

■掌握软件测试工具知识；■编写测试用例；■独立完成测试任务；■制订测试计划

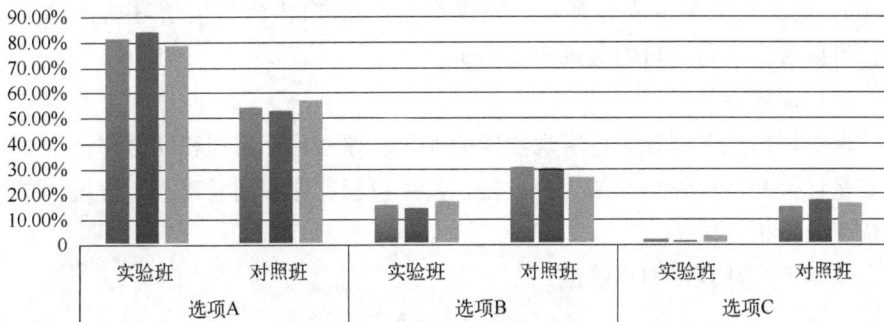

图 13-8　创造性思维技能统计

■发散性思维能力；■新旧知识关联能力；■综合软件测试能力

表示，他们以发散的方式思考问题的能力得到了提高，实验班中 84.15％的学生能够有效地将他们的知识联系起来，79.27％的学生更有能力测试项目的综合软件。对照班明显低于实验班。

创造性思维是综合和应用所学知识解决实际问题的过程，是对知识的强化和对知识及经验的检验。新旧知识之间的联系是对知识转移能力的考验。图 13-8 中的数据显示了学生体验和解决问题能力的差异，也表明混合式 PAD 课堂的教学更有利于知识的传递和解决问题的能力的提高。

（4）定性数据统计

基于对实验班和对照班课堂参与、自主学习时间和家庭作业完成情况的定性数据收集，比较了 B-PAD-ST 教学模式的实施效果，统计结果如图 13-9 所示。

图 13-9 中的数据显示，实验班在课堂参与、自主学习时间和家庭作业完成方面明显优于对照班。82.93％的实验班学生能够积极参与课堂讨论，

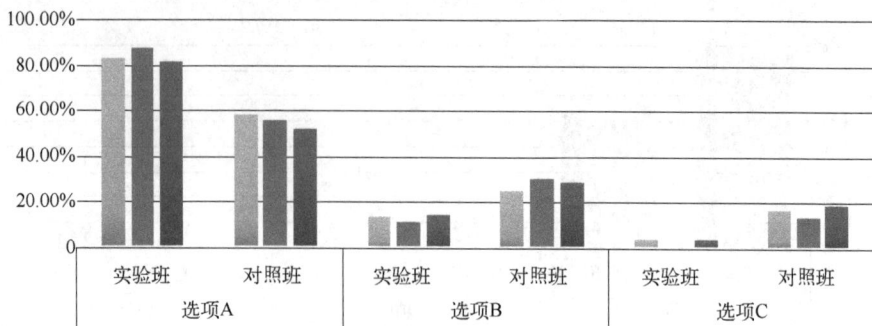

图 13-9 定性数据统计

■课堂参与度；■作业完成率；■学习积极性

87.65％的实验班学生能够有效地完成作业，81.71％的学生学习动机得到改善。可以看出，对照班明显低于实验班。

（5）课程评估

课程评估是对课程目标实现程度的评价。课程目标实现程度的评价主要采用定量评价和定性评价相结合的方法，具体包括：课程问卷调查、访谈、课程评估绩效分析方法。

根据下式计算课程成绩值 M。

$$M = \sum mK$$

式中，m 表示课程目标实现程度的值；K 是每个课程目标的相应权重系数，所有课程目标的对应权重系数之和为 1。

课程目标达成度由直接评价达成度和间接评价达成度两部分组成，评价样本为所有完成课程的学生。根据下式计算课程目标达成度 m 的值。

$$m = m_1 k_1 + m_2 k_2$$

式中，m_1 是直接评价成果值；m_2 是间接评价成果值；k_1 是直接评价权重系数；k_2 是间接评价权重系数，$k_1 = k_2 = 0.5$。

变量 m_1（直接评估成绩）是所有完成课程的学生直接达到课程目标的平均值。

为课程目标设计了一份问卷，要求学生明确给出目标能力的实现程度，如"完全完成（1 分）、基本完成（0.8 分）、部分完成（0.6 分）和未完成（0.4 分）"。

根据每个部分的统计比例和目标分数的加权和，通过下式计算每个课程目标 m_2 的实现程度的间接评价值。

$$m_2 = \sum_{i=1}^{4} t_i \frac{\omega_i}{S_{um}}$$

式中 t_i 表示选择的数量；ω_i 表示当前权重；S_{um} 表示学生总数。

达成度对比情况如图 13-10 所示。

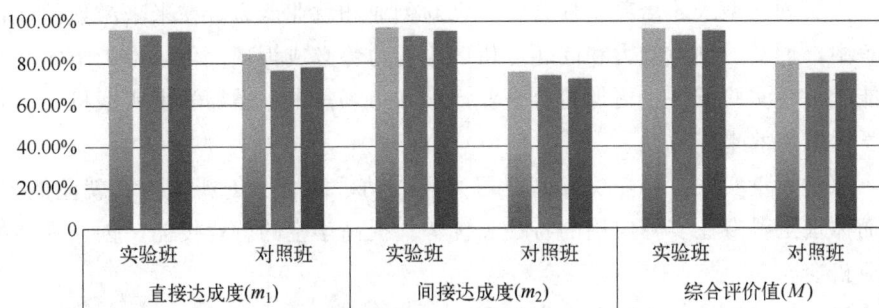

图 13-10 达成度对比情况

■课程目标 1；■课程目标 2；■课程目标 3

可以看出，实验班学生的 m_1 均大于 0.938，m_2 均大于 0.929。综合评价值 M，实验班比对照班高 0.1829。这表明 B-PAD-ST 教学模式取得了良好的教学效果。

通过以上分析，可以发现 B-PAD-ST 模式下的软件测试课程教学可以有效促进学生实践技能、沟通能力和创新思维能力的提高。同时，它有利于激发学生的学习兴趣，促进知识的转移和应用。在学习过程中，学生找到了学习的乐趣和信心。

13.6 结论与讨论

建立"产教融合"实习实训中心，创新 IT 应用型人才培养模式。校企深入合作，共建"产教融合"实训中心，运用"产、学、研、培"一体化教学实验室，对接企业真实生产环境的实训环境，利用信息化手段和智慧化的教学平台，将企业的真实案例和实践应用到日常实训教学，创新 IT 应用型人才培养模式，提升人才培养质量。在教学实施、师资发展、学生服务、协同创新和社会服务等多方面建立校企协作机制。

通过师资队伍建设和教学资源库建设，不断提升人才培养质量。师资队伍和课程是高校教育教学质量的两大支点。在"双师型"教师队伍的培养方面，本项目从教学能力、工程实践能力、课程研发能力和管理服务能力四方面助力教师能力发展；通过教学资源库的建设，打造一体化的企业真实项目测试、教学环境，教师将企业最前沿的技术、项目等知识与技能传授给学生，再将学生领进企业，体验企业的工作过程和环境，实现学生与企业的深度交流。教师与企业员工交流互动，形成伙伴关系，有助于项目测试经验的传递与成果的应用，有助于提升教师的技能水平和社会服务能力，提升人才培养质量。

开展创新型人才培养，提升学生创新创业和就业能力。在未来激烈的职场竞争中，创新、创业能力和问题分析解决能力势必成为现代化技术骨干的必备技能。丰富实验条件，更加符合企业产品和市场需求；增加学生实践机会、强化学生锻炼效果。

通过大量实践，培养、提高学习兴趣、动手能力、创新能力、就业能力，从而体现工科专业实际应用的特性和优势。提高学生的就业技能，创造更多的就业机会。

校内外共享及示范辐射作用如下。

① 学生真正能够掌握实用知识和实战技能。通过实践实习，使学生将书本上的理论知识可以运用到实际当中，提高技能和技巧，实践动手能力及创新意识，提升综合素质。

② 提高创新能力，真正具备企业所需项目经验和能力，提高就业能力。大力提升学生的实践动手能力。通过基地的工程教育，学生能够学到更多实际操作的能力，培养自身的 AI 软件测试的综合素质。

③ 助力学科建设快速发展。学生的专业能力提高，实现零距离与企业对接，一毕业就能适应企业的工作，提升了学院在企业界的口碑，提高了学院的知名度，提升了学生实践技能。

④ 有利于教师更好地成长。专业教师可以在实践性教学中获得实践经验，在企业工程师的辅助下，教师可以和学生一起进行真实项目实战，大大提高专业教师的项目开发经验，丰富教学素材和教学经验。

⑤ 实践合作达到预期效果之后，对于校内其他相关专业如计算机科学与技术、物联网工程等专业也有借鉴意义。学生做得好的还可以开发、孵化创新项目；转化成果；校企双方可进行科研和横向项目合作。

本章将混合式 PAD 课堂教学模式应用于软件测试课程，提供个性化、灵活的学习体验，通过小组讨论和问答培养学生的学习兴趣和分析解决问题的能力。同时，有利于培养自主学习和团队合作能力。对评估方法进行了改进和完善，实践能力的重要性在评估中得到了充分体现。实践证明，通过混合式 PAD 课堂教学模式，学生的表现、对课程的兴趣、自学能力、创新思维能力等方面都得到了提高，值得相关课程的教学改革学习和借鉴。

该教学模式也存在一定的不足，如课程教学内容应与其他相关课程有机互动，以优化课程教学目标。通过与软件企业的互动，构建多层次的实践教学内容。

第14章

基于课程思政的软件开发类课程教学模式探索与实践

❯

14.1 引言

　　课程思政作为一种创新的教学理念，正逐步被广泛应用于各类课程中，旨在通过课程内容的整合与教学方法的创新，实现专业知识传授与价值引领的统一。软件开发类课程作为计算机专业的核心，具有实践性强、要求持续学习的特点，使得课程思政的融入尤为重要。为贯彻党中央的决策精神，高校广泛开展了课程思政的研究与应用。在传道、授业、解惑的同时，积极开展思想政治教育的工作，这对于学生来说，可以提升学生的学习积极性，对学生综合能力的培养和提高有着巨大的促进作用。本章将课程思政引入软件开发类课程教学中，提出基于课程思政的新教学模式，着力提升学生学习的动力和使命感，为课程教学改革提供新的思路。

14.2 软件开发类课程教学中存在的不足

　　随着技术的发展与人才需求的变化，按照软件开发类课程的特点，高校普遍对软件开发类课程进行了教学模式改革与创新，取得了很多教学成果。不过，也存在一些不足，主要表现在以下三个方面，如图 14-1 所示。

　　(1) 任课教师教学理念有待更新与改进

　　软件开发类课程技术发展快，为了课程的顺利开展，授课教师需要引入新

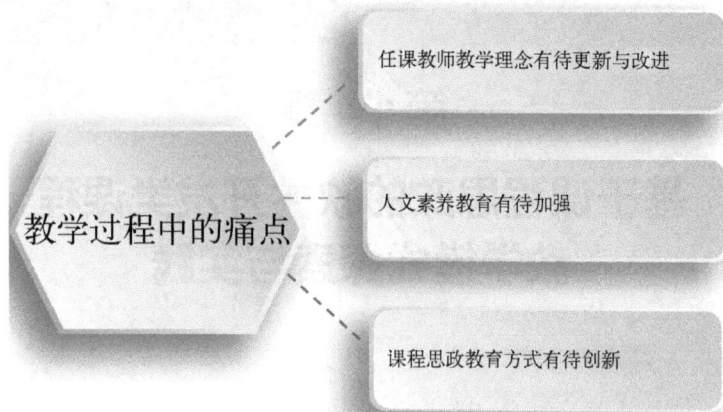

图 14-1　教学过程中的痛点

的教育教学理念。目前，授课教师采用的教学方式与理念更新速度较慢，导致学生学习兴趣不足，学习效果下降。实践环节偏弱：理论讲授过多，缺乏足够的实践机会，导致学生难以将所学知识应用于实际问题解决。学生学习动力不足：学生对课程内容的兴趣不高，缺乏明确的学习目标和职业规划，导致学习缺乏内在动力。教学效果未达预期：由于上述原因，课程教学目标难以实现，学生在毕业后难以快速适应行业需求。

（2）人文素养教育有待加强

软件开发类课程目前的教学偏重学生的专业知识与技能的讲授，对人文素养教育重视度不够，不利于人才综合素质的提升，也无法更好地适应社会发展的要求。专业知识学习固然重要，而人文素养可以决定专业人才是否能够持续性发展，更需要投入时间和精力。在教学开展过程中，如果人文素养的引领不足，学生就会只关注专业知识本身，这就造成对课程的评价过于单一化，不利于学生综合素质的培养和提高。

然而，当前的教学模式往往过于偏重专业知识和技能的传授，忽视了人文素养教育的重要性。这种偏重不仅限制了学生综合素质的提升，也影响了他们未来的可持续发展和社会适应能力。因此，加强人文素养教育在软件开发类课程中的融入，成为亟待解决的问题。

（3）课程思政教育方式有待创新

软件开发类课程是进行程序设计与开发，属于典型的理工科内容，而思政内容具有鲜明的文科特征，因此如何进行两者的有机结合，是摆在授课教师面前的一个急需解决的课题。目前的教学过程中，教师的课程思政元素很多，但是融合不佳，偏生硬，为了思政而思政，无法起到鼓舞人心和提升学习动力的作用。对于课程思政的模式和方式，应积极进行创新，与专业知识的讲授更加科学地进行融合。

14.3　基于课程思政的教学模式的策略与设计

将课程思政融入软件开发类课程，不仅有助于提升学生的专业技能，还能增强其社会责任感、职业道德和创新精神。通过案例分析、项目实践等方式，让学生了解软件开发在社会发展中的作用，培养其服务社会的意识。结合软件开发行业的规范与标准，引导学生树立正确的职业观念，遵守职业道德，维护软件产品的质量和安全。鼓励学生在软件开发过程中勇于尝试新技术和新方法，培养其创新意识和解决问题的能力。

结合软件开发类课程的特点，积极引入先进的教育教学理念，结合知识的讲授，设计科学的课程教学模式。根据学生的特点，因材施教，进行个性化的教学，为专业知识的学习插上腾飞的翅膀，为学生的主动学习注入新的活力。"Java 程序设计"是典型的软件开发类课程，本教学模式以此课程为研究对象。

14.3.1　优化教学目标，加强人文素养

课程教学目标通常围绕专业知识的掌握与能力的培养，而人文素养可以更好地为课程的学习注入动力。培养德、智、体、美、劳全面发展的新时代高素质人才，人文素养显得尤为重要。在优化教学目标和加强人文素养的过程中，课程设计不仅要关注专业知识的传授，还要注重学生综合素质的提升。以下是针对"Java 程序设计"课程的教学目标优化建议，结合课程思政理念，强调人文素养的培养，培养目标如图 14-2 所示。

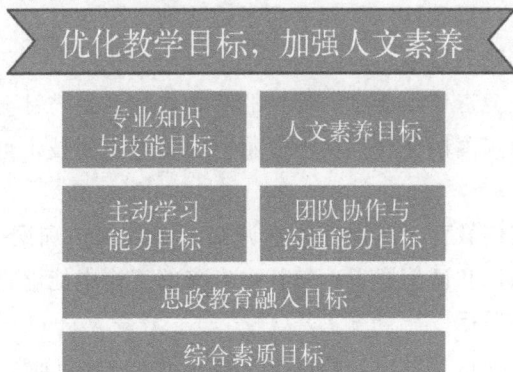

图 14-2　培养目标

(1) 专业知识与技能目标

掌握 Java 编程基础：学生应熟练掌握 Java 语言的基本语法、面向对象编程思想、数据结构与算法等核心知识。

项目开发能力：通过实际项目开发，培养学生的问题分析、设计、编码和调试能力，提升其解决实际问题的能力。

技术前沿了解：引导学生了解 Java 技术的前沿发展趋势，如 Java 17 的新特性、Spring 框架等，拓宽技术视野。

(2) 人文素养目标

文化素养提升：通过课程中的案例分析和项目设计，融入中国传统文化、社会主义核心价值观等内容，增强学生的文化自信和民族自豪感。

职业道德与责任感：在课程中强调软件工程师的职业道德，培养学生的社会责任感，使其在未来的工作中能够遵守职业规范，尊重知识产权，保护用户隐私。

批判性思维与创新意识：通过讨论和案例分析，培养学生的批判性思维，鼓励他们在编程中提出创新性解决方案，提升其独立思考和创新能力。

(3) 主动学习能力目标

自主学习能力：通过布置课后阅读、编程练习和项目任务，培养学生的自主学习能力，使其能够主动获取新知识，适应技术的快速变化。

问题解决能力：在课程中设置复杂问题场景，鼓励学生通过查阅资料、团队讨论等方式解决问题，提升其独立解决问题的能力。

(4) 团队协作与沟通能力目标

团队协作意识：通过分组项目开发，培养学生的团队协作能力，使其能够在团队中有效沟通、分工合作，共同完成任务。

沟通表达能力：在项目汇报和代码评审环节，要求学生清晰表达自己的设计思路和代码逻辑，提升其口头和书面表达能力。

(5) 思政教育融入目标

家国情怀与社会责任：通过课程中的案例，如开发与社会公益相关的应用程序，培养学生的家国情怀和社会责任感，使其意识到技术可以为社会带来积极影响。

法治意识与诚信教育：在课程中强调知识产权保护和网络安全的重要性，培养学生的法治意识和诚信意识，使其在未来的工作中能够遵守法律法规。

(6) 综合素质目标

审美素养：在项目开发中，鼓励学生注重代码的可读性和界面的美观性，培养其审美素养。

劳动精神：通过编程实践和项目开发，培养学生的劳动精神，使其认识到通过辛勤劳动可以实现个人价值和社会价值。

通过这种多层次的教学目标设计，课程不仅能够提升学生的专业技能，还能在潜移默化中培养其人文素养和综合素质，助力其成为德、智、体、美、劳全面发展的新时代高素质人才。

相比专业知识的学习，人文素养更能决定人才发展的深度和高度。基于课程思政教育理念，对教学目标进行了优化，在要求掌握专业知识的同时，对于文化素养、主动学习能力与团队协作意识等教学目标进行加强。面向课程思政的"Java 程序设计"课程的教学目标如图 14-3 所示。

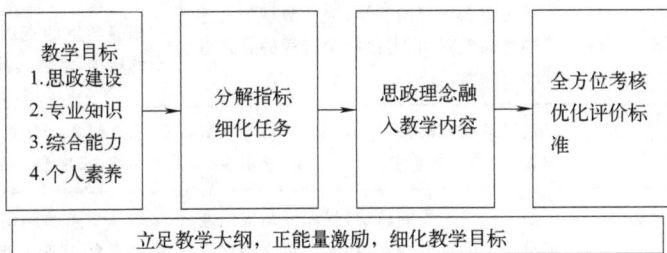

图 14-3　面向课程思政的"Java 程序设计"课程的教学目标

软件开发类课程的教学目标进行多样化的设置，可以解决过去单一化教学目标的不足，适应科技强国与软件强国的战略要求，满足社会发展和行业壮大的需要，培养具有开阔视野与综合能力的社会主义软件开发人才。对于软件开发类课程来说，学生需要具备软件设计与开发的能力，具有技术工匠精神，在软件设计与开发过程中培养强烈的爱国主义情怀与社会责任感。

14.3.2　丰富教学内容，优化课程思政

软件开发类课程知识点较多，积极挖掘科技知识背后的思政元素，将知识点的讲解与课程思政元素科学地进行融合，提高课程教学效果。"Java 程序设计"课程中的知识点与思政元素融合的设计方式和策略，如表 14-1 所示。

表 14-1　"Java 程序设计"课程中的知识点与思政元素的设计方式和策略

知识点	思政元素融合设计	思政目标
Java 语言概述	介绍 Java 语言的发展历程，强调中国在信息技术领域的快速发展与贡献	增强学生的民族自豪感和文化自信，激发科技报国的使命感

续表

知识点	思政元素融合设计	思政目标
面向对象编程思想	通过"封装、继承、多态"等概念,引导学生理解团队协作、资源共享和社会责任的重要性	培养学生的团队协作意识和社会责任感,理解个人与集体的关系
Java基本语法	通过代码规范的教学,强调规则意识与法治精神,类比社会生活中的法律法规	培养学生的规则意识和法治观念,增强其遵守规范的自觉性
异常处理机制	通过异常处理的教学,引导学生正确面对错误与挫折,培养积极解决问题的态度	培养学生的抗压能力和积极乐观的人生态度,增强其解决问题的能力
集合框架	通过集合框架的教学,强调数据的有序管理和高效利用,类比社会资源的合理分配与节约意识	培养学生的资源管理意识和节约精神,增强其社会责任感
多线程编程	通过多线程的教学,强调分工协作与效率提升,类比社会分工与合作的重要性	培养学生的团队协作意识和效率观念,理解合作共赢的意义
网络编程	通过网络编程的教学,强调网络安全与信息保护的重要性,引导学生树立网络安全意识	培养学生的网络安全意识和法治观念,增强其保护用户隐私的责任感
数据库连接(JDBC)	通过数据库操作的教学,强调数据的真实性与可靠性,类比诚信在社会生活中的重要性	培养学生的诚信意识和责任感,理解数据真实性的重要性
图形用户界面(GUI)设计	通过界面设计的美学要求,引导学生注重用户体验,培养其审美素养和人文关怀	提升学生的审美能力和人文素养,增强其服务社会的意识
项目开发实践	通过实际项目开发,融入社会热点问题(如环保、公益等),引导学生用技术解决社会问题	培养学生的社会责任感和家国情怀,激发其技术为社会服务的使命感

教学章节基础知识点的学习以实践和应用为准则,将知识点进行有效整合,提高学生开发软件项目的技能。选取实践性强的软件项目,科学设计教学环节,积极引入思政元素,用计算机实现信息化,解决现实问题,增强学生处理问题的综合能力。设计策略与实施方法包括以下方面,如图14-4所示。

设计策略与实施方法

◆ 案例教学法
◆ 项目驱动法
◆ 讨论与反思
◆ 榜样激励法
◆ 评价与反馈

图14-4 设计策略与实施方法

① 案例教学法:在讲解知识点时,结合实际案例(如中国科技企业的创新成果、社会公益项目等),将思政元素自然融入教学内容。

例如，在讲解多线程时，可以引入"12306 售票系统"案例，强调技术如何服务社会，同时培养学生的爱国情怀。

② 项目驱动法：在项目开发中，设计与思政相关的主题（如开发一个环保监测系统、公益捐赠平台等），让学生在实践中体会技术的社会价值。例如，开发一个"垃圾分类助手"应用，既锻炼编程能力，又增强环保意识。

③ 讨论与反思：在课程中设置讨论环节，引导学生思考技术背后的伦理问题（如人工智能的伦理挑战、数据隐私保护等）。例如，在讲解网络编程时，组织学生讨论"网络安全与个人隐私保护"的话题，培养其法治意识和社会责任感。

④ 榜样激励法：通过介绍国内外优秀程序员的事迹，激励学生树立远大理想，追求卓越。例如，介绍 Java 之父 James Gosling 的创新精神，以及中国程序员在开源项目中的贡献，激发学生的创新意识和爱国情怀。

⑤ 评价与反馈：在课程考核中，增加对思政元素的评价维度（如团队协作、社会责任感、创新意识等），鼓励学生全面发展。例如，在项目答辩中，不仅评价技术实现，还评价项目的社会价值和团队协作表现。

14.3.3　重视实践环节的教学，提升综合技能

在软件开发类课程中，实践环节是培养学生综合技能的关键部分。通过实践教学，学生不仅能够巩固理论知识，还能提升解决实际问题的能力、团队协作能力以及严谨的科学精神。软件开发类课程实践环节较多，旨在培养学生的综合能力，为软件项目的开发奠定基础。在进行实践环节教学过程中，引导学生关注细节，细节决定成败。在代码调试过程中，小的问题的积累，会带来程序的无法运行。对程序代码的编写，要求学生秉持严谨的科学精神，从而形成良好的编程习惯，增强程序编写能力。

软件项目的开发包括需求分析、项目设计、代码编写、测试与维护等完整的流程，这可以很好地培养学生的团队协作精神与团队磨合能力。团队的能力远远大于个体，可以更好地做好科技攻关，由此积极培养学生的团队协作能力。以下是针对"Java 程序设计"课程实践环节的教学设计与实施策略，旨在全面提升学生的综合技能。

14.3.3.1　实践环节的教学目标

实践教学不但要求实现实践能力培养，还要求通过实践训练，培养学生的综合思政素养。实践教学思政目标如图 14-5 所示。

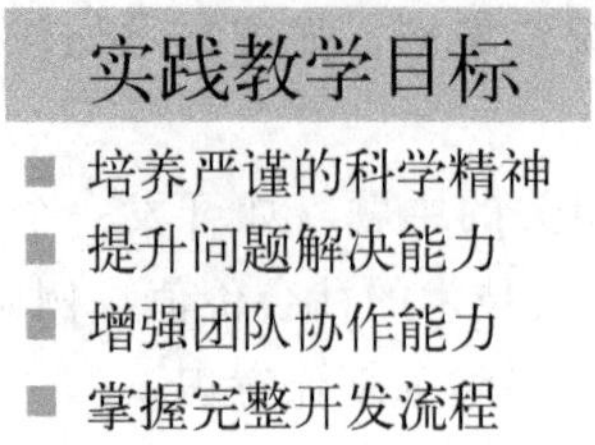

实践教学目标
- 培养严谨的科学精神
- 提升问题解决能力
- 增强团队协作能力
- 掌握完整开发流程

图 14-5　实践教学思政目标

① 培养严谨的科学精神：通过代码编写与调试，引导学生关注细节，养成严谨的编程习惯。

② 提升问题解决能力：通过实际项目开发，培养学生分析问题、设计解决方案和调试代码的能力。

③ 增强团队协作能力：通过团队项目开发，培养学生的沟通能力、分工协作能力和团队磨合能力。

④ 掌握完整开发流程：通过需求分析、设计、编码、测试与维护的全流程实践，帮助学生掌握软件开发的完整生命周期。

14.3.3.2　实践环节的教学设计

实践环节的教学设计，需要在实践教学的各个环节融入思政元素，从而提高实践教学质量。实践教学环节如图 14-6 所示。

图 14-6　实践教学环节

(1) 代码编写与调试

细节关注：在实践环节中，强调代码的规范性、可读性和可维护性，要求学生遵循编码规范（如命名规范、注释规范等）。

调试训练：通过设置常见的编程错误（如空指针异常、数组越界等），训练学生快速定位和解决问题的能力。

科学精神培养：引导学生理解"细节决定成败"的道理，培养其严谨的科学态度和精益求精的编程习惯。

(2) 项目开发全流程实践

需求分析：引导学生从用户需求出发，明确项目目标，培养其需求分析能力。

项目设计：通过 UML 图（如类图、时序图等）的设计，帮助学生掌握系统设计的基本方法。

代码编写：在编码过程中，强调模块化设计和代码复用，提升学生的工程化思维。

测试与维护：通过单元测试、集成测试等环节，培养学生的测试意识和维护能力。

(3) 团队协作与分工

团队组建：将学生分为若干小组，每组 3~5 人，明确团队成员的职责分工（如项目经理、开发人员、测试人员等）。

协作训练：通过团队项目开发，培养学生的沟通能力、任务分配能力和冲突解决能力。

团队磨合：在项目开发过程中，引导学生学会倾听他人意见、尊重他人贡献，提升团队凝聚力。

14.3.3.3　实践环节的实施策略

(1) 项目驱动教学

真实项目案例：选择与实际生活相关的项目（如学生管理系统、在线购物系统等），激发学生的学习兴趣。

分阶段实施：将项目开发分为多个阶段（如需求分析阶段、设计阶段、编码阶段等），逐步引导学生完成项目。

(2) 问题导向学习

设置问题场景：在实践环节中，设置常见的问题场景（如性能优化、异常处理等），引导学生思考解决方案。

鼓励创新：鼓励学生在解决问题时提出创新性思路，培养其创新意识和实践能力。

(3) 评价与反馈

过程评价：在实践过程中，对学生的代码质量、调试能力、团队协作等进行实时评价，提供及时反馈。

结果评价：在项目完成后，通过项目答辩、代码评审等方式，综合评价学生的实践能力和团队表现。

反思与改进：引导学生总结实践中的经验教训，提出改进措施，帮助其不断提升综合技能。

14.3.3.4　实践环节的思政融入

严谨科学精神的培养：通过代码调试与优化，引导学生理解"细节决定成败"的道理，培养其严谨的科学态度。

团队协作精神的培养：通过团队项目开发，强调"团队能力大于个体"的理念，培养学生的团队协作精神。

社会责任感的培养：在项目开发中融入社会热点问题（如环保、公益等），引导学生用技术解决社会问题，增强其社会责任感。

通过以上设计与实施，实践环节不仅能够提升学生的编程能力和工程实践能力，还能培养其团队协作精神、严谨的科学态度和社会责任感，助力其成为全面发展的新时代高素质人才。

14.3.4　课下环节培养诚信意识，提升综合素质

课下环节是课堂教学的重要延伸，尤其在软件开发类课程中，课下任务的完成情况直接影响学生的学习效果和综合素质的提升。通过科学设计课下任务并加强监督与管理，可以有效培养学生的诚信意识、主动学习能力和团队协作精神，同时提升其软件开发技能和思想品德。软件开发类课程知识点多，项目开发任务重。除课堂教学以外，会布置较多的课下软件设计与开发任务。所以，课后任务的完成情况与日常检查要及时跟进，这对学生的主动学习能力培养起着至关重要的作用。任课教师监督学生独立完成课后任务，组建学习小组，共同查资料解决问题，培养学生诚实守信的优良品质。

通过课下任务的完成，培养学生的学习能力，提升学生主动学习的兴趣。督促学生养成良好的学习习惯，形成良性循环。在提升学生软件开发技能的同时，帮助学生建立良好的思想品德，为以后更好的发展打牢基础。以下是针对课下环节的具体设计与实施策略。

课下环节的教学目标

- ■ 培养诚信意识
- ■ 提升主动学习能力
- ■ 增强综合素质
- ■ 养成良好学习习惯

图 14-7　课下环节的教学目标

14.3.4.1　课下环节的教学目标

课下环节是授课过程中的重要一环，结合课程思政，课下环节的教学目标如图 14-7 所示。

① 培养诚信意识：通过独立完成任务和团队协作，培养学生诚实守信的品质。

② 提升主动学习能力：通过课下任务的布置与检查，激发学生的学习兴趣，培养其自主学习能力。

③ 增强综合素质：通过课下任务的完成，提升学生的编程能力、问题解决能力和团队协作能力。

④ 养成良好学习习惯：通过定期检查与反馈，帮助学生形成良好的学习习惯，为终身学习奠定基础。

14.3.4.2　课下环节的设计与实施

根据课下环节制定的教学目标，对课下环节进行设计和实施，力争提高教学效率和质量，如图 14-8 所示。

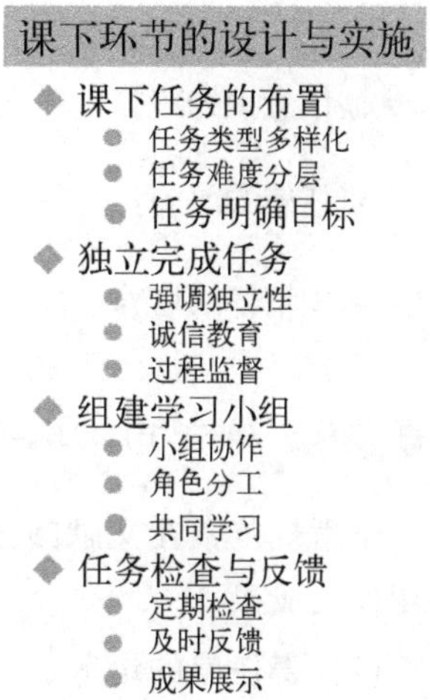

课下环节的设计与实施

◆ 课下任务的布置
  ● 任务类型多样化
  ● 任务难度分层
  ● 任务明确目标
◆ 独立完成任务
  ● 强调独立性
  ● 诚信教育
  ● 过程监督
◆ 组建学习小组
  ● 小组协作
  ● 角色分工
  ● 共同学习
◆ 任务检查与反馈
  ● 定期检查
  ● 及时反馈
  ● 成果展示

图 14-8　课下环节的设计与实施

（1）课下任务的布置

任务类型多样化：布置不同类型的任务，如编程练习、项目开发、文献阅读、技术调研等，满足不同学生的学习需求。

任务难度分层：根据学生的能力水平，设置基础任务和挑战任务，让每个学生都能在完成任务中获得成就感。

任务明确目标：每次布置任务时，明确任务的目标、要求和完成时间，帮助学生合理规划学习时间。

（2）独立完成任务

强调独立性：要求学生独立完成基础任务，培养其独立思考和解决问题的能力。

诚信教育：通过任务检查与代码查重，杜绝抄袭行为，培养学生的诚信意识。

过程监督：通过在线平台（如 GitHub、学习管理系统等）实时跟踪学生的任务进度，及时发现并解决问题。

（3）组建学习小组

小组协作：对于复杂任务或项目开发，组建学习小组（每组 3～5 人），鼓励学生通过团队协作解决问题。

角色分工：在小组中明确每个成员的角色（如项目经理、开发人员、测试人员等），培养学生的责任感和团队协作能力。

共同学习：鼓励小组成员共同查阅资料、讨论问题，提升其沟通能力和合作精神。

（4）任务检查与反馈

定期检查：通过课堂抽查、在线提交等方式，定期检查学生的任务完成情况。

及时反馈：对学生的任务完成情况进行详细点评，指出优点和不足，帮助学生不断改进。

成果展示：定期组织学生展示课下任务成果（如代码演示、项目汇报等），增强其成就感和学习动力。

课下环节的思政融入

◆ 诚信意识的培养：杜绝抄袭、学术规范
◆ 责任感的培养：任务承诺、团队责任
◆ 家国情怀的培养：社会热点融入、榜样激励

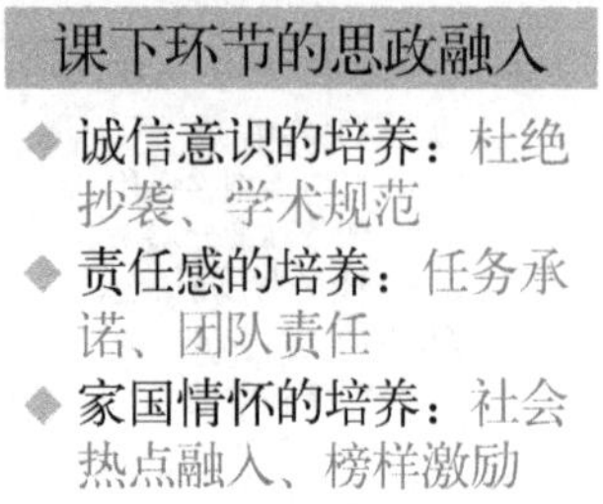

图 14-9 课下环节的思政融入

14.3.4.3　课下环节的思政融入

课下环节的思政融入点较多，结合课程特点，选择以下思政元素进行融入，如图 14-9 所示。

（1）诚信意识的培养

杜绝抄袭：通过代码查重和任务检查，杜绝抄袭行为，培养学生的诚信意识。

学术规范：在文献阅读和技术调研任务中，强调学术规范，引导学生正确引用他人成果。

（2）责任感的培养

任务承诺：要求学生在接受任务时做出承诺，培养其责任感和使命感。

团队责任：在小组协作中，强调每个成员的责任，培养学生的团队责任感。

（3）家国情怀的培养

社会热点融入：在课下任务中融入社会热点问题（如环保、公益等），引导学生用技术解决社会问题，增强其家国情怀。

榜样激励：通过介绍优秀程序员的事迹，激励学生树立远大理想，追求卓越。

14.3.4.4　课下环节的实施策略

（1）任务驱动的学习

真实项目任务：布置与实际生活相关的任务（如开发一个简单的学生管理系统、设计一个环保主题的网页等），激发学生的学习兴趣。

分阶段任务：将复杂任务分解为多个阶段，逐步引导学生完成任务，培养其计划能力和执行力。

（2）问题导向的学习

设置问题场景：在任务中设置常见的问题场景（如性能优化、异常处理等），引导学生思考解决方案。

鼓励创新：鼓励学生在解决问题时提出创新性思路，培养其创新意识和实践能力。

（3）评价与激励机制

过程评价：对学生的任务完成过程进行评价，重点关注其独立性和诚信表现。

结果评价：对学生的任务成果进行评价，重点关注其代码质量、功能实现和创新性。

激励机制：对完成任务优秀的学生或小组给予奖励（如加分、荣誉称号等），激发学生的学习动力。

14.3.4.5　课下环节的示例任务

① 任务 1：编程练习。

内容：完成一个 Java 程序，实现简单的计算器功能。

目标：巩固 Java 语法知识，培养独立编程能力。

思政融入：通过代码规范的教学，强调规则意识与法治精神。

② 任务 2：项目开发。

内容：开发一个"垃圾分类助手"应用，实现垃圾分类查询功能。

目标：提升项目开发能力，培养团队协作精神。

思政融入：通过环保主题，增强学生的环保意识和社会责任感。

③ 任务 3：技术调研。

内容：调研 Java 技术在某个领域的应用（如人工智能、大数据等），并撰写调研报告。

目标：提升技术调研能力，拓宽技术视野。

思政融入：通过介绍中国科技企业的创新成果，增强学生的民族自豪感。

通过以上设计与实施，课下环节不仅能够提升学生的软件开发技能，还能培养其诚信意识、主动学习能力和团队协作精神，助力其成为德才兼备的新时代高素质人才。

14.3.5　掌握课程发展的新动向，提升任课教师综合能力

在软件开发类课程的教学中，任课教师的综合能力直接影响教学效果和学生的成长。为了适应课程发展的新动向，任课教师需要不断学习与探索，提升自身的专业能力、教学能力和思政教育能力，从而更好地引导学生掌握专业知识并接受正面的思政教育。软件开发类课程教学模式研究开展很多，有很多的实践和应用。任课教师需要不断地进行学习与探索，积极提高自身的综合能力。任课教师作为学生的专业知识的引领者，对学生进行科学有效的思政引

导，这就要求任课教师有更多的教学方法和方式。通过软件开发类课程的教育教学，帮助学生掌握软件开发的知识。

任课教师通过课程教学方法的学习和改进，积极参加教学方法的研讨与培训，注重任课教师之间的交流与沟通，持续提升软件开发类课程的综合技能，使得设计的思政元素能真正给学生带来正面的引导作用，让学生在学习的过程中，接受积极的正能量的思政教育。以下是提升任课教师综合能力的具体策略与实施路径。

14.3.5.1　提升任课教师综合能力的目标

专业能力提升：掌握软件开发领域的最新技术和趋势，确保教学内容与时俱进。

教学能力提升：学习先进的教学方法和工具，提高课堂教学效果。

思政教育能力提升：深入挖掘课程思政元素，科学设计思政教育内容，实现专业知识与思政教育的有机融合。

科研与创新能力提升：通过科研活动与教学创新，提升教师的学术水平和教学创新能力。

14.3.5.2　提升任课教师综合能力的策略

任课教师综合思政能力的培养，对于深入开展课程思政实践和研究有着重要的意义，提升任课教师综合能力的策略如图 14-10 所示。

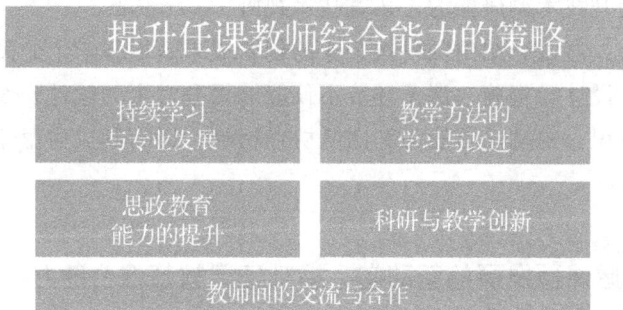

图 14-10　提升任课教师综合能力的策略

（1）持续学习与专业发展

跟踪技术前沿：通过阅读专业书籍、参加技术会议、关注行业动态等方式，了解软件开发领域的最新发展（如人工智能、大数据、云计算等）。

参与技术培训：积极参加专业技术培训（如 Java 新特性、Spring 框架、

DevOps 等），提升自身的专业技能。

获取行业认证：考取相关技术认证（如 Oracle Java 认证、AWS 认证等），增强专业权威性。

(2) 教学方法的学习与改进

学习先进教学方法：研究并实践先进的教学方法，如项目驱动教学、问题导向学习（PBL）、翻转课堂等，提升教学效果。

参加教学研讨与培训：积极参加教学研讨会、教学能力培训等活动，学习其他教师的优秀经验。

教学工具的应用：熟练使用现代化教学工具（如在线学习平台、代码评测系统、虚拟实验室等），提高教学效率。

(3) 思政教育能力的提升

学习思政教育理论：深入学习课程思政的理论与实践，掌握思政教育的基本原则和方法。

挖掘课程思政元素：结合软件开发课程的特点，深入挖掘思政元素（如诚信意识、团队协作、社会责任感等），并将其融入教学内容。

设计思政教育案例：开发与课程内容相关的思政教育案例（如科技报国、网络安全、知识产权保护等），增强思政教育的吸引力和感染力。

(4) 科研与教学创新

开展教学研究：结合教学实践，开展教学研究（如课程思政的有效性研究、教学方法的创新研究等），提升教学理论水平。

参与科研项目：积极参与科研项目，将科研成果融入教学内容，提升课程的学术深度。

教学创新实践：尝试新的教学模式（如混合式教学、虚拟仿真实验等），提升教学的创新性和趣味性。

(5) 教师间的交流与合作

校内交流：定期组织教师间的教学经验分享会，交流教学方法、思政教育经验和课程设计思路。

校外合作：与其他高校或企业合作，开展教学研究或技术交流，拓宽视野。

教学团队建设：组建教学团队，共同开发课程资源、设计教学方案，提升整体教学水平。

14.3.5.3　实施路径与具体措施

教师思政教学能力提升的实施路径与具体措施，如图 14-11 所示。

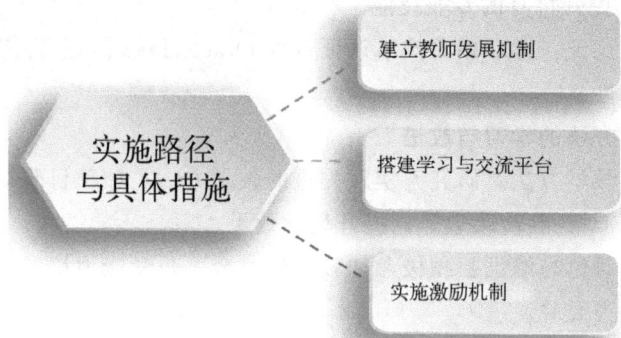

图 14-11　实施路径与具体措施

(1) 建立教师发展机制

制定发展规划：为每位教师制定专业发展和教学能力提升的长期规划，明确发展目标。

提供资源支持：为教师提供学习资源（如书籍、在线课程、培训机会等），支持其持续学习。

(2) 搭建学习与交流平台

校内平台：建立教师学习社区或教学研讨小组，定期组织活动。

校外平台：鼓励教师参加行业会议、教学研讨会，与同行交流经验。

(3) 实施激励机制

表彰优秀教师：对在教学创新、思政教育等方面表现突出的教师给予表彰和奖励。

支持教学改革：为教师的教学改革项目提供资金和政策支持，鼓励创新。

14.3.5.4　课程思政教育的具体实践

(1) 思政元素的挖掘与融入

案例教学：通过实际案例（如中国科技企业的创新成果、开源社区的贡献等），将思政元素融入专业知识。

项目实践：在项目开发中融入社会热点问题（如环保、公益等），引导学生用技术解决社会问题。

(2) 思政教育的评价与反馈

过程评价：在教学中实时观察学生的思政表现（如诚信意识、团队协作等），给予及时反馈。

结果评价：通过课程考核、项目答辩等方式，综合评价学生的思政素养。

任课教师能力提升计划如表 14-2 所示。

表 14-2　任课教师能力提升计划

阶段	目标	具体措施
第一阶段	提升专业能力	参加 Java 新技术培训,考取 Oracle Java 认证,阅读最新技术文献
第二阶段	提升教学能力	学习项目驱动教学法,参加教学研讨会,尝试翻转课堂模式
第三阶段	提升思政教育能力	学习课程思政理论,设计思政教育案例,融入课堂教学
第四阶段	提升科研与创新能力	开展教学研究,参与科研项目,尝试混合式教学模式

通过以上策略与实施路径,任课教师可以不断提升自身的综合能力,从而更好地引导学生掌握专业知识、接受思政教育,培养德才兼备的新时代高素质人才。

14.4　教学模式的设计与实施

14.4.1　实施方案的设计

根据学生的特点,不同专业学生的学情不一样,应进行个性化设计。知识点涉及的思政融合元素根据课程的具体情况,进行科学的规划。按照专业侧重点不同,设置不同的实施方案。比如,软件工程专业学生实践较多,设计方案时,多引入一些的实践案例,让学生更好地融入课程教学中。计算机科学与技术专业,偏向专业理论的学习,可以增加课堂教学的案例讲解。

在课堂授课过程中,将教学模式进行全方位的实施,对教学效果进行实时追踪。根据变化及时进行调整,确保教学效果。在授课过程中,任课教师采用完整的项目案例,对学生创新意识进行抛砖引玉式的培养和提升。针对个体不同情况,在布置作业、实践教学等环节,进行有梯度的设计,提升教学效果。

14.4.2　教学模式的实施

软件开发类课程教学模式研究的实验材料提供微课视频 31 个,微课视频内容积极融合思政因素,提供的在线学习网站方便师生在课下和课前进行互

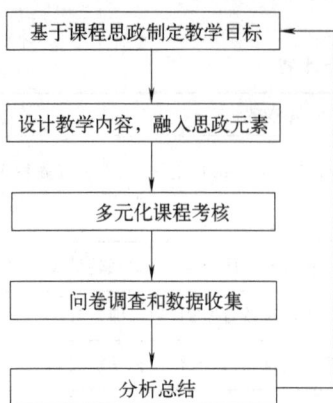

图 14-12　教学模式实施策略

动。提供 1 套调查问卷，问卷设计原则包括了解参与者对新教学模式的态度和学习策略的应用。教学模式实践按照"教学实践→测试和调查→数据收集→分析总结"四个步骤进行，如图 14-12 所示。

实施过程中，首先基于课程思政理念制定教学目标，设计教学内容，积极融入思政元素；课程考核环节，摒弃考试成绩单一化评价方式，引入多元化考核，学生编写的代码、课堂表现、小组成绩等均纳入考核环节中；考核后，对学生进行问卷调查，并进行数据收集；对收集到的数据进行分析和总结，研判教学模式实施的效果和不足；最后根据分析的结果，对教学目标进行适当的调整和优化，这样的循环方式可以大大提升教学的效果和质量。

14.4.3　实施效果评价

教学模式实施效果，学生最有发言权。他们可以通过新模式的实施，与之前课程的学习对比，判断新模式的实际效果。本学期的课程授课结束后，组织学生进行调查问卷，调查问卷发放 38 份，回收 38 份。

调查问卷设计了 5 个问题。

第 1 题：思政元素融入效果较好，提升了个人综合素质。

第 2 题：基于课程思政理念的教学模式提高了学习的兴趣。

第 3 题：新教学模式提升了学习效率。

第 4 题：思政案例有助于学习专业知识。

第 5 题：在专业课教学过程中，希望推广使用基于课程思政的教学模式。

每个问题选项分别为：达成（1 分），基本达成（0.8 分），部分达成（0.6分），未达成（0.4 分）。

问卷调查详细情况如图 14-13 所示：

根据学生的匿名问卷调查和日常教学参与情况，学生普遍反映较好。在调查的所有项目中，第 1 项 0.8947 分，第 2 项 0.8632 分，第 3 项 0.8337 分，第 4 项 0.8947 分，第 5 项 0.9158 分。总体来看，学生对新教学模式的教学效果非常认可，也希望在其他课程中进行推广应用。

未达成(0.4):2.63%
部分达成(0.6):2.63%

基本达成(0.8):
39.47%

达成(1):
55.26%

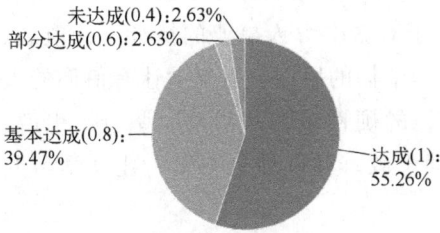

(a) 第1题问卷结果

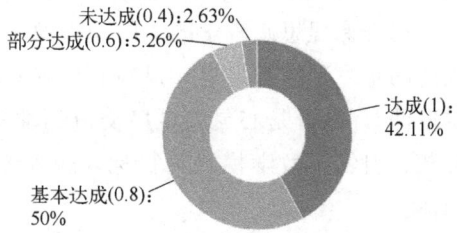

未达成(0.4):2.63%
部分达成(0.6):5.26%

达成(1):
42.11%

基本达成(0.8):
50%

(b) 第2题问卷结果

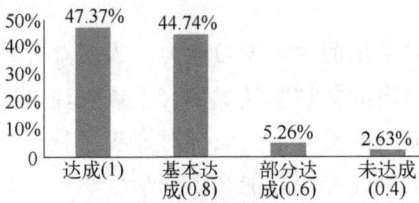

50% — 47.37%　44.74%
40%
30%
20%
10% — 5.26%　2.63%
0

达成(1)　基本达成(0.8)　部分达成(0.6)　未达成(0.4)

(c) 第3题问卷结果

选项	小计	比例
达成(1)	23	60.53%
基本达成(0.8)	11	28.95%
部分达成(0.6)	3	7.89%
未达成(0.4)	1	2.63%
本题有效填写人次	38	

(d) 第4题问卷结果

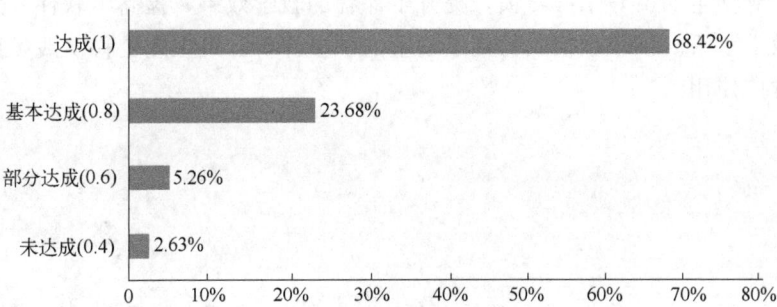

达成(1)　68.42%
基本达成(0.8)　23.68%
部分达成(0.6)　5.26%
未达成(0.4)　2.63%

0　10%　20%　30%　40%　50%　60%　70%　80%

(e) 第5题问卷结果

图 14-13　问卷调查详细情况

14.5　小结

推进课程思政建设旨在抓住教师队伍"主力军"、课程建设"主战场"、课堂教学"主渠道",使德育与智育相统一,推动实现全员、全过程、全方位育人。课程思政,着眼于培养学生追求真理的意识、热情、勇气。追求真理的热情以兴趣为前提。持久的观察也以兴趣为前提。教师是激发这些兴趣的引路人，这正是教师应有的本职任务。

提升课程思政教学能力的动力源，在于对教书育人事业的情怀。价值观，表达的是一种精神追求，根基上是在信念与信仰的层面，需要"让有信仰的人讲信仰"，教育是心灵的碰撞交流而非单纯的硬性填鸭式灌输。坚持"思政、创新、引领"教学模式为目标：融入课程思政；科研促进教学、建立学习共同体。

针对细化的教学目标，按照教学大纲，梳理知识点，在备课中挖掘课程思政元素，精心设计；在讲课过程中，从复习、导入、讲授、小结、作业等各个环节找准切入点，把思政元素有机地融入课堂，学中做，做中学，力求入脑入心；最后是课后反思，聚焦以学生为中心，立足有意义学习理论，遵循学生的认知规律，关注学生求知欲与获得感。

在软件开发类课程中进行思政教学，对学生的主动学习能力、人文素养和综合素质等方面都有很好的促进作用。在提出的新教学模式中，重点关注与知识点有关联的思政内容的设计和教师综合能力的提升上。教师对课程进行个性化设计，培养学生的持续学习能力，提高学生的专业技能，提升学生学习的兴趣。选择合适的思政教学内容，与专业内容相互结合，做到入心入脑。新教学模式着重培养学生的良好学习习惯，提升了课程的教学效果，提高了软件开发类课程的教学水平。该教学模式得到了学生的积极评价，可在理工科实践类课程中进行推广使用。

第15章

基于"12345"协同育人模式的软件质量保证与测试课程创新改革

软件质量保证与测试是关于软件测试的科学，与软件质量息息相关，对学生软件知识体系的构建、应用创新能力的培养和后续专业课程的学习以及专业兴趣的激发起着重要的衔接作用。

根据人才强国战略和南阳师范学院"应用创新型"人才培养定位，兼顾"软件质量保证与测试"课程具备的"实践驱动创新、测试服务强国"的课程特色，结合授课内容和学生特点，教学团队在教学改革过程中，秉持"突出立德树人，以学生为中心，服务社会为导向，持续加强创新实践"的教育理念，针对课程存在的"真实问题"，形成了强化思政引领赋能价值塑造提升，整合教学资源，重塑知识体系，创新教学活动赋能应用能力养成的"12345"协同育人模式的课程改革思路。

教学创新取得了较为明显的育人成效，近三年课程教学目标达成情况均达到 0.91 以上。学生的软件质量保证与测试综合能力得到了提升，软件测试领域就业数量和质量得到了提高，教学创新成果更好地服务了社会。

15.1 课程概况

"软件质量保证与测试"课程在大三下学期开设，是计算机科学与技术和软件工程专业的一门专业必修课。课程基础知识点多、实践性强，学生不但要悟原理、懂思想，还要能制订测试计划、编写测试用例、执行测试代码，更要有解决生产实际问题的能力。课程定位如图 15-1 所示。

通过本课程的学习，学生可以掌握软件测试的基本概念和理论知识，深刻

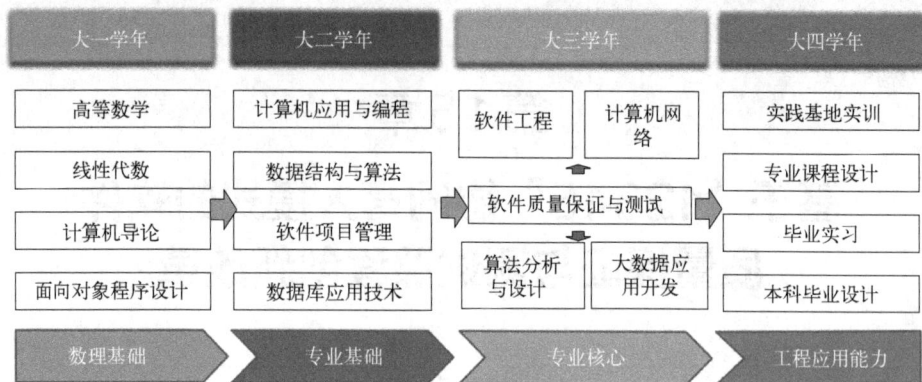

图 15-1 课程定位

理解软件测试方法和技术，掌握软件测试发展新方向，能够使用自动化工具完成项目测试、流程控制和测试数据分析，能完成软件测试的各项工作任务。注重培养学生良好的产教融合技能，为学生软件测试职业发展奠定良好的基础。

通过本课程的学习，达成的教学目标如图 15-2 所示。

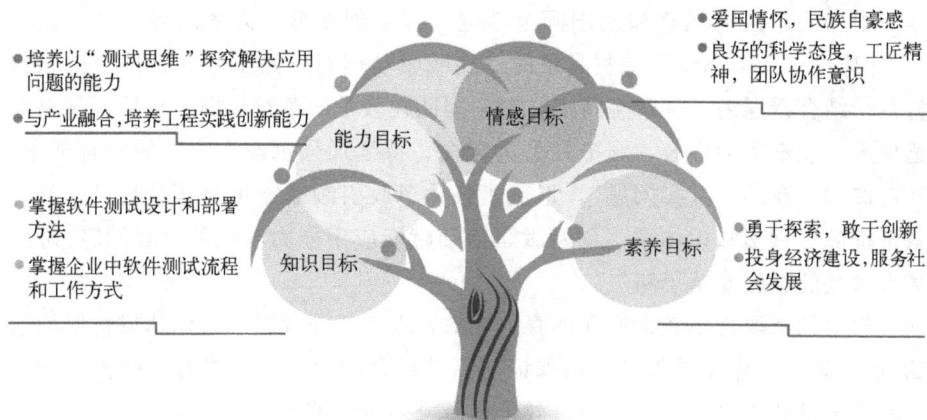

图 15-2 达成的教学目标

（1）能力目标

培养以"测试思维"探究问题的能力，强化逻辑思维。引导学生以"测试思维"探究问题，注重细节和逻辑，能够从多角度分析软件系统的潜在缺陷。强化逻辑思维能力，帮助学生系统化地设计测试用例、分析测试结果并提出改进建议。

鼓励学生与产业融合，通过实际项目或案例学习，培养工程实践创新能力。提升学生在真实工程项目中实施软件测试的能力，包括测试计划制订、测试用例设计、测试执行和缺陷管理，让学生能切实体会到工程项目中软件测试的实施策略和实施过程，理解测试在软件开发生命周期中的重要性，增强学生软件质量管理的意识，培养他们在开发过程中主动关注质量问题的习惯。使学生能够根据需求规格说明书，运用测试工具进行自动化测试，培养学生将测试知识和技术应用于测试实施的能力。培养学生根据需求规格说明书，运用主流测试工具（如 Selenium、JUnit、LoadRunner 等）进行自动化测试的能力。提升学生在不同测试阶段（单元测试、集成测试、系统测试、验收测试）中应用自动化测试技术的水平。培养学生将测试理论、方法和技术应用于实际测试实施的能力。通过实践项目，让学生掌握测试文档编写、测试工具使用、测试结果分析和测试报告撰写等技能。

通过案例分析、项目驱动和实验课程，将理论知识与实际应用紧密结合。提供主流的测试工具和平台，帮助学生熟悉行业标准和技术。通过团队合作完成测试任务，培养学生的沟通协作能力和创新思维。

(2) **知识目标**

要求学生掌握软件测试的基本概念、原理和方法，包括黑盒测试、白盒测试、灰盒测试等。学习测试用例设计方法，如等价类划分、边界值分析、因果图法、场景法等。理解测试部署的策略和方法，能够在不同环境中部署测试并分析结果。

掌握软件测试设计和部署的方式方法，学习测试技巧和测试用例设计，具有测试管理能力。掌握测试管理的基本流程，包括测试计划制订、测试任务分配、测试进度跟踪和测试报告编写。能够根据项目需求制订合理的测试计划，明确测试范围、资源分配和时间安排。

要求学生能掌握并熟悉企业中软件测试流程和工作方式，包括需求分析、测试设计、测试执行、缺陷管理和测试总结。熟练使用主流自动化测试工具（如 Selenium、JUnit、LoadRunner、Postman 等），并能根据项目需求选择合适的工具。能够编写规范的测试文档，包括测试计划、测试用例、测试脚本和测试报告。掌握测试过程中缺陷的记录、跟踪和修复验证方法。

(3) **情感目标**

课程的情感目标旨在通过教学和实践，培养学生的职业素养和正确价值观。鼓励学生熟悉本课程在未来职业规划中的重要作用，帮助学生认识软件测试在软件开发生命周期中的重要性，了解其未来职业发展前景。鼓励学生将课程学习与职业规划相结合，明确学习目标和职业方向。培养学生刻苦钻研的精神，引导学生树立正确的人生观和价值观。通过实践项目和企业案例，增强学生的责任感和使命感。

培养学生良好的科学态度，注重细节和质量。增强学生的爱国情怀和民族自豪感，鼓励学生将所学知识服务于国家经济建设和社会发展。培养学生的工匠精神，追求卓越、精益求精。通过团队合作完成测试任务，增强学生的团队协作意识和沟通能力。

（4）素养目标

课程的素养目标旨在全面提升学生的综合素质，使其成为具备创新能力和实践能力的优秀人才。培养学生严谨的逻辑思维和分析能力，能够系统化地解决测试中的复杂问题。引导学生注重细节，善于发现和解决问题。鼓励学生勇于探索新技术、新方法，敢于在测试实践中创新。通过案例分析和项目实践，培养学生的创新思维和实践能力。

培养学生理论联系实践的能力，课堂上教师向学生讲述软件测试中的相关原理和概念，企业有关软件测试的技术和方法、企业测试工作模式和软件测试人员必备素质，课堂上教师讲授软件测试的原理和概念，结合企业实际案例，帮助学生理解理论知识在实际中的应用。通过校企合作，让学生了解企业测试工作模式和技术方法，提升实践能力。培养学生的项目管理能力，包括测试计划的制订、资源的分配、进度的控制和风险的管理。通过团队项目实践，提升学生的组织协调能力和领导力。培养学生掌握软件测试和质量保证的本领，能够将所学知识应用于实际项目。鼓励学生掌握软件测试和质量保证本领，投身经济建设，服务社会发展，成为推动行业进步的中坚力量。

通过知识目标、情感目标和素养目标的有机结合，"软件质量保证与测试"课程旨在培养具备扎实理论基础、实践能力和职业素养的高素质软件测试人才，为学生的职业发展和社会贡献奠定坚实基础。

15.2 教学中的真实问题分析与解决思路

15.2.1 学情分析

在课程实施和建设过程中，通过问卷调查的方式对学生的学习特点进行了分析，具体情况如图 15-3 所示。

发现青年学子思维比较活跃，但被动性明显，对授课教师存在依赖性现象。统计表明，63%的学生仍习惯被动式学习，学习路径采用的是"课堂＋作业"的方式，学习形式和途径相对比较单一。

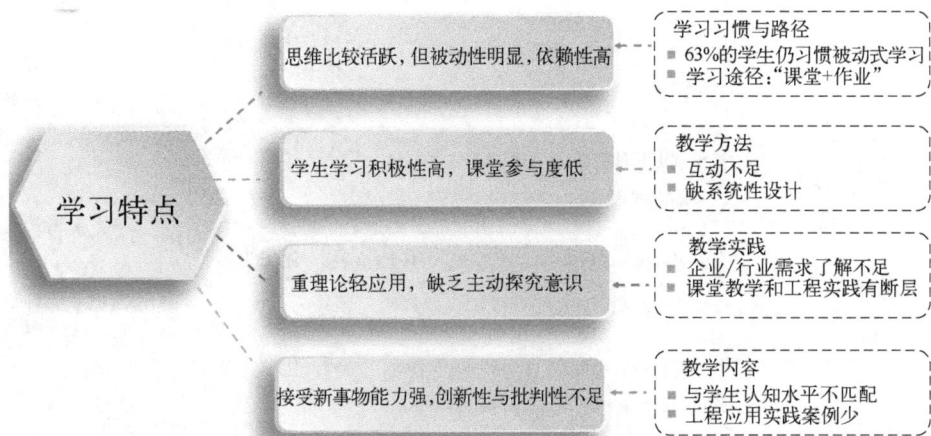

思维比较活跃，但被动性明显，依赖性高

学习习惯与路径
- 63%的学生仍习惯被动式学习
- 学习途径："课堂+作业"

学生学习积极性高，课堂参与度低

教学方法
- 互动不足
- 缺系统性设计

学习特点

重理论轻应用，缺乏主动探究意识

教学实践
- 企业/行业需求了解不足
- 课堂教学和工程实践有断层

接受新事物能力强，创新性与批判性不足

教学内容
- 与学生认知水平不匹配
- 工程应用实践案例少

图 15-3 学情分析

学生学习积极性很高，但课堂参与度不如预期。这反映出传统教学方法互动不足，教学方法系统性设计不足。应结合学生特点，引入多样化的教学方法，提高学生的学习兴趣，从而激励学生进行主动学习。

由于本课程所包含知识点较多，难免出现重理论轻应用的情况，造成学生主动探究意识不强。这反映出教学实践产教融合程度不足，对企业和行业的需求了解不充分，课堂教学和工程实践有断层现象。

问卷调查发现学生接受新事物能力较强，但是创新性和批判性略显不足。这反映出教学内容和学生认知水平匹配度不高，工程应用实践案例数量不多，应引入更多的真实案例，着力提升学生的综合实践能力。

15.2.2 真实问题分析

综合课情和学情对课程教学过程中存在的真实问题进行分析，如图 15-4 所示。

15.2.2.1 知识架构能力不够

理论抽象难懂，学生有畏难情绪，信心不足。课程内容理论性强、概念抽象，涉及测试工具较多，测试设计与实施过程复杂，学生在学习过程中死记硬背知识点的情况较多，缺少对知识的深入理解和把握，导致对知识学习产生畏难情绪，对实践能力培养和价值塑造支撑力不足。

解决方式如下。

233

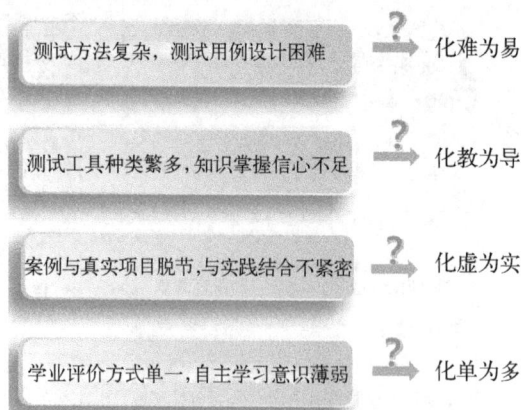

图 15-4 课程真实问题分析

(1) 优化教学内容设计

将抽象的理论知识与实际案例相结合，通过案例教学帮助学生理解复杂概念。采用"分层次教学法"，将知识点由浅入深逐步展开，降低学习难度。引入可视化工具（如思维导图、流程图）帮助学生构建知识体系。

(2) 增强学生信心

通过阶段性小目标设置，让学生在学习过程中不断获得成就感。鼓励学生提出问题，并及时给予反馈和指导，消除畏难情绪。

(3) 强化实践支撑

增加实验课和项目实践环节，让学生在实践中理解和掌握理论知识。提供丰富的学习资源（如视频教程、在线实验平台），帮助学生巩固知识。

15.2.2.2 主动学习能力不足

学生课堂主体意识薄弱，主动参与度不高。学生缺乏自我认知，不能自觉地将自己视为课堂学习的主体。学生对课堂活动的参与缺乏主动性和自觉性，往往是被动的接受者。学生在课堂上缺乏积极思考和表达的机会，导致参与度偏低。部分学生可能由于害怕出错而选择沉默，进一步降低了课堂参与度。缺乏自主学习的意识和能力，不能主动预习、复习和拓展知识。在学习过程中缺乏主动性和创造性，过于依赖教师的讲解和课本的知识。

解决思路如下。

(1) 增强课堂互动

采用翻转课堂、小组讨论、案例分析等教学模式，激发学生的参与热情。设计开放式问题，鼓励学生积极思考和表达，营造轻松的学习氛围。

（2）**培养学生自主学习能力**

引导学生制订学习计划，明确学习目标，培养自主学习的习惯。提供课前预习资料和课后拓展任务，帮助学生主动探索知识。

（3）**激发学习兴趣**

将课程内容与行业热点、实际项目相结合，增强学生的学习兴趣。通过竞赛、项目展示等活动，激发学生的创造力和参与感。

15.2.2.3　理论联系实践能力不强

课堂教学中，教师重视知识讲授和上机训练，应用能力培养力度不够，学生学习的目的重在"完成任务"，而非"理解运用"，缺乏深层次探究式学习，实践应用能力和高阶思维的培养不足，学生难以把理论知识应用到生产实践中。

解决思路如下。

（1）**强化实践教学**

增加实验课和项目实践的比例，让学生在实践中深化对理论的理解。引入企业真实项目或模拟项目，帮助学生了解行业需求和工作流程。

（2）**培养高阶思维能力**

设计探究式学习任务，引导学生从"完成任务"转向"理解运用"。通过问题导向学习（PBL）和项目驱动学习（PJBL），培养学生的分析、综合和创新能力。

（3）**校企合作**

邀请企业专家参与课程设计或授课，分享实际案例和经验。组织学生参观企业或参与企业项目，增强实践能力。

15.2.2.4　评价方式引领作用欠佳

课程学业成绩评价方式过于依赖考试和测验，这种单一的评价标准往往只关注学生对知识点的掌握程度，而忽视了学生在创新能力、实践能力和团队合作等方面的表现。缺乏个性化评价，导致评价结果的片面性，无法准确反映学生的真实学习状况，也无法有效激发学生的学习潜能。过程性评价重视不够，学业成绩的评价往往只关注最终的结果，而忽视了学生在学习过程中的努力和进步。

解决思路如下。

（1）**多元化评价体系**

采用多元化的评价方式，包括考试、实验报告、项目展示、课堂表现、团队合作等。注重对学生创新能力、实践能力和团队协作能力的评价。

（2）加强过程性评价

增加过程性评价的比重，关注学生在学习过程中的努力和进步。通过阶段性测试、课堂表现记录、作业反馈等方式，及时了解学生的学习状况。

（3）个性化评价

根据学生的个体差异，制定个性化的评价标准，激发学生的学习潜能。通过学生自评、互评和教师评价相结合的方式，全面反映学生的学习效果。

（4）反馈与改进

及时向学生反馈评价结果，帮助学生发现不足并改进。根据评价结果调整教学策略，优化教学内容和方法。

15.2.3 "12345"协同育人模式

针对"软件质量保证与测试"课程存在的"真实问题"，根据人才强国战略和南阳师范学院"应用型区域高水平大学"的办学定位，兼顾《软件质量保证与测试》课程具有的"实践驱动创新、测试服务强国"课程特色，以学生为中心，将知识融入具体的案例情景中进行教学，在改革思路的指引下，通过"12345"协同育人模式（图15-5）实现课程目标、课程内容、课程资源、教学活动和教学评价的创新，有效保证课程目标的达成。

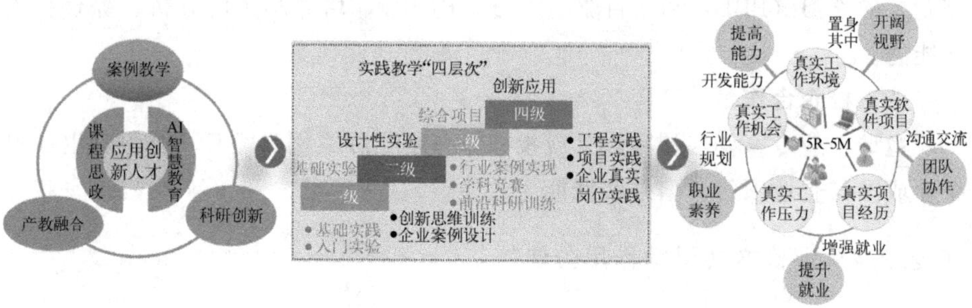

图 15-5　"12345"协同育人模式

以培育应用型创新人才为中心，加强思政引领，融入 AI 智慧教学、行业发展和科研创新。深入开展产教融合，引入企业真实案例进行实践教学，将教学成果与科研创新进行有效结合，提升科研水平和质量。

实践教学"四层次"是协同育人模式的核心，它依托学校与企业共建的实践教学平台和技术创新平台，为学生提供全方位的实践教学环境。实践教学内容包括基础实验、设计性实验、综合项目和创新应用等，形成从低到高，从基础到前沿，逐级提高的四级课程实践教学体系。

（1）基础实验（一级）

学生通过基础实践和入门实验，巩固和加深对软件测试知识的理解及掌握，旨在帮助学生打下坚实的基础。

（2）设计性实验（二级）

培养学生创新思维、综合应用知识和技术的能力。由以前教师安排好实践内容、准备好项目框架的状态，过渡到学生在教师指导下，自己设计软件测试方案，从而培养学生的设计性思维和创造能力。

（3）综合项目（三级）

以软件测试项目实施为主的综合实践教学环节，引入企业真实案例，要求学生按照企业测试流程完成项目，学生在本级实践中将学习软件测试的思想、方法、技术和应用。

（4）创新应用（四级）

组织若干个软件测试课题，以探究方式进行实践，学生在教师指导下，在自行调研的基础上选择题目、写出调研报告和软件测试方案，完成测试和数据分析。

积极与产业融合，规划软件实践项目，并提出 "5R-5M" 软件测试融合策略，即 "真实工作环境（real work environment）、真实软件项目（real software project）、真实项目经理（real project manager）、真实工作压力（real work pressure）、真实工作机会（real job opportunity）"，让学生置身于真实的工作环境，达到 "提高能力（mastery）、产教融合（merge）、置身实战（mission）、开阔视野（mindset）和提升就业（marketability）"。

通过校企合作，为学生提供真实的企业工作环境，包括办公设施、工作流程和企业文化。例如，安排学生进入企业实习，或在校内模拟企业工作环境，让学生体验真实的工作氛围。引入企业真实项目或高度仿真的模拟项目，让学生参与从需求分析到测试交付的全流程。例如，与企业合作开发测试项目，或使用开源项目作为实践对象。邀请企业项目经理或技术专家参与课程设计和教学，指导学生完成项目任务。例如，企业专家担任项目导师，提供技术指导和职业建议。通过设定严格的项目时间表和质量要求，让学生体验真实的工作压力。例如，模拟企业中的敏捷开发模式，要求学生在规定时间内完成测试任务。通过校企合作，为学生提供实习和就业机会，帮助他们在学习过程中积累工作经验。例如，企业优先录用参与项目的优秀学生，或为学生提供推荐信和职业发展指导。

通过真实项目和实战训练，提升学生的软件测试技能和工程实践能力。例如，学生掌握测试用例设计、自动化测试工具使用、缺陷管理等核心技能。将产业需求与教育目标紧密结合，确保课程内容与行业前沿技术同步。例如，邀请企业专家参与课程设计，将企业实际案例融入教学内容。通过真实项目和实战训练，让学生体验软件测试的全流程，培养解决实际问题的能力。例如，学生参与企业项目的测试任务，从需求分析到测试报告编写全程参与。通过企业参观、行业讲座和跨学科合作，拓宽学生的视野，了解行业发展趋势。例如，组织学生参加行业会议或技术论坛，了解最新技术动态。通过实习、项目经验和校企合作，提升学生的就业竞争力。例如，学生在完成企业项目后获得实习证明或推荐信，为就业增加筹码。与软件测试领域的企业建立长期合作关系，搭建校企合作平台。选择适合教学的企业真实项目或模拟项目，确保项目难度与学生能力匹配。选择中小型软件项目作为实践对象，逐步增加项目复杂度。

对学有余力的同学鼓励其充分利用教师们的科研平台和产学研基地，参加科技创新项目、实验创新设计竞赛项目和校企合作项目等，培养学生对知识的运用能力以及实践实训创新能力，提升课程挑战度。

15.3 创新方法及途径

15.3.1 构建三位一体培养体系

"软件质量保证与测试"作为专业核心课程，为了兼顾不同专业背景学生的共性学习和个性发展，构建三位一体的培养体系，培养实践能力、创新能力强的高素质"新工科"人才，如图 15-6 所示。

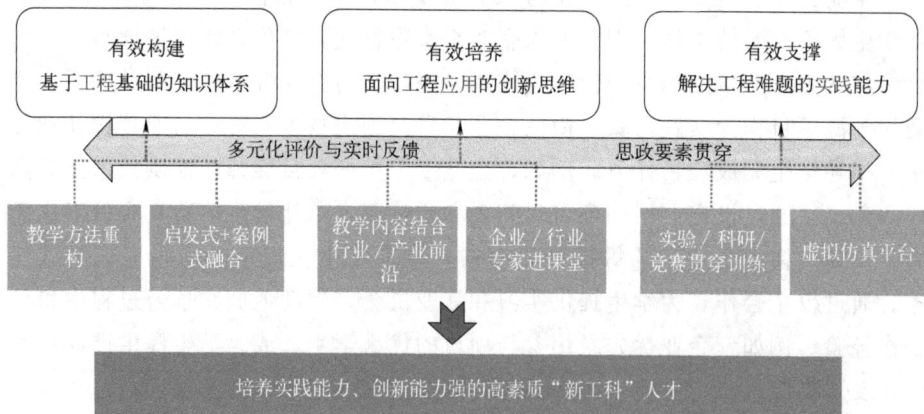

图 15-6　三位一体培养体系

① 通过问题导向、任务驱动等方式,激发学生的主动思考和探索能力。例如,提出实际工程问题,引导学生分析问题、设计解决方案。引入经典案例和行业实际项目,将抽象的理论知识与具体实践相结合,帮助学生理解知识的实际应用场景。通过教学方法重构和启发式＋案例式融合,有效构建基于工程基础的知识体系。通过教学内容结合行业/产业前沿知识,将行业最新技术、工具和方法融入教学内容,确保课程内容与行业发展同步。例如,引入人工智能测试、DevOps 中的持续测试等前沿话题。

② 邀请企业/行业专家走进课堂讲解真实项目的测试流程和挑战,或指导学生完成企业级测试任务,有效培养学生面向工程应用的创新思维;将实验、科研和学科竞赛贯穿实践训练,设计多层次、多类型的实验任务,覆盖单元测试、集成测试、系统测试等不同阶段,帮助学生掌握测试工具和方法。鼓励学生参与教师的科研项目,或自主开展与软件测试相关的研究,培养科研能力和创新思维。组织学生参加软件测试相关的学科竞赛(如全国大学生软件测试大赛),通过竞赛提升实践能力和团队协作能力。

③ 利用虚拟仿真技术模拟复杂的工程场景,帮助学生在虚拟环境中解决工程难题,提升实践能力,有效支撑解决工程难题的实践能力培养。将课程思政贯穿整个教学过程,在教学中融入工匠精神、质量意识、社会责任等思政元素,帮助学生树立正确的价值观和职业观。例如,通过分析软件缺陷导致的社会影响,强调软件测试工作的重要性。将产业需求与教育目标相结合,培养具有社会责任感、创新精神和实践能力的高素质人才。

④ 注重多元化评价和实时反馈,采用考试、实验报告、项目展示、课堂表现、团队合作等多种评价方式,全面反映学生的学习成果。注重学生在学习过程中的努力和进步,而不仅仅是最终结果。通过课堂互动、在线平台、阶段性测试等方式,及时向学生反馈学习情况,帮助学生调整学习策略。对教学环节进行迭代优化,根据评价结果和学生反馈,不断优化教学内容和教学方法,提升教学效果。着力培养产教融合高素质应用型人才,通过校企合作、企业专家参与、真实项目实践等方式,将产业需求与教育目标紧密结合。培养具有扎实理论基础、较强实践能力、创新思维和职业素养的软件测试人才,能够胜任行业岗位需求并为社会发展贡献力量。

15.3.2　产学合作协同育人

秉持"突出立德树人,以学生为中心,服务社会为导向,持续加强产教融合"的教学理念,根据"软件质量保证与测试"课程的特点,在知识、能力、素养三维课程目标的基础上，培养具有理性辩证思维和严谨工作态度的应用型产教融合人才，如图 15-7 所示。

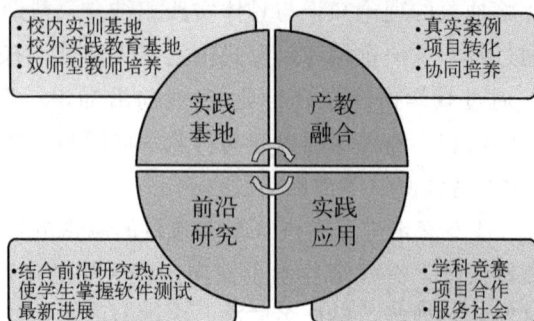

图 15-7　产学合作协同育人策略

① 通过校企共建校内外实践教育基地，加强学生实践能力培养，同时培训双师型教师。通过引入企业真实案例，加强项目转化，协同培养应用型人才。通过学科竞赛、项目合作等方式加强实践应用能力的培养，更好地服务社会。同时结合前沿研究热点，使学生掌握软件测试最新进展。

② 以培养学生的职业能力为导向，实现产教融合的订单式培养。坚持立德树人，注重课程思政的润物细无声。以培养职业能力为导向，校企双方共同完善教学大纲。基于职业能力目标，制订订单式培养计划，满足企业人才需求。

③ 建设综合案例库，以项目驱动校企产教融合。引入完整项目开发，包括设计、编码和测试等流程，选取企业实际项目建立案例库，利用企业实训资源，加强教、学、做的有机结合，让学生置身于真实的工作场景。

④ 强化课程基础内容讲解，提供详细知识点视频，促使学生掌握基础理论和基础概念，熟悉典型测试工具。校企联合确定课程内容，激发学生工程创新意识。通过举办前沿讲座，让学生了解新技术，助力发展新质生产力。通过讲解特色工程实践案例，国之重器盾构机、中国芯片设计等，助力学生通过所学软件质量保证与测试知识来分析解决真实复杂工程问题，如图 15-8 所示。

15.3.3　全方位课程思政

为了有效提高课程的育人功效，从课程目标出发，对教学内容深入剖析，结合教学实践活动，设计课程思政教学内容，探索全方位课程思政融入路径。"软件质量保证与测试"课程坚持"思政、创新、引领"为目标，融入课程思

图 15-8 校企联合制定课程内容,激发学生工程创新意识

政,提升教学效果,建立学习共同体。

针对细化的教学目标,根据课程教学大纲,仔细梳理知识点,深入挖掘思政元素,课程思政案例如图 15-9 所示。

将思政元素融入学生竞赛、科研及兴趣班等全部活动过程中,将思政内容外化为具体的学习行动。通过参加全国性学科竞赛,激发学生爱校热情,增强学生振兴国家的责任感;通过建设学习共同体感受团队精神;通过科研活动培养解决复杂问题的思维方式和创新意识。针对不同层次教学目标形成不同的育人功效,从知识-能力-素养三个方面有效整合课程思政路径,实现课程育人目标的达成。

15.3.4 启发式+案例式融合教学方法改革

针对传统讲解存在的知识点抽象和缺乏吸引力等问题,授课团队深入挖掘教学规律,采用启发互动式教学,将企业真实案例与日常讲授进行有机结合,如图 15-10 所示。

通过工程案例问题导入,鼓励学生自行设计软件测试实施方案,组织学生通过课堂汇报,梳理应用体系。通过工程案例分析问题,启发思考,进行基础知识和基本能力训练;通过总结重点知识,进行高阶能力训练;通过工程设计

1. 青鸟工程.pptx
2. 求伯君.pptx
3. 汉字激光照排系统.pptx
4. 抖音.pptx
5. 飞天云操作系统.pptx
6. 周志华.pptx
7. 北斗卫星导航系统.pptx
8. 微信.pptx
9. 中国的量子通信卫星.pptx
10. 语音识别技术.pptx
11. PaddlePaddle.pptx
12. 倪光南.pptx
13. 支付宝.pptx
14. 中国的智能机器人技术.pptx
15. 钉钉.pptx
16. 鸿蒙操作系统.ppt
17. 中国的工业软件.pptx
18. 王江民.pptx
19. 姚期智.pptx
20. 高斯数据库.pptx
21. 12306.pptx
22. 银河麒麟.pptx
23. WPS.pptx
24. 任正非.pptx

图 15-9 课程思政案例

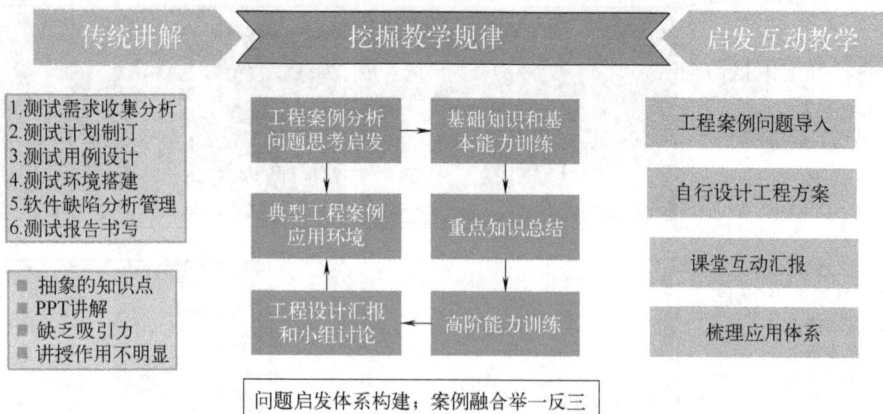

图 15-10　启发式＋案例式融合教学方法

汇报和小组讨论，搭建典型工程案例应用环境。构建问题启发体系，进行案例
融合知识点的举一反三。

15.3.5　课堂内外深入融合策略

依托信息化的学习平台，以学生为主体，实施线上和线下混合式教学，将
知识融入具体的案例情景中，通过师生互动，生生互动，激发学生学习的积极
性，营造学生深度参与的学习氛围，如图 15-11 所示。

图 15-11　课堂内外深入融合

课前以任务驱动的方式推送课程预习任务清单，引导学生去参与学习并发现问题，培养学生的自主学习能力和独立思考习惯。课中利用学习通的抢答、投票、选人和主题讨论等活动开展学生的深度参与式学习。教学设计以案例分析导入，有效引导学生进行案例分析、小组讨论、方案研讨和成果展示等活动，实现知识的构建和能力的提升。课后布置书面作业、章节测验实现知识的内化，布置思维导图、文献调研、方案设计等综合性题目，促进学生完成知识的自我建构和迁移。

15.3.6　融入 AI 技术，强化教学效果

随着 AI 技术的突飞猛进，AI 融入课程教学呼声很高。将 AI 技术和企业资源融入课程大纲，明确教学目标和实施路径。积极结合 AI 技术，利用 MOOC 平台（如中国大学 MOOC、Coursera）和哔哩哔哩等资源，为学生提供丰富的学习材料和视频教程，拓展学习渠道，通过线上和线下混合式教学，打破时间和空间限制，为学生提供灵活的学习方式，构建智慧型开放课堂。建立融合 AI 技术的虚拟仿真平台，建立融合 AI 的教学资源库。模拟真实工程场景，帮助学生在虚拟环境中解决复杂工程问题。例如，模拟大规模系统的性能测试场景，让学生体验高并发、高负载下的测试挑战。

将 DeepSeek、Testin 云测大模型等 AI 测试工具引入课程教学，帮助学生了解 AI 在软件测试中的应用场景。例如，利用 AI 工具进行自动化测试、缺陷预测和测试用例生成，提高测试效率。AI 辅助教学：利用 AI 技术（如智能问答系统、学习分析工具）为学生提供个性化学习支持，帮助学生解决学习中的疑难问题。在项目教学中引入 AI 测试工具，让学生体验 AI 技术在测试中的应用。例如，设计基于 AI 的自动化测试项目，让学生掌握测试脚本编写、测试执行和结果分析的全流程。通过 AI 工具的使用，帮助学生理解如何利用技术手段提高测试效率和质量。利用 AI 进行测试用例的智能生成和优化，减少人工工作量。

教师走出去、企业技术人员请进来的策略，鼓励教师参与企业实践或培训，了解行业最新技术和发展趋势，将前沿知识带回课堂。邀请企业技术人员参与课程设计或授课，分享实际工程经验和行业动态。例如，企业专家讲解 AI 在测试中的应用案例，或指导学生完成企业级测试任务。通过企业参观、实习或项目合作，让学生提前了解企业和产业需求，为未来就业做好准备。通过 AI 技术和企业资源的引入，确保学生掌握的技能与行业需求高度契合，为未来的高质量就业打下坚实的基础，如图 15-12 所示。

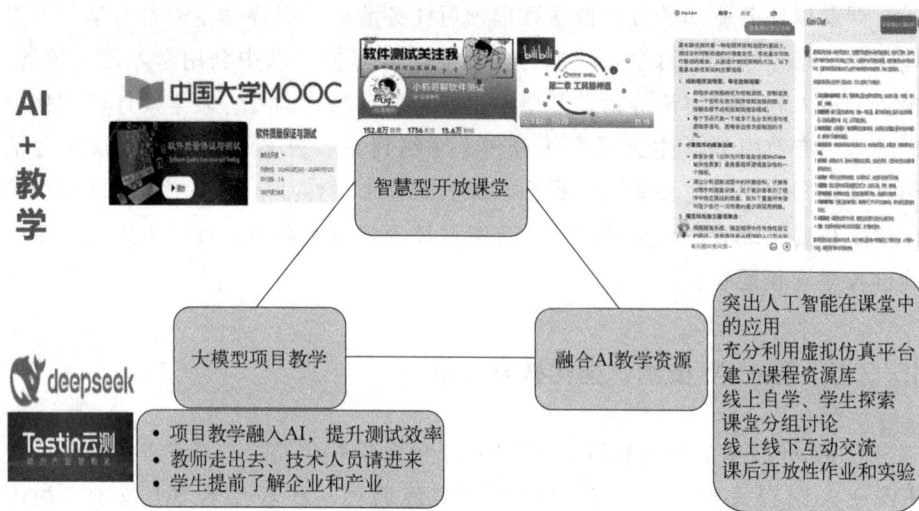

图 15-12　AI+ 教学

通过将 AI 技术融入课程教学，构建智慧型开放课堂，并结合校企合作与产教融合，能够有效提升"软件质量保证与测试"课程的教学质量和学生的实践能力。这种改革模式不仅帮助学生掌握前沿技术，还为他们的高质量就业和职业发展奠定了坚实基础。

15.3.7　建立"多元化"课程评价体系

建立多维度的评价体系：实践成绩、实习报告、项目成果、创新成果等。

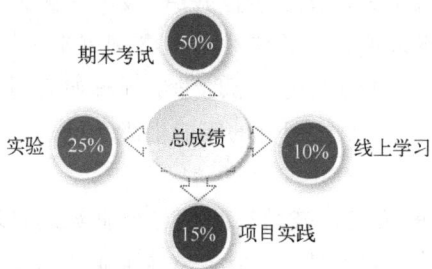

图 15-13　全流程评价模型

建立反馈体系，将评价结果及时反馈给学生、教师和企业导师，持续改进教学效果。在考核评价中，考核元素包括项目实践 15%、实验 25%、线上学习 10% 和期末考试 50%，全流程评价模型如图 15-13 所示。

使用多层次、过程性考核评价方式，科学评价学生的学习效果，激发学生学习的兴趣。课程考核过程中，企业实践教师全程参与，全面评价学生的综合素质。

注重对学生进行全流程评价，让学生的每一分努力都能在成绩中得到体现。将测试项目完成情况和项目完成过程中的表现纳入成绩考核过程中；学生用所学的软件测试知识服务社会、参加学科竞赛等，都会体现在成绩考核体系中。同时，注重评价反馈的及时化，根据学生的意见和建议，对教学模式进行升级和改进，以更加适合学生的特点，从而提高课程的授课质量，提升学生的综合能力，如图 15-14 所示。

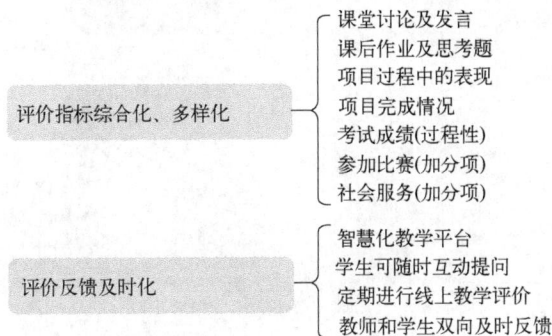

图 15-14 评价指标和评价反馈

15.4 创新成效

"软件质量保证与测试"课程的建设、改革、创新和实践为学生发展和教师成长搭建了良好的平台，学生、教师和课程建设都在课程的创新与实践中受益。

15.4.1 学生收获

自实施教学创新以来，学生的"软件质量保证与测试"学习成绩有了大幅度的提高，全体学生及格率为 100％，优良率达到 83.65％以上。近 3 年授课团队任教的计算机科学与技术专业和软件工程专业课程目标达成度逐年递增，分别为 0.9209 和 0.9134（2022 年），0.9347 和 0.9248（2023 年），0.9513 和 0.9459（2024 年）（图 15-15）。

直接达成度	间接达成度	综合达成度	专业	年份
0.9369	0.9657	0.9513	计算机科学与技术	2024年
0.9295	0.9622	0.9459	软件工程	2024年
0.9141	0.9553	0.9347	计算机科学与技术	2023年
0.9056	0.9439	0.9248	软件工程	2023年
0.8992	0.9426	0.9209	计算机科学与技术	2022年
0.8939	0.9328	0.9134	软件工程	2022年

图 15-15 近三年学生课程目标达成度情况

在各类大学生创新项目和学科竞赛中取得了优异的成绩，近年来，学生获得省级以上各类竞赛奖励 63 项，部分获奖证书如图 15-16 所示。

图 15-16　学生参与各级各类竞赛

学生参与创新创业活动比例达 86.27%，获得多项国家级和省级大学生创新创业项目。

通过启发式教学、案例式教学和项目驱动学习，激发了学生的学习兴趣和参与热情。利用 MOOC、虚拟仿真平台和 AI 工具，为学生提供了灵活、多样化的学习方式，增强了学习的自主性。企业专家的参与和真实项目的引入，让学生感受到课程内容的实际价值，进一步提升了学习动力。学生的学习积极性和主动性大大提升，知识的应用能力和创新能力明显增强，学生服务国家战略意识增强，软件测试综合能力得到提高。通过实验课、项目实践和虚拟仿真平台，学生能够将理论知识应用于实际问题的解决，提升了知识应用能力。通过开放式问题和任务设计，鼓励学生主动探索和创新，培养了解决复杂问题的能力。通过校企合作和产教融合，让学生了解行业需求和国家战略方向，增强了使命感和责任感。通过实验、项目和竞赛，学生掌握了软件测试的全流程技能，包括测试设计、测试执行、缺陷管理和测试报告编写。通过企业专家授课、企业参观和实习，学生提前了解了行业需求，提升了就业竞争力。课程内容与行业前沿技术紧密结合，确保学生掌握的技能符合企业需求。近年来，学生在软件测试领域的就业数量和质量显著提升，有效解决了人才培养与企业需求之间的矛盾。

学生的综合能力得到了提升，软件质量保证与测试的实践能力得到提高，学生对任课教师的评价积极正面，如图 15-17 所示。

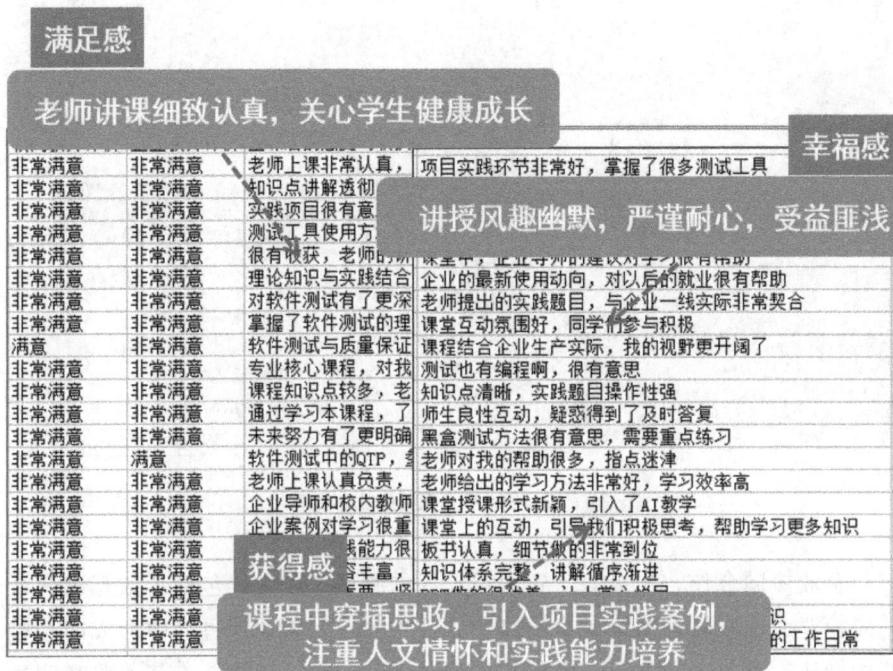

图 15-17 学生对任课教师的评价

教师从知识传授者转变为学习引导者和支持者，得到了学生的认可和欢迎。通过课堂互动、实时反馈和个性化指导，师生关系更加融洽，学生的学习体验得到改善。学生对任课教师的积极评价，也反映了教学改革的成功。

15.4.2 教师收获

在 "软件质量保证与测试" 课程创新和实践中，教师也实现了教学相长，团队教师获得的教学成果如图 15-18 所示。

2023 年主讲教师主持的 "产教融合背景下软件开发类课程教学模式创新研究与实践" 获批河南省本科高校产教融合研究项目（重点）。

15.4.3 辐射引领

在 "软件质量保证与测试" 课程教学创新的引领下，学院课程建设成效显

项目名称	类别	教师团队
产教融合背景下软件开发类课程教学模式创新研究与实践	河南省产教融合研究项目(重点)	第一
新工科背景下软件工程专业产教融合平台	河南省产教融合品牌项目	第一
软件质量保证与测试	河南省新形态数字化教材项目	第一
转型背景下地方高校软件测试教学模式研究	河南省教育科学"十三五"规划课题	第一
MOOC+翻转课堂的复合教学模式在软件测试课程中的应用研究	全国高等院校计算机基础教育研究会教学研究课题	第一
新工科背景下教师信息化教学能力提升策略研究与实践	教育部产学合作协同育人项目	第一
人工智能实践教学资源平台建设与实践	教育部产学合作协同育人项目	第一
MOOC+SPOC+翻转课堂的复合教学模式在程序设计类课程中的教学改革实践	教育部产学合作协同育人项目	第一
基于OBE自主学习型《软件测试》在线开放课程资源平台的建设与研究	河南省智慧教学专项研究项目	第一

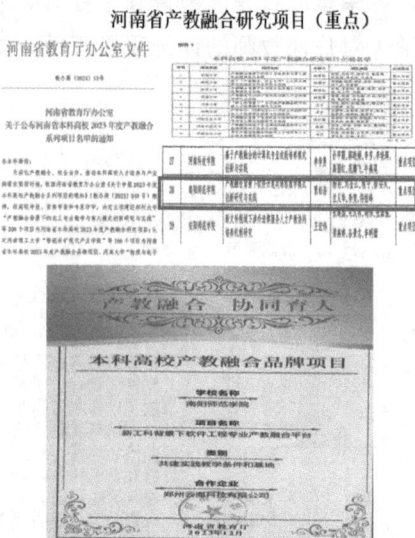

图 15-18　团队教师获得的教学成果

著。与企业协同合作,积极参与到应用软件的测试工作中,包括:银行考试系统、高校毕业论文管理系统、市场监管软件平台等。将授课过程中形成的经验和好的做法,及时回馈企业,引入软件测试生产一线。比如,将基本路径测试算法引入企业的回归测试中,提高企业测试效率,得到了企业的好评与肯定。

教学创新成果服务了社会,企业取得了效益,也为专业建设搭建了腾飞的翅膀。学校先后获批河南省计算机应用技术重点学科、河南省智能应急保障与服务工程研究中心和河南省数字图像大数据智能处理工程研究中心。

目前,"12345"协同育人模式已在南阳师范学院工科专业和多所地方应用型高校中进行推广,教学达到了预期效果,计划进一步扩大使用范围。

15.5　小结

经过多轮次的课堂教学创新和实践,学生、教师、课程、专业建设和企业均收获颇丰,"软件质量保证与测试"课程的教学改革创新已经形成一套较为适合地方高校人才培养的教学改革范例,具体体现在以下几个方面。

学生受益:通过创新的教学模式,学生的实践能力和问题解决能力得到显著提升,能够更好地应对实际工作中的挑战。

教师成长:教师在改革过程中不断优化教学方法,提升了教学水平和科研能力，进一步推动了教学与科研的结合。

课程优化：课程内容更加贴近行业需求，理论与实践相结合，增强了课程的实用性和前瞻性。

专业建设：课程改革推动了专业整体建设，提升了专业的竞争力和吸引力，为培养高质量人才奠定了基础。

企业参与：企业通过参与课程设计和实践环节，获得了更多符合行业需求的人才，同时也为课程提供了实际案例和技术支持。

未来，团队将继续总结和推广"软件质量保证与测试"的教学改革经验，形成可复制、可推广的教学模式，为其他课程的教学改革提供参考，进一步推动高校教学质量的提升。

参 考 文 献

［1］ 惠驿晴.在教学中融入翻转课堂模式的实践研究［J］.中国校外教育，2019(30):149-150.

［2］ 王峰，曹喜滨，孙兆伟，等.航空宇航学科创新型人才培养模式探索——以哈尔滨工业大学为例
［J］.大学教育，2019(10):146-149，179.

［3］ 毕蓉蓉.关于计算机任务教学中任务设计的有效性分析［J］.教书育人(高教论坛)，2018(24):
108-109.

［4］ 仝春灵.基于翻转课堂的混合教学模式设计［J］.教育教学论坛，2019(38):201-203.

［5］ 赵卫东，袁雪茹.基于项目实践的机器学习课程改革［J］.计算机教育，2019(09):151-154.

［6］ 迟殿委，黄甜甜，杨嘉耀.基于软件生命周期模型驱动的软件开发类课程混合式教学探索［J］.计
算机教育，2024(01):189-193.

［7］ 余星星.应用型本科软件工程专业数据结构与算法课程教学模式探索［J］.高教学刊，2024，10
(S2):103-106.

［8］ 郭宝锋，孙慧贤，尹文龙，等.高校软件类课程实践教学模式及方法研究［J］.中国教育技术装
备，2023，(22):61-63，72.

［9］ 吴琴琴."理虚实"一体化混合式教学模式实践探索［J］.大学，2024，(02):47-50.

［10］ 吴潇雪，孙小兵，郑炜，等."混源多模"教学模式在研究生软件测试课程的实践［J］.软件导
刊，2023，22(07):193-198.

［11］ 李丽，郑智轩，范中俊.基于工作室的"项目中心课程"软件技术创新班实践教学模式探索
［J］.中国信息技术教育，2023(06):93-95.

［12］ 伊华伟，佟玉军，陈鑫.软件工程课程思政多维教学模式探索［J］.教育信息化论坛，2023(03):
114-116.

［13］ 荆琦，冯惠.产教融合下的双轨制开源教学模式探索——以北京大学"开源软件开发基础及实
践"课程为例［J］.高等工程教育研究，2023，(01):14-19，66.

［14］ 曾昊，林生佑，殷伟凤，等.工程教育专业认证下的基础编程类课程教学模式探索与实践研
究——以浙江传媒学院为例［J］.工业和信息化教育，2023(03):50-54.

［15］ 邱赞，张新伦.逆向教学设计在移动应用软件开发教学中的应用［J］.科教导刊，2023(03):53-55.

［16］ 赵志科，吴才章，王莉.融入学科特色的工程伦理教育研究——以电子信息类硕士专业学位研究
生为例［J］.高教学刊，2024，10(03):17-20.

［17］ 孙超，刘霞，彭娟等.地方高校专业学位硕士研究生创新实践能力培养课程体系研究——以电子
信息专业硕士为例［J］.大学教育，2023(24):4-7.

［18］ 姜舒扬，杨倩.电子信息类研究生赴国防军工单位就业的影响因素与导育路径——以 Z 大学为研
究对象［J］.中国大学生就业，2023(11):86-96.

［19］ 陈梦，李树锋，金立标.电子信息类专业学位研究生培养体系改革与实践——以中国传媒大学信
息与通信工程学院为例［J］.工业和信息化教育，2023(09):48-54.

［20］ 吴一戎, 卢葱葱, 续宗祥, 等.全链条科技创新体系下专业学位研究生培养模式的探索——以中国科学院空天信息创新研究院为例［J］.大学与学科, 2023, 4(02):106-115.

［21］ 李雪萍, 张瑜, 闫琳.新工科建设背景下地方院校电子信息专业学位研究生培养模式研究与探索［J］.创新创业理论研究与实践, 2023, 6(09):129-132.

［22］ 董增寿, 李丽君, 石慧, 等.基于校企合作的研究生教育创新中心建设探索［J］.中国现代教育装备, 2023(07):163-165.

［23］ 宋凌南.电子信息类专业研究生国际联合培养模式初探［J］.中国轻工教育, 2023, 26(01):43-47.

［24］ 李保国, 伍微, 杨鹏."电子信息系统概论"研究生课程教学建设初探［J］.教育教学论坛, 2022(48):89-93.

［25］ 赵辉煌, 魏晓林, 李浪, 等.新工科背景下地方高校电子信息专业学位硕士人才培养模式改革［J］.计算机教育, 2022(10):63-67.

［26］ 刘歆宁, 路凯, 刘健男, 等.工程认证视域下基于知识图谱的软件工程专业教学质量保障体系［J］.计算机教育, 2023(12):371-375, 380.

［27］ 张淑丽, 唐光义, 崔香.工程教育专业认证背景下软件工程专业课程思政的探索与实践［J］.中国现代教育装备, 2023(15):116-117.

［28］ 曲海成, 孙宁, 刘腊梅.新工科背景下软件工程专业实践能力提升改革与实践［J］.高教学刊, 2024, 10(15):133-137.

［29］ 张其文, 冯涛, 张玺君.软件工程专业创新人才培养模式改革探究［J］.教育教学论坛, 2024(13):101-104.

［30］ 韦灵, 胡艳华, 张庆彪."专创融合"视域下软件工程专业人才培养探索与实践［J］.创新创业理论研究与实践, 2024, 7(03):101-105.

［31］ 梁瑞仕, 周艳明, 曾荔枝.工程教育专业认证背景下软件工程专业综合改革探索与实践［J］.工业和信息化教育, 2023(12):41-44.

［32］ 雷晏, 付春雷, 金世锋, 等.面向卓越工程师教育的软件工程专业实训教改研究［J］.软件导刊, 2023, 22(12):19-24.

［33］ 曹学飞, 郭威, 耿海军, 等.学科竞赛驱动软件工程专业创新型人才培养的实践［J］.科技与创新, 2023(21):148-150.

［34］ 刘晓群, 孙皓月, 高丽婷, 等.新工科背景下计算机专业创新实践能力培养模式研究与实践［J］.教育信息化论坛, 2023(7):84-86.

［35］ 张艳梅, 王荣存, 薛猛, 等.软件测试技术课程混合式在线教学模式的研究与实践［J］.计算机教育, 2021(08):17-20, 25.

［36］ 王彦富, 王妙妙, 李飞.TPACK 框架下融合信息技术的教学模式研究［J］.教育探索, 2022(03):52-55.

［37］ 郭晓晓, 张军.翻转课堂在高校实施中的问题与对策研究［J］.教书育人, 2021(09):68-69.

［38］ 闫婷.新工科背景下基于 CDIO 工程教育模式的《软件测试技术》教学改革［J］.办公自动化, 2022, 27(07):9, 14-16.

［39］ 张青青.软件测试实践教学方法改革探索［J］.软件, 2022, 43(03):43-45.

［40］ 杨秀红.高校软件测试技术课程的教学改革实践［J］.大学, 2022(05):149-152.

［41］ 张彦芳, 高璐, 李艳.AI 技术项目驱动下的程序设计类课程教学模式创新［J］.计算机教育, 2025, (02):159-163.

［42］ 孟平洧,李薇,曹志凯.可扩展的化工流程模拟软件设计与测试［J］.厦门大学学报(自然科学版),2025,64(01):186-192.

［43］ 张铭璐,王丽丽.基于"岗课赛证"融通的活页式教材开发实践——以软件测试技术课程为例［J］.数字通信世界,2025(01):226-228.

［44］ 赵丽萍,吕敬钦.基于改进 BOPPPS 的软件测试技术课程教学改革［J］.计算机教育,2025(01):71-75.

［45］ 梁丽丽.教育数字化背景下程序设计类课程混合教学模式改革与实践——以 Java 语言程序设计课程为例［J］.信息与电脑,2025,37(02):227-229.

［46］ 王晓雷,吴琪,文伯聪.基于翻转课堂的程序设计类课程教学改革探索［J］.教育教学论坛,2025(07):85-88.

［47］ 余小军,曾立庆.一种以编程实践为中心的程序设计类课程混合教学模式［J］.计算机教育,2025(02):107-111.

［48］ 白雪.智慧教育背景下程序设计类课程混合式教学方法改革研究［J］.信息系统工程,2025(01):169-172.

［49］ 吴秀芹,刘铁良.新工科视域下线上线下混合教学模式在程序设计类课程教学中的探索与实践［J］.创新创业理论研究与实践,2024,7(19):48-51.

［50］ 谢红霞,颜晖,张泳,等.高校计算机人才培养:学科、课程、竞赛相关性研究［J］.实验室研究与探索,2024,43(08):152-156.

［51］ 韦艳艳,葛丽娜,张桂芬,等.工程教育认证背景下软件开发类课程教学改革探索——以计算机科学与技术专业为例［J］.科教导刊,2024(15):72-75.

［52］ 付东来,李玉蓉,强彦,等.以"练"为中心的软件工程专业程序设计语言类教学模式探索［J］.计算机教育,2025,(01):149-151, 157.

［53］ 李光燕,闻天,江翠元,等.互联网+ 背景下软件工程专业课程教学改革研究［J］.信息与电脑,2024,36(24):239-241.

［54］ 徐芳芳.专业评估背景下软件工程教学改革探究［J］.信息系统工程,2024,(11):153-156.

［55］ 党向盈,胡局新,程红林.软件卓越工程师产教融合培养模式的研究与实践［J］.中国现代教育装备,2024,(19):161-164.